"十四五"职业教育国家规划教材

液压与气压传动技术项目化教程
（第2版）

——[德]安装和使用操作技术系统学习领域教程

（活页式教材）

主　编　车君华　李　莉

副主编　张岩斌　曾　茜　刘亚丽　孙玉峰
　　　　商义叶　杨　强　浦恩帅

北京理工大学出版社
BEIJING INSTITUTE OF TECHNOLOGY PRESS

版权专有　侵权必究

图书在版编目（CIP）数据

液压与气压传动技术项目化教程／车君华，李莉主编．--2版．--北京：北京理工大学出版社，2022.1（2024.7重印）
ISBN 978-7-5763-1028-3

Ⅰ.①液… Ⅱ.①车…②李… Ⅲ.①液压传动—高等学校—教材②气压传动—高等学校—教材 Ⅳ.①TH137②TH138

中国版本图书馆CIP数据核字（2022）第028390号

出版发行 /	北京理工大学出版社有限责任公司
社　　址 /	北京市海淀区中关村南大街5号
邮　　编 /	100081
电　　话 /	（010）68914775（总编室）
	（010）82562903（教材售后服务热线）
	（010）68944723（其他图书服务热线）
网　　址 /	http：//www.bitpress.com.cn
经　　销 /	全国各地新华书店
印　　刷 /	河北盛世彩捷印刷有限公司
开　　本 /	787毫米×1092毫米　1/16
印　　张 /	17.75
字　　数 /	414千字
版　　次 /	2022年1月第2版　2024年7月第5次印刷
定　　价 /	49.80元

责任编辑 /	张鑫星
文案编辑 /	张鑫星
责任校对 /	周瑞红
责任印制 /	李志强

图书出现印装质量问题，请拨打售后服务热线，本社负责调换

前 言

中国制造业规模居世界第一位，正由制造业大国向制造业强国迈进，液压与气压传动技术在精益生产、智能生产线、无人化工厂等制造领域的应用也日益广泛。本书作为国家高水平专业群、国家首批现代学徒制试点（JIER）、数控设备应用与维护国家教学资源库、中德双元制项目的成果之一，是依据传动、控制和检测等自动化领域新技术和国家制造大类新专业目录要求，引入德国《机电一体化工》和《运动控制系统开发与应用》等"1+X"证书标准要求，结合十多年中德双元制项目实施经验编制的新型活页式工作手册教材。

本书依据"以学生为中心、成果为导向、持续改进"的教学理念，融入工匠精神职业素养培养要求，以学生的认知能力为出发点，以培养学生实际应用气动、液压传动知识的能力为主线，按照职业成长规律，模块任务设置从简单到复杂，知识由浅入深，着重培养学生"回路识读、回路搭建与调试能力"，以过程性考核为手段，着重培养独立思考、解决问题的能力和高素质职业素养。

本书更新了"立德树人、德技并修"课程思政设计方案，包括案例、视频和实施建议；有气压、液压传动系统分析，气动、液压动力元件的认知与使用，液压执行/辅助元件的认知与使用，气动、液压基本控制回路设计，典型液压传动系统的分析、电气液控制系统安调与控制回路分析9个模块，模块一引导学生了解气动与液压回路激发兴趣，模块二~六是液压回路训练，模块七~八是气动回路训练，模块九是电气液综合回路训练，每个模块包含若干任务；借助 FluidSIM 的仿真实训教学视频，以引导文问题引导学习者理解、消化知识，分析、设计气液传动控制回路，训练回路的安装与调试技能，使学习者能掌握液压（气动）元件基本结构、工作原理、图形符号、选用方法；具备看懂各类基本回路和典型设备液（气）压传动系统原理图的能力；能设计、安装调试一般气动与液压系统回路，具备向客户提交产品订单的能力；在做任务的过程中，查阅书本知识，激发学生的学习能动性，培养学习能力。

本教材具有以下特色：

（1）按照"学生为中心、成果导向和持续改进"思路进行教材开发设计，弱化"教学材料"的特征，强化"学习资料"的功能，融入课程思政、德国等职业资格标准、"1+X"技能等级证书标准、FESTO 等标杆企业行业标准和自动化领域控制新技术，通过 FluidSIM 虚拟实训技术平台进行实训仿真验证与测试，提供"二维码"展示的立体化、数字化课程资源，实现教材、学材、工作手册等功能融通，引导学生由浅层次学习进入深层次学习。

（2）教材所用符号采用最新的液压与气动国家标准和电气标准，同时对接德国《机电一体化工》职业资格标准；任务案例采用教学改造的工程应用实例，以学生解决问题能力培育为出发点，宜于课堂教学中学生自主探索知识，搜集专业信息，强化实践技能训练，并归纳总结。

（3）采用活页式工作手册编制形式，满足了模块化教学和学生学习需求；以工作页引导学生构建逻辑思维，通过引导文和行动导向教学法，提升学生认知工作方法，学生在"做"中理解、消化知识，培养操作技能；通过案例展示与讲解，锻炼学生自我信息搜集能力、展示讲解能力、质量意识、创新意识等，培养学生自主学习、独立解决问题的能力，提升学生质量管理意识和创新意识，满足智能制造背景下对学生职业能力培养的新定位。

本书组建了由国家职业教育教师教学创新团队负责人和山东富友、FESTO和博达特等企业技术人员组成的校企开发团队，由车君华、李莉担任主编，张岩斌、曾茜、刘亚丽、孙玉峰、商义叶、杨强、浦恩帅担任副主编，引入了费斯托气动有限公司和苏州博达特有限公司相关工业案例与资源，可作为高职院校制造大类专业教材使用，也可作为企业员工岗位培训使用，若有不当之处，敬请广大读者批评指正。

编　者

教 材 导 读

建议本教材教学过程中采取"系统学习(视频、微课、教师讲授)+工作任务页指导(学生仿真任务实验+学生实训+课后练习)"的行动导向教学方式进行。具体教学组织建议按表《液压与气压传动技术》教材教学组织实施导程表实施。

1. 关于系统学习

建议按如下模块进行系统学习,通过课堂教师讲授,配以学生相应的动画、微课等,以增加对专业知识的理解与认知。

《液压与气压传动技术》教材教学组织实施导程表

项目序列	学生课堂工作任务	课堂教学内容	学时分配
模块一 液压传动组成及原理认知—8学时 载体—平面磨床液压系统 载体—液压千斤顶液压系统	任务1.1 平面磨床液压传动组成认知	1. 仿真跟练平面磨床液压原理图 2. 分析磨床液压原理图	4
	任务1.2 液压千斤顶的组成及原理认知	1. 数控车床压力油选用 2. 车胎绝对压力计算 3. 压力起重机活塞压力计算	4
模块二 液压动力元件的选用与维护—4学时 载体—数控车床液压泵的认知与维修	任务2.1 圆钢校直机液压回路液压动力元件的选用	1. 液压泵的基本知识及工作原理、符号 2. 齿轮泵的结构和工作因素 3. 齿轮泵的排量和流量及故障排除	4
		1. 单作用叶片泵的工作原理 2. 双作用叶片泵的工作原理 3. 叶片泵的常见故障及故障排除	
		1. 柱塞泵的工作原理 2. 柱塞泵的常见故障及故障排除	
模块三 液压执行元件的选用与维护—4学时 载体—刨床差动回路的搭建	任务3.1 刨床液压差动回路搭建	1. 认知液压缸的工作原理和结构 2. 液压缸的常见故障	4
		1. 液压马达的工作原理与性能指标 2. 液压马达使用的注意事项及故障排除	

续表

项目序列	学生课堂工作任务	课堂教学内容	学时分配
模块四 液压辅助元件的使用-4学时 载体—蓄能器快速回路搭建	任务4.1 蓄能器快速回路与普通回路搭建	1. 油箱的结构 2. 油箱的选用和安装	4
		1. 蓄能器的结构和工作原理 2. 蓄能器的作用和安装 3. 其他辅助元件的原理及使用	
模块五：液压基本控制回路设计-16学时 载体—液压吊车换向、自锁回路 载体—液压钻床夹紧控制回路 载体—液压折弯装置的控制回路	任务5.1 油漆烘干炉门换向锁紧回路设计	1. 认知方向控制阀、单向阀的工作原理	4
		2. 制订液压元件使用计划	
		3. 仿真设计构建换向回路	
	任务5.2 液压起重机控制回路设计	1. 认知压力控制阀（溢流阀、减压阀、顺序阀、压力继电）的工作原理	4
		2. 压力控制回路（调压、减压、减压、平衡、卸荷、保压回路）认知	
		3. 仿真设计构建压力控制回路	
	任务5.3 热处理回火炉液压速度控制回路搭建	1. 认知节流阀、调速阀的工作原理	4
		2. 制订液压元件使用计划	
		3. 仿真设计回火炉速度控制回路	
	任务5.4 液压折弯装置的多缸顺序控制回路设计	1. 认知液压动作顺序回路及电液比例阀、插装阀的工作原理	4
		2. 制订液压元件使用计划	
		3. 仿真设计构建折弯装置动作顺序回路	
模块六 典型液压传动系统分析-4学时 载体—MJ-50型数控车床液压系统	任务6.1 MJ-50型数控车床液压系统原理分析	1. 分析CK7150数控车床液压系统原理 2. 组合机床动力滑台液压系统分析 3. Q2-8型汽车起重机液压系统分析	4
模块七 气压元件的识别与选用-4学时 载体—气动平口钳	任务7.1 气动平口钳控制回路搭建	1. 气压传动系统工作原理、组成及特点 2. 气源系统的工作原理及组成 3. 气缸输出力计算	4

续表

项目序列	学生课堂工作任务	课堂教学内容	学时分配
模块七：气压元件的识别与选用－4学时 载体—气动平口钳	任务7.1 气动平口钳控制回路搭建	4. 气缸工作原理 5. 气缸常见故障及排除方法 6. 气马达的工作原理及选用	4
	任务7.2 回转臂工装真空回路的搭建	1. 真空的概念 2. 真空技术元件及标记符号 3. 真空吸盘造型计算 4. 带有负压询问装置的真空回路	
模块八 气动控制基本回路设计－8学时 载体—气控塑料板材成型设备	任务8.1 塑料板材成型机构回路设计	1. 双压阀、与阀、压力、方向、流量阀的工作原理 2. 压力顺序控制回路的原理与特性	4
	任务8.2 气动塑料粘接机控制回路设计	1. 延时阀、减压阀的工作原理 2. 制订气压元件使用计划 3. 延时回路的原理与特性	4
模块九 电气液控制系统的安调与控制回路分析－8学时 载体—送料装置、小齿轮自动化生产线	任务9.1 小齿轮加工自动化生产线加工分析	1. 认知功能图、步骤图的工作原理 2. 分析自动线液压回路特性	4
	任务9.2 双气缸送料装置控制回路设计与分析	1. 电气控制元件及原理图的分析识读 2. 气动行程控制回路原理	4

2. 关于工作任务页的使用

配合课堂教学，可利用工作任务页实施引导文教学法，即按任务页指导，学生进行专业知识学习、仿真实验以及实训学习，并通过工作任务页后的课后作业加以巩固，做中学，学中练。

考虑到教学认知规律，本教材以任务知识库和学生任务页两部分构成一册书，任务知识库方便教师及学生教授以及查找专业知识之用；而学生任务页引导学生在课堂实施任务，进行仿真回路设计，探究专业知识的规律，并方便教师批改任务页之使用。本教材提供了工作任务页中所有任务实施的建议液压回路，供教师及学生参考，同时也针对专业知识的习题部分，提供了参考性的答案，以备学生对专业知识的学生与巩固。

本书内容包括液压传动和气压传动技术两部分，主要论述了液压与气压传动的基础知识、液压元件、液压基本回路的功能和设计、液压系统的分析、气源设备的使用和调节、气动基本回路的功能和应用、气动系统的分析和设计，建议60~64课时完成。其中任务工作页可配合课堂教学，作为学生技能训练的引导文。同时，建议配合液压与气压仿真或实训平台，以及线上网络资源课程来组织教学，更有益于提升教学效果。

3. "课程思政"教学设计方案

液压与气压传动技术作为装备制造类专业人才培育的重要环节，是集技能训练、专业知识应用与职业化实践为一体的课程，对学生的职业生涯规划、价值观念树立等都有着潜移默化的影响。教材将课程思政内容与课堂教学、数字化的实训教学内容结合，将"工匠精神、创新精神、职业素养、社会主义核心价值观"等落实于教学过程中，希望大学生通过教学环节的学习，激发专业兴趣与创新热情，培养对职业的热爱与自信；同时化识成智，积识成德，以严谨务实，积极进取的行为养成，学习成才和健康成长。

建议在任务实施过程中，教师通过言传身教，将劳动最光荣、劳动有价值、劳动塑品格，将"细节决定成败""精益求精""严谨专注""持续创新"等为核心的工匠精神的追求和体现等思想潜移默化融于教学训练过程，实现润物无声的思政育人效果。

重点培养学生的职业素养：

（1）遵守组织纪律：养成守纪律、讲规矩、明底线、知敬畏的意识与行为；

（2）增强安全观念，掌握安全技术：安全隐患来自不规范操作与意识淡薄；

（3）质量管理意识与手段：全过程质量管理与实验数据档案建立；

（4）动手、动脑和勇于创新的积极性：应用专业知识解决工程问题，热爱专业；

（5）严谨务实的职业行为与精益求精的作风：学会检查与评估优化，责任第一；

（6）经济与环保意识：通过维修保养，使设备的可使用性和经济性最大化；能够进行安全文明生产和低碳零件加工，助力碳达峰与碳中和，形成绿色生产生活方式。

提升"课程思政"教学方法：丰富理实一体化的教学形式，通过数字化实践教学的"做"与"学"，积淀职业行为，与思政育人目标相得益彰；以"提问题""讲案例""短视频"等形式来促进和学生的深度互动以及课堂趣味性的提升。

（1）以教材引导文形式开展课堂教学，积淀职业素养（与教材同步），如表0-1所示。

表0-1 教学组织任务实施

教学组织实施任务项：×××××			
实施步骤	步骤规范	达成的素养目标	思政案例
任务引入	1. 理解任务要点 2. 梳理重点知识	思政元素 先进技术 独立分析与解决问题能力 开拓意识	引入应用液压技术的中国最先进的智能冲压线设备、工业4.0、中国制造2025等《超级装备》案例，培育核心价值观，建立四个自信。
任务准备	1. 列出任务所用的器材名称及符号 2. 复核任务所用器材及准备工作 3. 液压、气动元件规范操作的了解	严谨、负责 查阅和分析能力 自我学习能力	精益求精的熊猫团队曾国荣、王战略，爱岗敬业、忘我钻研的大国工匠杨峰等案例引入。
任务实施	1. 记录实验数据及相应参数 2. 掌握原理，透彻分析 3. 规范操作，完成任务	乐于动手 探索精神 求真务实 注重细节	行业坚守27年的龙门铣机台长姜黎生、劳动改变命运的案例引入。
任务结束	1. 任务完成自检表的添写 2. 成果展示与优化	专业兴趣度提升创新潜能激发 热爱专业	劳动改变命运、新产品的研发与检测、课程思政研讨主题遴选。

(2)《超级装备》等案例引入工匠精神。

《中国制造 2025》指出新一代信息技术与制造业深度融合成为中国特色新型工业道路主线，创新求变、追求卓越的技能型人才培养是规划实施的保障。拥有气液控制技术的设备安装调试人才将在产业升级中具有不可替代的作用。以《超级装备》等视频资源作为课程思政案例，如表 0-2 所示。

表 0-2　课程思政案例

序号	视频	视频案例二维码或视频	内容提要
1	CCTV 节目官网综合频道《超级装备》——5 万吨挤压机的油路检测	(二维码)	5 万吨挤压机工作前的液压管路检修，工作严谨、安全第一，保证无渗漏
2	CCTV 节目官网综合频道《超级装备》——超高压变压器的部件制造	(二维码)	机器人技术应用于设备制造，被称为熊猫团队的曾国荣、王战略等以每道工序的精益求精，以不断学习，精湛的操作技术，保证设备质量
3	CCTV 节目官网综合频道《超级装备》——智能化冲压生产线的智能、自动化生产	(二维码)	应用液压技术智能冲压线于济南第二机床集团生产，输出最先进自动冲压生产设备，还输出智能、自动化生产方式，一线技术人员引领时代技术，展现新技工风采
4	CCTV 节目官网综合频道《超级装备》——龙门铣机台长的工作	(二维码)	10 m 龙门铣机台长姜黎生带领他的团队，夜深人不静，进行工艺攻坚，行业坚守 27 年，平凡踏实
5	CCTV 节目官网综合频道《与德国制造同行》——工业 4.0 的新挑战：中国智能制造 2025	(二维码)	智能时代新挑战下，德国工业 4.0 智能工厂的柔性生产方式，使员工从普通操作工变成自动化智能生产的规划、管理者、协作者，也将是未来承接中国制造 2025 重任的职责与担当所在
6	CCTV 节目官网综合频道《与德国制造同行》——规范标准生产、严谨检测以保证品质	(二维码)	慢工出细活：规范标准化生产，全过程的、复杂的检测技术与工艺流程，负责任的质量态度，以时间打磨品质，塑造工匠精神

续表

序号	视频	视频案例二维码或视频	内容提要
7	CCTV 节目官网综合频道《与德国制造同行》——创新机遇	(二维码)	好奇心与野心是创新的动力,智慧农业机器人、智慧卡车自动转向的研发,诠释着在强势竞争中突围的法则
8	CCTV 节目官网综合频道《大国工匠》——杨峰	(二维码)	气球上钻纸—杨峰以精湛的技术,展示大国工匠的风采,爱岗敬业、以忘我的精神钻研加工工艺是他成功的法宝
9	CCTV 节目官网新闻频道《劳动者之歌》	(二维码)	能吃苦,勇创新,一批批年轻人用创新思维,脚踏实地的劳动精神,诠释着成功,劳动创造价值,享受着实现自我的快乐

(3) 挖掘液压与气压传动技术发展历史,建立勇于担当、时不我待的学习自信。

①液压技术的理论发源 17 世纪,帕斯卡提出静压传递原理。

1795 年——第一台水压机问世。

19 世纪末——德国制造液压龙门刨床,美国制造液压六角车床、液压磨床。

20 世纪三十年代——各类机床(车、铣、磨、钻、镗、拉等机床)开始采用液压传动。

1961 年,上海液压机床厂自行设计制造了我国第一台万能水压机。

目前,机床液压仿形装置、液压自动化机床及其自动线已经大量出现。液压传动在高效率的自动、半自动机床组合机床、程控机床和数控机床上已经成为重要的组成部分。

②气压传动的发展

从 18 世纪的产业革命开始,气压传动开始逐渐应用于各类行业中:

90% 的包装机;70% 的铸造和焊接设备;50% 的自行操作机;43% 的工业机器人;40% 的锻压设备和洗衣设备;30% 的采煤机械;20% 的纺织机、制鞋机、木材加工和食品机械。

(4) 课程思政研讨主题。

主题1:你心中的职业榜样是什么样?试结合典型人物、事件和案例进行说明。

要求:

①激发和弘扬榜样的爱国精神、民族意识、职业精神,让学生积极参与到思政育人环节当中来。

②正确引导学生职业认知与职业选择,塑造精益求精、追求卓越的理想。

主题2:"中国制造 2025 呼唤大国工匠"。

要求:

①精选《超级装备》《大国工匠》片段推送观看。

②展现中国制造的实力，让学生了解从事装备制造的重大意义。
③大国工匠引领，激发学生学习兴趣和精益求精的工匠精神。

主题3：中国制造业规模居世界第一位，智能制造时代来临，液压与气压传动对工业控制技术的助力作用？

要求：

①解惑，引发学生主动思考：对设备装调岗位的"看懂图纸→安装调试→检测达标"的工作步骤的要求有认识不足的，进行深度沟通与下一步学习目标的达成。
②结合国家发展、行业应用等现实情况进行归纳总结。
③接受和认可掌握气动与液压技术在工业控制装技能的重要性以及在高尖技术领域的不可替代性。

主题4："一起来为中国制造打CALL！"，我们应该做些什么？

要求：

①结合项目实施中自己所得所学所感，谈谈未来能做的事情。
②结合项目实施过程的要求与训练，自己思想转变的情况。

主题5："一起来为中国制造打CALL！"，我是一名××××××

要求：

①结合项目实施中自己所得所学所感，谈谈未来能做的事情。
②结合项目实施过程的要求与训练，自己思想转变的情况。

主题6：安全与责任意识教育：天津港和盐城响水爆炸事故讨论

①由于责任缺失、忽略细节造成事故的原因等。
②如何从自身做起？

目 录

模块一 液压传动组成及原理认知 ... 1

知识树 ... 1
任务 1.1 平面磨床液压传动组成认知 ... 1
　一、平面磨床液压传动系统的工作原理 ... 2
　二、平面磨床液压传动系统的组成 ... 3
　三、液压传动系统中的图形符号 ... 4
　四、液压传动特点分析 ... 4
　五、液压、气压传动技术的应用与发展 ... 4
　六、FluidSIM 软件在液压与气压传动技术学习中的应用 ... 5
任务 1.2 液压千斤顶的组成及原理认知 ... 8
　一、液压传动的工作介质 ... 9
　二、液压传动的工作原理与力学基础 ... 13

模块二 液压动力元件的选用与维护 ... 20

知识树 ... 20
任务 2.1 圆钢校直机液压回路液压动力元件的选用 ... 20
　任务 2.1.1 齿轮泵的选用与维护 ... 21
　　一、液压泵的基本知识和工作原理 ... 21
　　二、齿轮泵的结构和工作原理 ... 24
　　三、影响齿轮泵的工作因素 ... 27
　　四、齿轮泵的排量和流量 ... 28
　　五、齿轮泵的常见故障及排除方法 ... 29
　任务 2.1.2 叶片泵的拆装与维护 ... 29
　　一、单作用叶片泵结构原理分析 ... 29
　　二、限压式变量叶片泵的工作原理 ... 31
　　三、双作用叶片泵的结构和工作原理 ... 32
　任务 2.1.3 柱塞泵的选用与维护 ... 33
　　一、轴向柱塞泵 ... 33
　　二、径向柱塞泵 ... 35
　　三、柱塞泵的常见故障及排除方法 ... 36

四、液压泵的性能比较及选用 ··· 37

模块三　液压执行元件的选用与维护 ·· 39

知识树 ·· 39
任务3.1　刨床液压差动回路搭建 ·· 39
　任务3.1.1　液压缸的选用与维护 ·· 40
　　一、液压缸的类型及图形符号 ··· 40
　　二、液压缸的工作原理和结构 ··· 41
　　三、液压缸的结构组成和常见故障及排除方法 ······················· 46
　任务3.1.2　液压马达的选用与维护 ··· 49
　　一、液压马达的工作原理 ··· 49
　　二、液压马达的图形符号与结构特点 ···································· 50
　　三、液压马达的性能指标及使用注意事项 ······························ 51
　　四、液压马达的常见故障及排除方法 ···································· 52

模块四　液压辅助元件的使用 ·· 54

知识树 ·· 54
任务4.1　蓄能器快速回路与普通回路搭建 ··································· 54
　任务4.1.1　油箱的结构和使用 ··· 55
　　一、油箱的结构 ·· 55
　　二、滤油器的选用与安装 ··· 57
　　三、密封装置 ··· 60
　任务4.1.2　蓄能器及热交换器 ··· 61
　　一、蓄能器 ·· 61
　　二、热交换器 ··· 63

模块五　液压基本控制回路设计 ··· 65

知识树 ·· 65
任务5.1　油漆烘干炉门换向锁紧回路设计 ··································· 66
　　一、认知液压阀 ·· 66
　　二、方向控制阀 ·· 68
任务5.2　液压起重机控制回路设计 ··· 76
　　一、溢流阀 ·· 77
　　二、减压阀 ·· 80
　　三、顺序阀 ·· 81
　　四、压力继电器 ·· 83
任务5.3　热处理回火炉液压速度控制回路搭建 ······························ 85
　　一、流量控制阀 ·· 86
　　二、速度控制回路 ··· 88
任务5.4　液压折弯装置的多缸顺序控制回路设计 ··························· 93

一、顺序动作回路 ··· 94
　　二、认识多缸同步回路 ··· 96
　　三、多缸快慢速互不干涉回路 ··· 97

模块六　典型液压传动系统分析 ··· 103

知识树 ·· 103
任务6.1　MJ-50型数控车床液压系统原理分析 ··· 103
　　一、概述 ··· 104
　　二、液压系统的工作原理 ··· 105
　　三、液压系统的特点 ··· 106
　任务6.1.1　组合机床动力滑台液压系统分析 ··· 106
　　一、概述 ··· 106
　　二、YT4543型组合机床工作过程和原理简介 ··· 106
　任务6.1.2　Q2-8型汽车起重机液压系统分析 ··· 109
　　一、概述 ··· 109
　　二、起重机的组成 ··· 109
　　三、起重机的工作原理 ··· 109

模块七　气动元件的识别与选用 ··· 113

知识树 ·· 113
任务7.1　气动平口钳控制回路搭建 ··· 114
　任务7.1.1　气动基础 ··· 115
　　一、气压传动 ··· 115
　　二、气源装置 ··· 117
　　三、气动辅助元件 ··· 119
　　四、气动三联件的安装顺序 ··· 123
　任务7.1.2　气缸、气动马达的选用和维修 ··· 124
　　一、气缸的组成 ··· 124
　　二、气缸的工作原理 ··· 125
　　三、气缸的分类及图形符号 ··· 125
　　四、其他气缸的种类及缓冲装置 ··· 126
　　五、标准气缸简介 ··· 128
　任务7.1.3　气缸的选用 ··· 128
　　一、预选气缸的直径 ··· 128
　　二、预选气缸行程 ··· 130
　　三、选择气缸的品种 ··· 130
　任务7.1.4　气动马达的工作原理与特点 ··· 131
任务7.2　回转臂工装真空回路的搭建 ··· 132
　　一、真空的概念 ··· 134
　　二、真空技术元件及标记符号 ··· 134

三、真空吸盘选型 135
　　四、带有负压询问装置的真空回路 136

模块八　气动控制基本回路设计 138

知识树 138
任务8.1　塑料板材成型机构回路设计 138
　　一、方向控制阀的工作原理及命名 139
　　二、压力控制元件的工作原理及结构 142
　　三、流量控制元件的工作原理及结构 144
　　四、逻辑控制元件的工作原理及结构 147
　　五、辅助元件图形符号 148
任务8.2　气动塑料粘接机控制回路设计 150
　　一、气动控制系统的设计基础 150
　　二、回路图 151

模块九　电气液控制系统的安调与控制回路分析 155

知识树 155
任务9.1　小齿轮加工自动化生产线加工分析 155
　　一、气动程序控制 158
　　二、运动图 158
任务9.2　双气缸送料装置控制回路设计与分析 162
　　任务9.2.1　电气-气动控制回路中常用的电气元件 163
　　任务9.2.2　基本电气回路 164
　　　　一、电气回路图的绘制原则 164
　　　　二、各种电气回路 164
　　　　三、电气气动控制回路的设计方法 166
　　任务9.2.3　认识电气动系统安全及维护要点 167
　　　　一、安全操作注意事项 167
　　　　二、电气动系统的维护工作 167
　　　　三、找出故障点和故障源 169

附录1　流体传动系统及元件图形符号和回路图（部分）（2009） 171

附录2　液压与气压部分专业英语图解 190

《液压与气压传动技术项目化教程》（第2版）任务工作页 195

模块一　液压传动组成及原理认知 197
　任务1.1　平面磨床液压传动组成认知 197
　　任务描述 197
　　任务实施 197

思考与练习 199
　任务1.2　液压千斤顶组成及原理认知 200
　　任务描述 200
　　任务实施 200
　　思考与练习 202
模块二　液压动力元件的选用与维护 204
　任务2.1　圆钢校直机液压回路液压动力元件的选用 204
　　任务描述 204
　　任务实施 204
　　思考与练习 207
模块三　液压执行元件的选用与维护 209
　任务3.1　刨床液压差动回路搭建 209
　　任务描述 209
　　任务实施 209
　　思考与练习 212
模块四　液压辅助元件的使用 213
　任务4.1　蓄能器快速回路与普通回路搭建 213
　　任务描述 213
　　任务实施 214
　　思考与练习 215
模块五　液压控制基本回路设计 216
　任务5.1　油漆烘干炉门换向锁紧回路设计 216
　　任务描述 216
　　任务实施 216
　　思考与练习 219
　任务5.2　液压起重机控制回路设计 220
　　任务描述 220
　　任务实施 221
　　思考与练习 224
　任务5.3　热处理回火炉液压速度控制回路搭建 225
　　任务描述 225
　　任务实施 225
　　思考与练习 228
　　PPT成果展示 229
　任务5.4　液压折弯装置的多缸顺序控制回路设计 229
　　任务描述 229
　　任务实施 229
　　思考与练习 233
　　PPT成果展示 234
模块六　典型液压传动系统分析 235

任务6.1　MJ-50型数控车床液压系统原理分析 ································· 235
　　任务描述 ·· 235
　　任务实施 ·· 235
　　思考与练习 ·· 237

模块七　气动元件的识别与选用 ·· 239

任务7.1　气动平口钳控制回路搭建 ··· 239
　　任务描述 ·· 239
　　任务实施 ·· 239
任务7.2　回转臂工装真空回路的搭建 ·· 242
　　任务描述 ·· 242
　　任务实施 ·· 243
　　思考与练习 ·· 244

模块八　气动控制基本回路设计 ·· 246

任务8.1　塑料板材成型机构回路设计 ·· 246
　　任务描述 ·· 246
　　任务实施 ·· 246
　　思考与练习 ·· 248
任务8.2　气动塑料粘接机控制回路设计 ··· 249
　　任务描述 ·· 249
　　任务实施 ·· 249
　　思考与练习 ·· 251
　　PPT成果展示 ··· 251

模块九　电气液控制系统的安调与控制回路分析 ··· 252

任务9.1　小齿轮加工自动化生产线加工分析 ·· 252
　　任务描述 ·· 252
　　任务实施 ·· 254
　　思考与练习 ·· 256
任务9.2　双气缸送料装置控制回路设计与分析 ··· 257
　　任务描述 ·· 257
　　任务实施 ·· 257
　　思考与练习 ·· 264
　　PPT成果展示 ··· 264

模块一　液压传动组成及原理认知

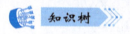知识树

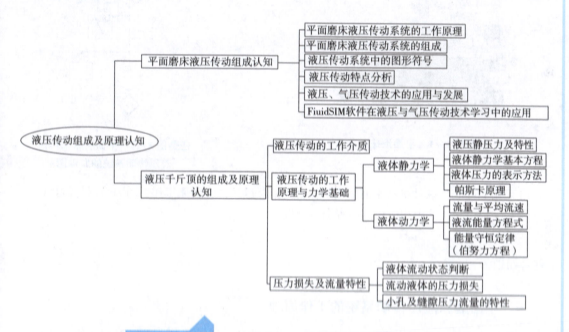

任务1.1　平面磨床液压传动组成认知

学习目标

✓ 能够描述液压传动的工作过程、系统组成、优缺点及应用；
✓ 能够识读磨床液压传动系统的图形符号（图中名称按 GB/T 786.1—2021 标准化索引的规定命名）；
✓ 能够动手搭接简单液压传动系统，并说明操作过程。

理论知识

➢ 气压、液压传动系统的工作原理；
➢ 气压、液压传动系统的组成；
➢ 气压、液压传动系统图的图形符号（磨床工作台液压传动原理图\气动系统回路图）。

任务描述

任务图1-1所示为平面磨床,其工作原理是利用液压传动系统带动工作台进行往复运动。任务图1-2所示为平面磨床工作台液压传动系统的原理图。

任务图1-1　平面磨床

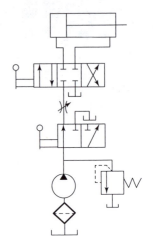

任务图1-2　平面磨床工作台
液压传动系统的原理图

（1）用FluidSIM软件进行平面磨床工作台进给液压系统、磨床工作台图的绘制与仿真；
（2）完成引导问题中相应信息的查询与分析。

任务知识

一、平面磨床液压传动系统的工作原理

如图1-1所示,液压传动系统由油箱19、滤油器18、液压泵17、溢流阀13、换向（开停）阀10、节流阀7、换向阀5、液压缸2、连接这些元件的油管以及管接头等组成。其工作原理如下：液压泵由电动机驱动后,从油箱中吸油。油液经滤油器进入液压泵,油液在泵腔中从入口低压到泵出口高压,在图1-1（a）所示状态下,通过换向（开停）阀10、节流阀7、换向阀5进入液压缸左腔,推动活塞使工作台向右移动。这时,液压缸右腔的油经换向阀5和回油管6排回油箱。如果将换向阀手柄4转换成如图1-1（b）所示状态,则压力管中的油将经过换向（开停）阀10、节流阀7和换向阀5进入液压缸右腔,推动活塞使工作台向左移动,并使液压缸左腔的油经换向阀5和回油管6排回油箱。工作台的移动速度是通过节流阀7来调节的。当节流阀7开大时,进入液压缸的油量增多,工作台的移动速度增大；当节流阀7关小时,进入液压缸的油量减小,工作台的移动速度减小。为了克服移动工作台时所受到的各种阻力,液压缸必须产生一个足够大的推力,这个推力是由液压缸中的油液压力所产生的。要克服的阻力越大,缸中的油液压力越高；反之压力就越低,这种现象正说明了液压传动的一个基本原理——压力决定于负载。

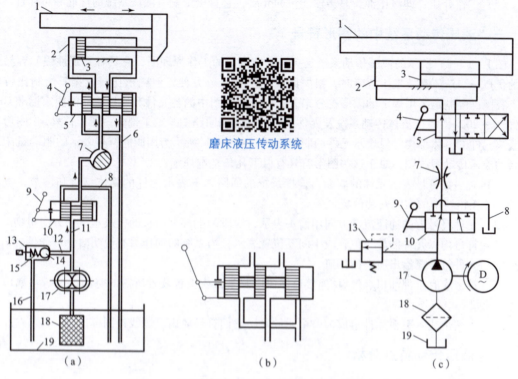

图1-1 平面磨床工作台液压传动系统工作原理图
(a) 磨床工作台液压传动系统工作原理图；(b) 手动换向阀；(c) 液压传动系统回路图
1—工作台；2—液压缸；3—活塞；4—换向阀手柄；5—换向阀；6，8，16—回油管；7—节流阀；
9—开停手柄；10—换向（开停）阀；11—压力管；12—压力支管；13—溢流阀；14—钢球；
15—弹簧；17—液压泵；18—滤油器；19—油箱

二、平面磨床液压传动系统的组成

通过对上面平面磨床工作过程的分析，可以初步了解液压传动的基本工作原理。

（1）液压传动是利用有压力的液体（液压油）作为传递运动和动力的工作介质；

（2）液压传动中要经过两次能量转换，先将机械能转换成油液的压力能，再将油液的压力能转换成机械能；

（3）液压传动是依靠密封容器或密闭系统中密封容积的变化来实现运动和动力的传递。

由平面磨床液压传动系统的工作过程可以看出，一个完整、正常工作的液压传动系统由以下几部分组成：

（1）能源装置（动力元件）：将原动机械能转换为液压能的元件，给液压系统供油，如齿轮液压泵、叶片液压泵、柱塞泵。

（2）执行装置（执行元件）：将液压能转换为机械能的元件，以驱动工作机构，如液压缸、液压马达。

（3）控制调节装置（控制元件）：用来控制或调节液压系统中的压力、流量和方向，以保证执行元件预期工作的元件，如溢流阀、流量阀、方向阀等。

（4）辅助装置（辅助元件）：以上三部分之外的其他装置，如油箱、过滤器、密封件、压力计、蓄能器等。

（5）工作介质：即液压油，是传递能量的介质，它直接影响着液压系统的性能和可靠性。

三、液压传动系统中的图形符号

图1-1（a）所示的液压传动系统是一种半结构式的工作原理图，它具有直观性强、容易理解的优点，当液压系统发生故障时，根据原理图检查十分方便，但图形比较复杂，绘制比较麻烦。我国已经制定了用规定的图形符号来表示液压原理图中的各元件和连接管路的国家标准GB/T 786.1—2021，即《流体传动系统及元件　图形符号和回路图　第1部分：图形符号》。图形符号脱离元件的具体结构，只表示元件的职能。图1-1（c）所示为用职能符号表示的驱动机床工作台的液压传动系统图，对于这些图形符号有以下几条基本规定：

（1）大多数符号表示元件的职能，连接系统的通路，不表示元件的具体结构和参数，也不表示元件在机器中的实际安装位置。

（2）元件符号内的油液流动方向用箭头表示，线段两端都有箭头的，表示流动方向可逆。

（3）符号均以元件的静止位置或中间零位置表示，当系统的动作另有说明时，可作例外。

（4）元件符号应给出所有的接口。

（5）符号应有全部油口、气口/连接口标识以及参数或组合装置所需的空间，这些参数包括压力、流量、电气连接等。

（6）当两个或者更多元件集成为一个元件时，它们符号应由点画线包围标出。

四、液压传动特点分析

液压传动之所以能得到广泛的应用，是由于它具有以下的优点：

（1）从结构上看，传递功率大，在相同输出功率条件下，质量轻、结构紧凑、体积小；借助油管连接可灵活布局，便于和其他传动方式联用，易实现远距离传动、操纵以及自动控制。

（2）从工作性能上看，速度、转矩和功率均可无级调节，易于改变运动方向——变速调速范围宽。

（3）传递运动均匀平稳，负载变化时速度较稳定。

（4）从使用维护上看，液压元件自行润滑好，易于实现系统的过载保护——借助于设置溢流阀等。

（5）借助于各控制阀可实现自动化。

（6）元件已实现了标准化、系列化和通用化。

液压传动的缺点是：

（1）漏油等因素会影响运动的平稳性和正确性。

（2）液压传动系统对油温的变化比较敏感，其工作稳定性易受温度变化的影响。

（3）元件的配合件制造精度要求较高，加工工艺较复杂。

（4）液压元件制造精度高，使用和维护要求高。液体污染对工作性能影响大，系统发生故障时不易检查和排除。

五、液压、气压传动技术的应用与发展

液压、气压传动技术已渗透到很多领域，不断在民用工业、机床、工程机械、冶金机械、塑料机械、农林机械、汽车、船舶等行业得到应用和发展。其未来与电子技术相结合，实现液压、气压系统的柔性化、智能化。如图1-2所示，分析液压、气动不同能量传动的特点，可预见其应用特点及未来发展趋势。

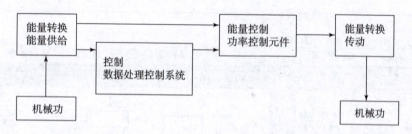

动力技术	控制技术		传动技术
电气技术/电子技术 电流来自以下各方面： 水力 太阳能 煤 石油 原子核裂变 化学反应	接触器、继电器控制系统	主接触器	马达 直线马达 电磁铁
	数字量（和模拟量）控制系统： 固定程序的系统 可任意编程的系统	可控硅	
液压技术 压力流体由以下几种形式 驱动的液压泵来提供： 电动机 内燃机		方向阀 单向阀 流量阀 特殊阀类	马达 缸 执行元件
气动技术 压缩空气通过以下两种形 式驱动的压缩机来获得： 电动机 内燃机	数字量控制系统： 传统的气动阀技术 可编程控制单元	方向阀 单向阀 流量阀 特殊阀类	马达 缸 执行元件
机械技术 有以下两种驱动形式： 电动机 人力	曲面 凸轮 顶杆		杠杆 传动机构 传动比

图 1-2 传动与控制技术传动特点

六、FluidSIM 软件在液压与气压传动技术学习中的应用

1. FluidSIM 软件的介绍

Fluids 软件是专门用于液压与气压传动的教学软件，FluidSIM 软件分两个软件，其中 FluidSIM－H 用于液压传动教学，而 FluidSIM－P 用于气压传动教学。

FluidSIM 软件将 CAD 功能和仿真功能紧密联系在一起。FluidSIM 软件符合 DIN 电气－液压（气压）回路图绘制标准，CAD 功能是专门针对流体而特殊设计的，例如在绘图过程中，FluidSIM 软件将检查各元件之间连接是否可行。最重要的是可对基于元件物理模型的回路图进行实际仿真，并有元件的状态图显示，可在设计完回路后，验证设计的正确性，并演示回路动作过程，如图 1-3 所示。

FluidSIM 仿真软件应用

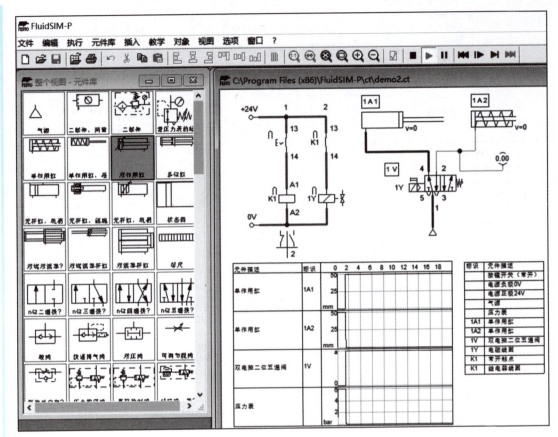

图 1-3 FluidSIM 软件完成电气路图的绘制并仿真界面

FluidSIM 软件可用来自学、教学和多媒体教学液压（气压）技术知识。液压（气压）元件可以通过文本说明、图形以及介绍其工作原理的动画来描述；各种练习和教学影片讲授了重要回路和液压（气压）元件的使用方法。

可设计和液压气动回路相配套的电气控制回路，弥补了以前液压与气动教学中，学生只见液压（气压）回路不见电气回路，从而不明白各种开关和阀动作过程的弊病。电气-液压（气压）回路同时设计与仿真，提高学生对电气动、电液压的认识和实际应用能力。

2. FluidSIM 软件的使用

1）设计液压与气压系统的回路

由于 FluidSIM-H 与 FluidSIM-P 的界面完全一致，操作类似，下面以 FluidSIM-P 软件为例来介绍。

FluidSIM-P 界面分为左侧的元件库界面与右侧的设计界面两部分，我们可以直接用鼠标从左边的元件库中拖拉气动元件放在右边的设计区进行设计，先布局气动元件，将所有回路中用的气动元件位置确定好，操作中，要及时按设计要求定义好元件的结构，如二位四通电磁换向阀，通过双击元件，定义阀左右端的驱动方式、复位方式等。然后连接回路，并单击启动操作即可。启动后，蓝色线条代表进气路。具体界面及步骤如图 1-4 所示。

仿真过程中，暂停仿真过程，查看各个元件的状态和参数，如鼠标右键单击气压源和气缸符号，在右键菜单中选择"属性"，则显示对应元件当前的参数，如图 1-5 所示，可对相应元器件进行参数设定，如图示气缸的标签编辑、输出力等。

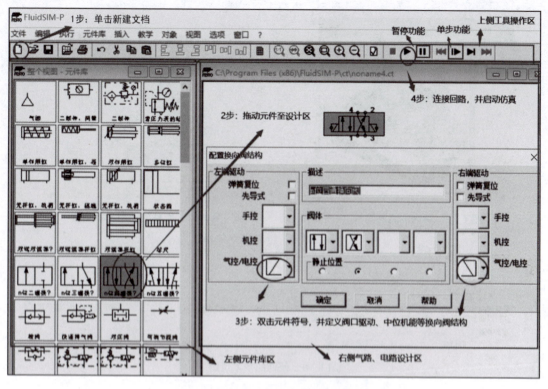

图1-4 FluidSIM 界面及设计回路操作步骤

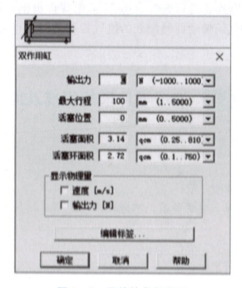

图1-5 元件的参数显示

2) 系统中补充的相关知识

软件本身自带和气压传动有关的元件说明、插图、图片和影像,如右键单击单向节流阀,在右键菜单中选择"图片",则可显示该元件的图片,如图1-6所示;在右键菜单中选择"插图",则显示该元件的插图,如图1-7所示;在右键菜单中选择"元件说明",则显示此元件的技术说明,如图1-8所示,以方便了解气压传动的理论知识。

图1-6 单向节流阀图片

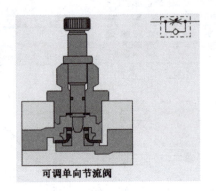

图1-7 元件的插图显示功能

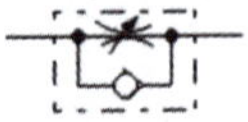

可调单向节流阀

可调单向节流阀由单向阀和可调节流阀组成,单向阀在一个方向上可以阻止压缩空气流动,此时,压缩空气经可调节流阀流出,调节螺钉可以调节节流面积。在相反方向上,压缩空气经单向阀流出。

可调参数
开口度　　0…100%　(100%)

图1-8 元件的技术说明

3）设计电气控制回路

FluidSIM 软件有丰富的电控元件供选择,如24 V 电源正负极、各种主令开关、接近开关、继电器线圈等,能够设计和气压传动回路配套的电气控制回路,并能同时进行电气和气压的回路仿真,如图1-3所示。

任务1.2　液压千斤顶的组成及原理认知

学习目标

- 能够说明工作介质的性能参数;
- 能够说明压力、流量两个重要参数,掌握帕斯卡原理、液压系统的流量、连续性方程的应用;
- 能根据工作状况进行压力、流量的计算;
- 能够查手册及标准选用工作介质。

理论知识

- 液体传动系统中压力的概念。
- 帕斯卡定律的内容及其应用。
- 液压传动系统中的沿程压力损失与局部压力损失。
- 液压中空穴现象的预防措施。

> **任务描述**

任务图1-3与任务图1-4所示的液压千斤顶是一种采用柱塞或液压缸作为刚性举升件的千斤顶，它构造简单、质量轻、便于携带、移动方便。其缺点是起重高度有限，起升速度慢。

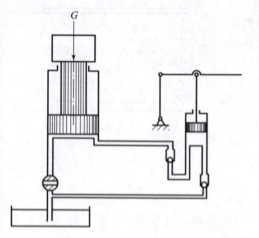

任务图1-3　液压千斤顶的工作原理

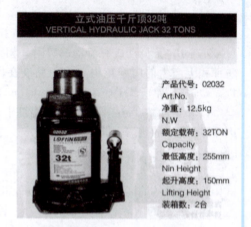

任务图1-4　立式液压千斤顶

试分析：液压传动系统中的压力传递原理，液压油、流量与流速的关系。

> **任务知识**

一、液压传动的工作介质

液体是液压传动的工作介质，在液压传动系统中，工作介质用来传递力和信号，还起到润滑、冷却、密封、防锈和吸附冲击等作用。

1. 液压油的一般特性分析

1）密度

单位体积液体的质量称为液体的密度。体积为 V（单位 m^3），质量为 m（单位 kg）的液体密度为

$$\rho = m/V\ (kg/m^3) \tag{1-1}$$

2）黏性

液体在外力作用下流动时，由于液体分子间的内聚力而产生一种阻碍液体分子之间进行相对运动的内摩擦力，液体的这种产生内摩擦力的性质称为液体的黏性。由于液体具有黏性，当流体发生剪切变形时，流体内就产生阻滞变形的内摩擦力，由此可见，黏性表征了流体抵抗剪切变形的能力。处于相对静止状态的流体中不存在剪切变形，因而也不存在变形的抵抗，只有当运动流体流层间发生相对运动时，流体对剪切变形的抵抗，也就是黏性才表现出来。

黏性的大小可用黏度来衡量，黏度是选择液压油的主要指标，是影响流动流体的重要物理性质。

当液体流动时，由于液体与固体壁面的附着力及液体本身的黏性使流体内各处的速度大小

不等。如图1-9所示，设上平板以速度u_0向右运动，下平板固定不动。由于液体黏性的作用，紧贴下平板液体层的速度为零，而中间各液层的速度则视其距下平板距离的大小按线性规律变化。

液体的黏度通常有三种不同的测试单位：动力黏度、运动黏度和相对黏度。

（1）动力黏度μ：又称为绝对黏度，是表征液体黏性的内摩擦力大小。其物理意义是液体在单位速度梯度（$du/dy=1$）下流动或有流动趋势时，相接触的液层间单位面积上产生的内摩擦力。动力黏度在国际计量单位为$Pa \cdot s$（帕·秒），$1 Pa \cdot s = 1 (N \cdot s)/m^2$。

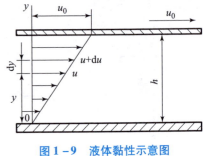

图1-9 液体黏性示意图

（2）运动黏度v：是指在同一温度下该液体动力黏度μ与其密度ρ的比值，即

$$v = \frac{\mu}{\rho} \tag{1-2}$$

式中，v为液体的运动黏度，m^2/s；ρ为液体的密度，kg/m^3。

运动黏度的国际计量单位为m^2/s，目前使用的单位还有斯（符号为St）和厘斯（符号为cSt）来表示，$1 cSt (mm^2/s) = 10^{-2} St (cm^2/s) = 10^{-6} m^2/s$。

运动黏度没有什么明确的物理意义，但在工程实际中经常用到。运动黏度是划分液压油牌号的依据，根据我国国家标准《工业液体润滑剂ISO黏度分类》（GB/T 3141—1994）规定，液压油的牌号就是用该液压油在温度为40℃时的运动黏度平均值来表示的。例如L-HL22号液压油，就是指这种油在40℃时的运动黏度平均值为$22 mm^2/s$。

（3）相对黏度$°E_t$：又称条件黏度，它是采用特定的黏度计在规定的条件下测量出来的黏度。根据测量条件不同，各国采用的相对黏度的单位也不同，我国采用的是恩氏黏度$°E_t$。

恩氏黏度用恩氏黏度计测定。其方法是：将200 mL温度为t（以℃为单位）的被测液体装入黏度计的容器，经其底部直径为2.8 mm的小孔流出，测出液体流尽所需时间t_1，再测出200 mL温度为20℃的蒸馏水在同一黏度计中流尽所需时间t_2，这两个时间的比值即为被测液体在温度t下的恩氏黏度，即

$$°E_t = \frac{t_1}{t_2}$$

工业上常用20℃、50℃、100℃作为测定恩氏黏度的标准温度，其相应恩氏黏度分别用$°E_{20}$、$°E_{50}$、$°E_{100}$表示。

工程中常采用先测出液体的相对黏度，再根据关系式换算出动力黏度或运动黏度。恩氏黏度的换算关系式为

$$v = \left(7.31°E - \frac{6.31}{°E}\right) \times 10^6 \ (m^2/s)$$

（4）黏度与压力、温度的关系。

当液体所受的压力加大时，分子之间的距离缩小，内聚力增大，其黏度也随之增大。一般情况下，压力对黏度的影响比较小，可以不考虑。

液压油黏度对温度的变化是十分敏感的，当温度升高时，其分子之间的内聚力减小，黏度也随之降低，这个变化率的大小直接影响液压传动工作介质的使用。不同种类的液压油，它的黏度随温度变化的规律也不同。几种常见液压传动介质的黏温特性曲线如图1-10所示。

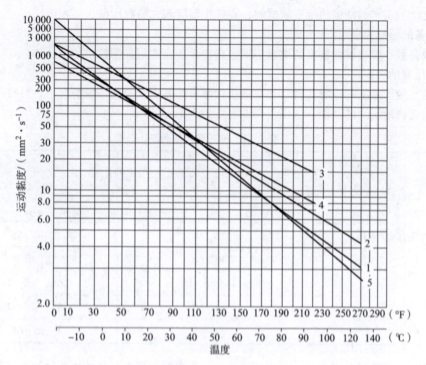

图1-10 几种常见液压传动介质的黏温特性曲线

1—矿油型通用液压油；2—矿油型高黏度指数液压油；3—水包油乳化液；4—水–乙二醇液；5—磷酸酯液

3）压缩性和膨胀性。

液体受压力的作用而使体积发生变化的性质称为液体的可压缩性。液体受温度的影响使体积发生变化的性质称为膨胀性。液体的压缩性和膨胀性很小，当压力和温度变化不大时，可以认为液体的体积不发生变化，既不可压缩又不可膨胀。但在特殊情况（如水击现象）下，就必须考虑其影响。

2. 液压油的种类和选用

合理选择和使用液压油，是保证液压系统正常和高效率工作的条件。选用液压油时通常采用两种方法：一是按液压元件生产厂家所提供的说明书中推荐的油类品种和规格选用液压油；二是根据液压系统的具体情况，例如工作压力高低、工作温度高低、运动速度大小、液压元件的种类等因素，全面考虑选用液压油。在选用时，主要是确定液压油的黏度范围、品种及系统工作时的特殊要求。

黏度是液压油的重要指标之一，它对液压系统的运动平稳性、工作可靠性、系统效率等有显著影响。

1）环境温度

矿物油的黏度受温度影响变化很大，为保证在工作温度时有较适宜的黏度，选用过程中，当环境温度较高时宜采用黏度较大的液压油；当环境温度较低时宜采用黏度较小的液压油。

2）液压系统的工作压力

当系统压力较高时，宜选用黏度较大的液压油，以免系统泄漏过多，效率过低；当系统工作压力较低时，宜选用黏度较小的液压油，以减少压力损失。

3）运动速度

当工作部件运动速度较高时，为减少与液体摩擦而造成的能量损失，宜选用黏度较小的液压油；反之，当工作部件运动速度较低时，宜选用黏度较大的液压油。

4）设备的特殊要求

精密设备和一般机械对黏度的要求不同，精密设备宜选用黏度较小的液压油。

5）液压泵的类型

液压泵是液压系统的重要元件，它对液压油黏度的要求较高。一般情况下，可将液压泵要求的黏度作为选择液压油的基准。液压泵用油黏度如表1-1所示。

表1-1 液压泵用油黏度

液压泵类型 \ 环境温度 / 液压黏液等级	5~40 ℃	40~80 ℃
叶片泵（压力≤7 MPa）	32、46	46、68
叶片泵（压力>7 MPa）	46、68	68
齿轮泵	32、46、68	68、100、150
柱塞泵	46、68	68、100、150
螺杆泵	32、46	46、68

液压油品种的选择是否合适，对液压系统的工作影响也较大。我国液压油的主要品种、黏度等级及特性和用途如表1-2所示。

表1-2 我国液压油的主要品种、黏度等级及特性和用途

类型	名称	代号	黏度等级	特性和用途
矿物型	普通液压油	L-HL	15、22、32、46、68、100	抗氧防锈，适用于一般设备的中低压系统
	抗磨液压油	L-HM	15、22、32、46、68、100、150	抗氧防锈、抗磨，适用于工程机械、车辆液压系统
	低温液压油	L-HV	15、22、32、46、68	抗氧防锈、抗磨，黏温特性较好，可用于环境温度在-20~-40 ℃的系统
	液压导轨油	L-HG	32、68	抗氧防锈、抗磨、防爬，适用于机床中液压和导轨润滑合用的系统
乳化型	水包油乳化液	L-HFA	10、15、22、32	难燃、黏温特性好、防锈、润滑性差，适用于有抗燃要求、油液流量大的系统
	油包水乳化液	L-HFB	22、32、46、68、100	防锈、抗磨、抗燃，适用于有抗燃要求的中压系统
合成型	水-乙二醇液	L-HFC	15、22、32、46、68、100	难燃、黏温特性好、抗蚀性好，适用于有抗燃要求的中低压系统
	磷酸酯液	L-HFDR	15、22、32、46、68、100	难燃、润滑、抗磨抗氧性好、有毒，适用于有抗燃要求的高压精密系统

二、液压传动的工作原理与力学基础

通过生产中经常见到的液压千斤顶来了解液压传动的工作原理,图 1-11 所示为常见液压千斤顶的工作原理示意图。该系统由举升液压缸和手动液压泵两部分组成,大油缸 6、大活塞 7、单向阀 5 和卸油阀 9 组成举升液压缸,杠杆手柄 1、小活塞 2、小油缸 3、单向阀 4 和 5 组成手动液压泵。

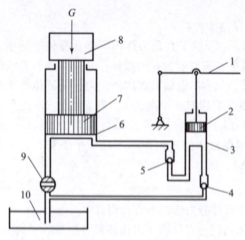

液压千斤顶的
工作原理

图 1-11 常见液压千斤顶的工作原理示意图
1—杠杆手柄;2—小活塞;3—小油缸;4,5—单向阀;6—大油缸;7—大活塞;
8—重物;9—卸油阀;10—油箱

提起手柄 1 使小活塞 2 向上移动,小活塞 2 下端密封的油腔容积增大,形成局部真空,这时单向阀 5 关闭并阻断其所在的油路,而单向阀 4 打开使其所在油路畅通,油箱 10 中的液压油就在大气压的作用下通过吸油管道进入并充满小油缸 3,完成一次吸油动作;用力压下手柄 1,小活塞 2 下移,小活塞 2 下腔容积减小,腔内压力升高,这时单向阀 4 关闭同时阻断其所在的油路,当压力升高到一定值时单向阀 5 打开,小油缸 3 中的油液经管道输入大油缸 6 的下腔,由于卸油阀 9 处于关闭状态,大油缸 6 中的液压油增多迫使大活塞 7 向上移动,顶起重物。再次提起手柄吸油时,单向阀 5 自动关闭,使油液不能倒流,从而保证了重物不会自行下落。不断地往复扳动手柄,就能不断地把油液压入大油缸 6 下腔,使重物 8 逐渐地升起。如果打开卸油阀 9,大活塞 7 在其自重和重物 8 的作用下下移,大油缸 6 下腔的油液便通过管道流回油箱 10 中,重物 8 就向下运动,这就是液压千斤顶的工作原理。

通过对上面液压千斤顶工作过程的分析,可以初步了解液压传动的基本工作原理。

1. 液体静力学

1)液压静压力及特性

液体单位面积上所受的法向力,物理学中称压强,液压传动中习惯称压力,通常以 p 表示:

$$p = \frac{F}{A} \quad (1-3)$$

式中 A——液压有效作用面积,m^2;
F——液体有效作用面积 A 上所受的法向力,N。

液体压力的产生

压力的国际计量单位为帕斯卡,简称帕,符号为 Pa,1 Pa = 1 N/m²。工程上常采用兆帕,符号为 MPa,1 MPa = 10⁶ Pa。常用单位还有 bar,1 bar = 10⁵ Pa = 0.1 MPa。

液体的静压力具有以下两个重要特性:

(1) 液体静压力的方向总是作用在内法线方向上。液体在静止状态下不呈现黏性,内部不存在切向剪应力而只有法向应力,垂直并指向于承压表面。

(2) 静止液体内任一点的液体静压力在各个方向上都相等。如果有一方向压力不等,液体就会流动。

2) 液体静力学基本方程

如图 1-12 所示,反映了在重力作用下静止液体中的压力分布规律。假设容器中装满密度为 ρ 的液体,其受到的力有液体的重力、液面上的压力和容器壁面对液体的压力,使液体处于静止状态。假设从液面往下切取一个高为 h、底面积为 ΔA 的垂直小液柱,如图 1-12(b)所示,这个小液柱在重力 G($G = mg = \rho Vg = \rho gh\Delta A$)及周围液体的压力作用下处于平衡状态,于是有 $p\Delta A = p_0 \Delta A + \rho gh\Delta A$,即

$$p = p_0 + \rho gh \quad (1-4)$$

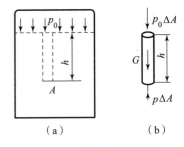

图 1-12 重力作用下静止液体受力分析图

由式(1-4)流体静力学基本方程可知:

(1) 静止液体内任一点处的压力由两部分组成,一部分是液面上的压力 p_0,另一部分是 ρg 与该点离液面深度 h 的乘积。

(2) 同一容器中同一液体内的静压力随液体深度 h 的增加而线性地增加。

(3) 连通器内同一液体中深度 h 相同的各点压力都相等,由压力相等的点组成的面称为等压面。

3) 液体压力的表示方法

液压系统中的压力就是指压强,通常有绝对压力、相对压力(表压力)、真空度三种表示方法。地球表面,一切物体都受大气压力的作用,而且是自成平衡的,即大多数测压仪表在大气压下并不动作,这时它所表示的压力值为零,测出的压力是高于大气压力的那部分压力,也就是相对于大气压(即以大气压为基准零值时)所测量到的一种压力,称为相对压力或表压力。

另一种是以绝对真空为基准零值时所测得的压力,称为绝对压力。当绝对压力低于大气压时,习惯上称为出现真空。绝对压力比大气压小的那部分值叫作该点的真空度。如某点的绝对压力为 4.052×10^4 Pa(0.4 大气压),则该点的真空度为 6.078×10^4 Pa(0.6 大气压)。绝对压力、相对压力(表压力)和真空度的关系如图 1-13 所示。真空如图 1-14 所示。

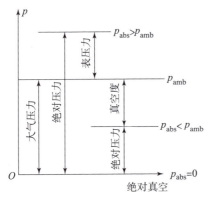

图 1-13 绝对压力、相对压力及真空度的关系

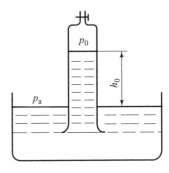

图 1-14 真空

绝对压力 p_{abs} = 相对压力 p_e（表压力）+ 大气压力（p_{amb}）

式中，p_{abs}、p_e、p_{amb} 均来自德国版《简明机械手册》符号。

真空度 = 大气压力 - 绝对压力

液压系统和各局部回路的压力值可以通过安装在系统适当位置的压力表观测。这种压力表是位置式的，即只能安装在实际需要进行压力检测的位置。如果利用测量仪表的读数进行远程监视或控制，就需要使用电子式压力传感器来进行压力测量，利用电信号可以远距离传送的特点，将压力信号转换成电信号。图1-15所示为压力表。

4）帕斯卡原理

在密封容器内，施加于静止液体任一点的静止液体压力将以等值传到液体各点，这就是帕斯卡原理或静压传递原理。在液压传动系统中，外力产生的压力要比液体自重产生的压力大得多，则认为静止液体内部各点的压力处处相等。

图1-15 压力表
(a) 压力表；(b) 图形符号

根据帕斯卡原理和静压力的特性，液压传动不仅可以进行力的传递，而且还能将力放大和改变力的方向。图1-16所示为应用帕斯卡原理推导压力与负载关系的实例，图中垂直液压缸（负载缸）的截面积为 A_1，水平液压缸截面积为 A_2，两个活塞上的外作用力分别为 F_1、F_2，则缸内压力分别为 $p_1 = F_1/A_1$、$p_2 = F_2/A_2$。由于两个缸充满液体且互相连通，根据帕斯卡原理有 $p_1 = p_2$。因此有：

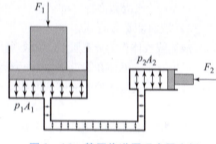

图1-16 静压传递原理应用实例

$$F_1 = F_2 A_1/A_2 \text{ 或 } F_1/F_2 = A_1/A_2 \quad (1-5)$$

式（1-5）表明，只要 A_1/A_2 足够大，用很小的力 F_2 就可产生很大的力 F_1。液压千斤顶和水压机就是按此原理制成的。液压系统中的压力是由外界负载决定的。

2. 液体动力学

液体动力学的主要内容是研究液体流动时流速和压力的变化规律。流动液体的连续性方程、伯努力方程、动量方程是描述流动液体力学规律的三个基本方程式。

1）流量与平均流速

（1）理想液体和稳定流动：液体运动时，由于液体本身具有黏性和可压缩性，给液体运动的研究带来困难。因此，引入理想液体概念。液体流动时，若液体中任一点处的压力、流速和密度不随时间变化而变化，则这种流动就称为稳定流动（恒定流动）；反之，只要运动要素中有一个参数随时间而变化，液体就是非稳定流动（非恒定流动）。对这类所得到的理想液体运动的基本定律、能量转换关系等进行修正，使之比较符合实际液体流动时的情况。

（2）通流截面、流量和平均流速。

流束中与所有流线正交的截面称为通流截面，如图1-17中的 A，截面上每点处的流动速度都垂直于这个面。流量 q：单位时间内流过某通流截面的流体体积称为流量，国际单位 m^3/s，常用单位 L/min。

平均流速 v：通流截面上各点均匀分布假想流速，单位 m/min 或 m/s。

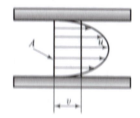

图1-17 实际速度和平均速度

(3) 活塞（或液压缸）运动速度与流量的关系。

液压缸活塞速度 v 取决于供给的体积流量 q 和具有决定性意义的活塞面积 A，如图 1-18 所示。我们常把单位时间内流经一个横截面的液体量称为体积流量，例如 $q=16$ L/min。液体在管道和软管内的流速 v 随体积流量 q 的增加而加快，随管道横截面 A 的增大而降低，故活塞速度和液体流速：

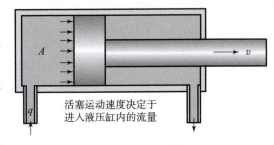

图 1-18 活塞运动速度

$$v = \frac{q}{A} \tag{1-6}$$

式中　v——平均流速，m/s；

　　　q——流量，在液压传动中流量的单位为 L/min、cm^3/s 或 m^3/s，它们的换算关系是 $1\ m^3/s = 10^6\ cm^3/s = 6\times10^4$ L/min；

　　　A——通流截面积，m^2。

2）液流能量方程式

液体或气体在无分支管道中做不可压缩稳定流动时，每一个通流截面上所通过的质量相等。如图 1-19 所示，液体在管道中做恒定流动时，若任取 1 和 2 两个通流截面的面积分别为 A_1 和 A_2，并且在这两个通流截面处的液体密度和平均流速分别为 ρ_1、v_1 和 ρ_2、v_2，则液体根据质量守恒定律得

$$\rho_1 v_1 A_1 = \rho_2 v_2 A_2 \tag{1-7}$$

当忽略液体的压缩性时，$\rho_1 = \rho_2$，则

$$q = v_1 A_1 = v_2 A_2 = 常量 \tag{1-8}$$

即通过每一个通流截面的流量相等，这就叫作流量连续性原理，式（1-8）称为连续性方程。由此可见，在流量不变的情况下，通过某通流截面的流速与通流截面的大小成反比，即通流截面面积大处流速慢，通流截面面积小处流速快。

3）能量守恒定律（伯努力方程）

无黏性的理想气体和液体在密闭管道中稳定流动时，根据能量守恒定律，该理想液压具有三种形式的能量，即压力能、位能和动能。在流动过程中，这三种能量可以相互转换，但同一管道内任一截面上的三种能量的总和为一常数，如图 1-20 所示。

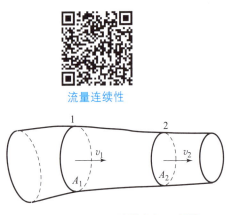

图 1-19 连续性方程示意图

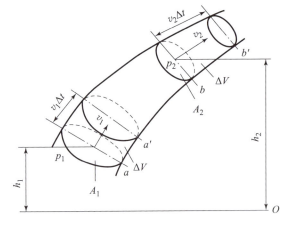

图 1-20 能量守恒定律示意图

理想液体的伯努力方程为

$$\frac{p_1}{\rho_1 g} + h_1 + \frac{v_1^2}{2g} = \frac{p_2}{\rho_2 g} + h_2 + \frac{v_2^2}{2g} = c \tag{1-9}$$

式中 p_1, ρ_1, v_1, h_1——分别为截面 a 处的压力、密度、流速、高度；
p_2, ρ_2, v_2, h_2——分别为截面 b 处的压力、密度、流速、高度。

伯努力方程是液体力学中一个重要的基本方程，它揭示了液体流动的能量变化规律，给出以下启示：对于水平放置的管道，液体的流速越高，它的压力就越低；在流量不变的情况下液体流过不同的截面时，截面越大，则流速越小，压力越大；在液压传动中的能量主要以压力能的形式体现，位能与动能相比要小得多，所以在液压系统计算时，一般只考虑压力能的作用。

3. 压力损失及流量特性

实际液体具有黏性，在流动时就会有阻力，为克服阻力就必须消耗能量，这样就有能量损失。在液压传动中，能量损失主要表现为压力损失，主要分为两类，一类是沿程压力损失，另一类是局部压力损失。

1）液体流动状态判断

一般将液体在管路中的流动状态分为层流与紊流。在液体运动时，如果质点没有横向脉动，不引起液体质点混杂，而液体的流动是分层的，层与层之间互不干扰，能够维持安定的流速状态的流动，称为层流；如果液体流动时质点具有脉动速度，液体流动不分层，做混杂紊乱流动，称为紊流（湍流）。紊流能量损失比层流大得多。

三维液压油的
层流与紊流

液体的两种流态的判别依据是雷诺数，雷诺数是由平均流速、管径 d、液体的运动黏度所组成的一个无量纲纯数，用 Re 表示。

圆形管道雷诺数：

$$Re = vd/\upsilon \tag{1-10}$$

式中，v 为液体流速（m/s）；d 为圆管直径（m）；υ 为液体的运动黏度（m²/s）。

由雷诺数的表达式可知，影响液体流动状态的力主要是惯性力和黏性力。雷诺数大说明惯性力起主导作用，这样的液流易出现紊流状态；雷诺数小说明黏性力起主导作用，这时的液流易保持层流状态。

液流由层流转变为紊流时的雷诺数称为上临界雷诺数；由紊流转变为层流的雷诺数称为下临界雷诺数。一般都用下临界雷诺数作为判别液流状态的依据，简称为临界雷诺数。当液流的雷诺数 Re 小于临界雷诺数时，液流为层流；反之为紊流。

2）流动液流的压力损失

一般将液压系统中的压力损失分为沿程压力损失和局部压力损失两大类。

沿程压力损失是指液体沿着等直径管流动时因黏性摩擦而产生的压力损失。这类压力损失是由于液体流动时各质点间运动速度不同，液体分子间存在的内摩擦力以及液体与管壁间存在的外摩擦力，导致液体流动必须消耗一部分能量来克服这部分阻力而造成的。其表达式为

$$\Delta p_\lambda = \lambda \frac{l}{d} \rho \frac{v^2}{2} \tag{1-11}$$

式中，λ 为沿程阻力系数，层流时，它的理论值为 $\lambda = 64/Re$，实际值要大些，油液在金属管取 $\lambda = 75/Re$，橡胶管取 $\lambda = 80/Re$；紊流时，当雷诺数 Re 为 $3 \times 10^3 \sim 1 \times 10^5$ 时，取 $\lambda = 0.316 Re^{-0.25}$。$l$ 为管道的长度（m）；ρ 为液体的密度（kg/m³）。

局部压力损失是油液流动时经过局部障碍（如弯管、分支或管路截面突然变化）时，由于

液体的流向和速度的突然变化，在局部形成涡流，引起油液质点间以及质点与固体壁面间的相互碰撞和剧烈摩擦而产生的压力损失，如图 1-21 所示。

管道系统中的总压力损失：等于所有管道沿程压力损失和所有局部压力损失之和。通常情况下，液压系统的管路并不长，所以沿程压力损失比较小，而阀等元件的局部压力损失却比较大。压力损失造成液压系统中功率损耗增加，还会加剧油液的发热，使泄漏量增大，液压系统效率和性能变差，所以找出减少压力损失的有效途径有着重要意义。

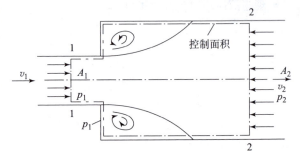

图 1-21 突然扩大处的局部压力损失

3）小孔及缝隙压力流量的特性

在液压和气压传动系统中常遇到油液流经小孔或间隙的情况，例如节流调速中的节流小孔，液压元件相对运动表面间的各种间隙。研究液体流经这些小孔和间隙的流量压力特性，对于研究节流调速性能，计算泄漏都是很重要的。

液体流经小孔的情况可以根据孔长 l 与孔径 d 的比值分为三种情况：$l/d \leqslant 0.5$ 时，称为薄壁小孔；$0.5 < l/d \leqslant 4$ 时，称为短孔；$l/d > 4$ 时，称为细长孔。

（1）薄壁小孔的流量计算。

液体在薄壁小孔中的流动如图 1-22 所示，在液体惯性的作用下，外层流线逐渐向管轴方向收缩，逐渐过渡到与管轴线方向平行，从而形成收缩截面 A_c。对于圆孔，约在小孔下游 $d/2$ 处完成收缩。通常把最小收缩面积 A_c 与孔口截面积之比值称为收缩系数 C_c，即 $C_c = A_c/A$，式中 A 为小孔的通流截面积。

液流收缩的程度取决于 Re、孔口及边缘形状、孔口离管道内壁的距离等因素。对于圆形小孔，当管道直径 D 与小孔直径 d 之比 $D/d \geqslant 7$ 时，流速的收缩作用不受管壁的影响，称为完全收缩。反之，管壁对收缩程度有影响时，则称为不完全收缩。

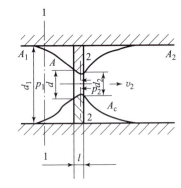

图 1-22 液体在薄壁小孔中的流动

对于图 1-22 所示的通过薄壁小孔的液流，取截面 1-1 和 2-2 为计算截面，利用伯努利方程可得通过薄壁小孔的流量公式为

$$q = A_2 v_2 = C_d A \sqrt{\frac{2}{\rho} \Delta p} \tag{1-12}$$

式中，C_d 为流量系数，可由实验确定，当液流完全收缩（$d_1/d \geqslant 7$）时，$C_d = 0.6 \sim 0.62$；当液流不完全收缩（$d_1/d < 7$）时，$C_d = 0.7 \sim 0.8$；A 为小孔截面面积，$A = \pi d^2/4$；Δp 为小孔前后的压力差，$\Delta p = p_1 - p_2$；ρ 为油液的密度。

薄壁小孔因其沿程阻力损失非常小，通过小孔的流量与黏度无关，即流量对油温的变化不敏感。因此，液压系统中常采用薄壁小孔作为节流元件。

（2）短孔与细长小孔的流量计算。

液体流经细长小孔时，一般都是层流状态，短孔的流量用式（1-12）来计算，但流量系数不同，一般取 $C_d = 0.82$。短孔易加工，故常用作固定节流器。

液体流过细长孔时，一般为层流状态，其流量计算公式为

$$q = \frac{\pi d^4}{128\mu l}\Delta p \qquad (1-13)$$

由式（1-13）可知，液体流经细长小孔的流量与液体的动力黏度成反比，即流量受温度影响，并且流量与小孔前后的压力差呈线性关系。

(3) 液体流经缝隙的流量计算。

液体流经缝隙的流量计算，包括压差作用下的流动、剪切联合作用下的流动，在此仅讨论压差作用下的流量计算。

平行平板缝隙：液体在压差 $\Delta p = p_1 - p_2$ 作用下通过固定平行平板缝隙的流动称为压差流动。如图 1-23 所示，平板长 l、宽度 b、缝隙高度 h，且 $l \gg h$、$b \gg h$，此时通常为层流。设流体不可压缩，黏度为常数，重力不计。

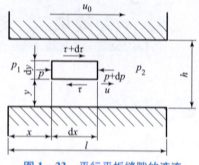

图 1-23 平行平板缝隙的液流

在压差作用下通过平行平板缝隙的流量为

$$q = \frac{bh^3}{12\mu l}\Delta p \qquad (1-14)$$

式（1-14）表明，通过缝隙的流量与缝隙高度的三次方成正比，可见液压元件内的间隙大小对泄漏影响很大，故要尽量提高液压元件的制造精度，以减少泄漏。

同心环形缝隙：图 1-24 所示为同心环形缝隙间的流动，当 $h/r \leq 1$ 时，可以将环形间隙间的流动近似地看作是平行平板间隙间的流动，只要将 $b = \pi d$ 代入式（1-14），就可得到这种情况下的流动，即

$$q = \frac{\pi d h^3}{12\mu l}\Delta p \qquad (1-15)$$

偏心环形缝隙：在实际工作中，圆柱体与孔的配合很难保证同心，往往带有一定偏心距 e，如图 1-25 所示。

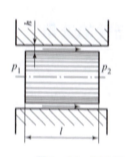

图 1-24 同心环形缝隙间的流动

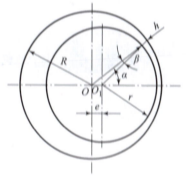

图 1-25 偏心环形缝隙中的流动

通过此偏心环形缝隙的流量可按下式计算：

$$q = \frac{\pi d h^3}{12\mu l}\Delta p(1 + 1.5\varepsilon^2) \qquad (1-16)$$

式中，ε 为相对偏心率，$\varepsilon = e/h$；h 为同心时的缝隙量（m）。

当完全偏心时，可推算其流量是同心时流量的 2.5 倍，故在液压元件的设计制造和装配中，应适当采取措施，以保证较高的配合同轴度。

模块二　液压动力元件的选用与维护

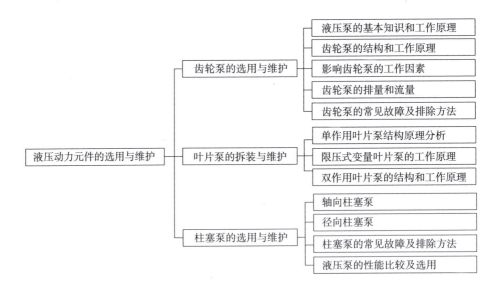

任务 2.1　圆钢校直机液压回路液压动力元件的选用

学习目标

- ✓ 掌握液压泵的作用、分类和性能参数；
- ✓ 认识齿轮泵、叶片泵、柱塞泵的结构和工作原理；
- ✓ 能够说明液压泵的选用原则；
- ✓ 能够进行系统回路的识别及相应参数的计算。

理论知识

- ➢ 液压泵的结构、原理与应用场合。
- ➢ 液压泵的装配工艺顺序。
- ➢ 液压泵的图形符号。

任务描述

在液压试验台上,连接如任务图 2-1 所示的圆柱校直机液压回路,观察压力表和流量计的变化过程,实施任务,做如下实验:

(1) 将外负载的压力 F 分别设置为 $F=200\ N$,$F=600\ N$,$F=1\ 000\ N$ 时,完成引导问题中相应压力表及流量计显示的信息记录。

(2) 分析外负载与系统压力的关系。

任务知识

任务 2.1.1 齿轮泵的选用与维护

一、液压泵的基本知识和工作原理

液压泵是液压系统的动力元件,起着向系统提供动力源的作用。这是一种能量转换装置,将原动机(电动机或内燃机)输出的机械能转换为工作液体的压力能。液压系统中常用的液压泵有齿轮泵、叶片泵、柱塞泵三大类。

1. 液压泵的工作原理

以单柱塞泵为例来说明液压泵的工作原理。图 2-1 所示为单柱塞液压泵的工作原理图,图中柱塞 2 安装在缸体 3 中形成一个密封容积 a,柱塞在弹簧 4 的作用下始终紧抵在偏心轮 1 上。原动机驱动偏心轮 1 旋转时,柱塞 2 将做往复运动,使密封容积 a 的大小发生周期性的交替变化。当 a 由小变大时就形成部分真空,油箱中油液在大气压作用下,经吸油管顶开单向阀 5 进入油箱 a 而实现吸油;反之,当 a 由大变小时,a 腔中吸满的油液将顶开单向阀 6 流入系统而实现压油。原动机驱动偏心轮不断旋转,液压泵就不断地吸油和压油,这样液压泵就将原动机输入的机械能转换成液体的压力能输出。

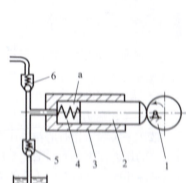

图 2-1 单柱塞液压泵的工作原理图

1—偏心轮;2—柱塞;3—缸体;4—弹簧;5,6—单向阀;a—密封容积

由此可见液压泵都是靠密封容积变化的原理进行工作的,故又称之为容积式液压泵,其排油量的大小取决于密封腔的容积变化量。其基本特点如下:具有若干个密闭且又可以周期变化的空间。液压泵的输出流量与此空间的容积变化量和单位时间的变化次数成正比;具有配流结构,保证液压泵有规律连续吸排油;油箱内油液绝对压力恒等于或大于大气压力,即油箱必须与大气相通,或采用密闭的充压油箱。

2. 液压泵的分类及图表符号

常用的容积式泵类型按输出流量是否可调可分为定量泵和变量泵,按输出液流的方向分为单向泵、双向泵,按液压泵的结构分类如图 2-2 所示。

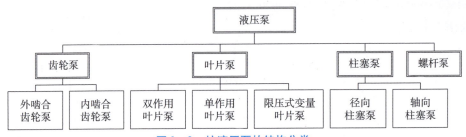

图 2-2 按液压泵的结构分类

按液压泵的压力不同可分为低压泵、中压泵、中高压泵、高压泵、超高压泵,如表 2-1 所示。

表 2-1 按液压泵的压力不同分类

压力分级	低压	中压	中高压	高压	超高压
压力/MPa	2.5	>2.5~8	>8~16	>16~32	>32

各种液压泵的图形符号如图 2-3 所示。

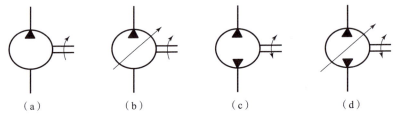

图 2-3 各种液压泵的图形符号

(a) 单向定量液压泵;(b) 单向变量液压泵;(c) 双向定量液压泵;(d) 双向变量液压泵

3. 液压泵的主要性能参数

液压泵的性能参数主要是指压力、流量、排量、功率和效率等。

1) 液压泵的压力(MPa)

(1) 工作压力 p。

液压泵实际工作时的输出压力称为工作压力。工作压力的大小取决于外负载的大小和排油管路上的压力损失,而与液压泵的流量无关。当外界负载增加时,液压泵的工作压力升高;当外界负载减小时,液压泵的工作压力下降。

(2) 额定压力 p_n。

液压泵在正常工作条件下,按试验标准规定连续运转允许达到的最高压力称为液压泵的额定压力。

超过此压力就是过载,额定压力受液压泵本身的泄漏、结构强度等方面的限制。为满足不同工况液压系统的应用要求,便于液压元件的选择使用,按液压泵额定压力的高低分为低压泵、中压泵和高压泵三大类。额定压力即在产品出厂时的铭牌压力。

(3) 最高允许压力 p_{max}。

在超过额定压力的条件下,根据试验标准规定,允许液压泵短暂运行的最高压力值,称为液压泵的最高允许压力。超过最高允许压力运转,液压泵将很快损坏。

2) 液压泵的排量和流量

(1) 排量 $V(mL/r$ 或 $m^3/r)$。

液压泵每转一周,由其密封容积几何尺寸变化计算而得的排出液体的体积叫液压泵的排量。

排量可调节的液压泵称为变量泵；排量为常数的液压泵称为定量泵。

(2) 理论流量（m^3/s 或 L/min）q_i。

理论流量是指在不考虑液压泵泄漏流量的情况下，单位时间内所排出液体体积的平均值。如果液压泵的排量为 V，其主轴转速为 n，则该液压泵理论流量 q_i 为

$$q_i = Vn \tag{2-1}$$

式中，V 为液压泵的排量；n 为液压泵的转速（r/s）。

(3) 实际流量 q。

液压泵在具体工况下，单位时间内所排出的液体体积称为实际流量，它等于理论流量 q_i 减去泄漏流量 Δq，即

$$q = q_i - \Delta q \tag{2-2}$$

容积式液压泵排油的理论流量取决于液压泵的有关几何尺寸和转速，而与排油压力无关。但排油压力会影响泵的内泄漏和油液的压缩量，从而影响泵的实际输出流量，所以，液压泵的实际输出流量随排油压力的升高而降低。

(4) 额定流量 q_n。

液压泵在正常工作条件下，按试验标准规定（如在额定压力和额定转速下）必须保证的流量。其数值是按试验标准规定在出厂前必须达到的铭牌流量。

3) 液压泵的功率和效率

(1) 液压泵的功率。

①输入功率 P_i。液压泵的输入功率是指作用在液压泵主轴上的机械功率，当输入转矩为 T_i、角速度为 ω 时，有

$$P_i = T_i \omega = 2\pi n T_i \tag{2-3}$$

②输出功率 P_o。液压泵的输出功率是指液压泵在工作过程中的实际吸、压油口间的压差 Δp 和实际流量 q 的乘积，即

$$P_o = \Delta p q \tag{2-4}$$

式中 P_i，P_o——液压泵输入和输出功率 [（$N \cdot m$）$/s$ 或 W]；

Δp——液压泵吸、压油口之间的压力差（N/m^3 或 Pa）；

q——液压泵的实际输出流量（m^3/s）。

实际计算中，若油箱通大气，液压泵吸、压油的压力差用液压泵的出口压力 p 代入。

(2) 液压泵的效率。液压泵的功率损失有容积损失和机械损失两部分：

①容积损失。

容积损失是指液压泵流量上的损失，液压泵的实际输出流量总是小于其理论流量，其主要原因是由于液压泵内部高压腔的泄漏、油液的压缩以及在吸油过程中由于吸油阻力太大、油液黏度大以及液压泵转速高等原因而导致油液不能全部充满密封工作腔。液压泵的容积损失用容积效率来表示，它等于液压泵的实际输出流量 q 与其理论流量 q_i 之比即

$$\eta_v = \frac{q}{q_i} = \frac{q_i - \Delta q}{q_i} = 1 - \frac{\Delta q}{q_i} \tag{2-5}$$

因此液压泵的理论流量 $q_i = Vn$

$$q = q_i \eta_v = Vn \eta_v \tag{2-6}$$

式中，V 为液压泵的排量（m^3/r）；n 为液压泵的转速（r/s）。

②机械损失。

机械损失是指液压泵在转矩上的损失。液压泵的实际输入转矩 T_i 总是大于理论上所需要的转矩 T_0，其主要原因是由于液压泵体内相对运动部件之间因机械摩擦而引起的摩擦转矩损失以及液体的黏性而引起的摩擦损失。液压泵的机械损失用机械效率表示，它等于液压泵的理论转矩 T_0 与实际输入转矩 T_i 之比，设转矩损失为 ΔT，则液压泵的机械效率为

$$\eta_m = \frac{T_0}{T_i} = \frac{T_0}{T_0 + \Delta T} = \frac{1}{1 + \frac{\Delta T}{T_0}} \qquad (2-7)$$

(3) 液压泵的总效率。液压泵的总效率是指液压泵的实际输出功率与其输入功率的比值，即

$$\eta = \frac{P_o}{P_i} = \frac{\Delta p q}{2\pi n T_i} = \eta_v \eta_m \qquad (2-8)$$

例 2-1 已知液压泵的输出压力 $p=10$ MPa，泵的排量 $V=10$ mL/r，泵的转速 $n=1\ 450$ r/min，容积效率 $\eta_v = 0.9$，机械效率 $\eta_m = 0.9$，试求：

(1) 泵的输出功率 P_o。
(2) 驱动泵的电动机功率 P_i。

解：(1) $P_o = pq = pVn\eta_v = \dfrac{10 \times 10 \times 10^{-3} \times 1\ 450 \times 0.9}{60} = 2.18$（kW）

$P_i = \dfrac{P_o}{\eta} = \dfrac{2.18}{0.9 \times 0.9} = 2.69$（kW）

二、齿轮泵的结构和工作原理

齿轮泵按齿轮的啮合形式的不同分为外啮合齿轮泵和内啮合齿轮泵两种，其中外啮合齿轮泵的应用最为广泛。

1. 外啮合齿轮泵的组成及其工作原理

图 2-4 所示为外啮合齿轮泵的剖面结构图，图 2-5 所示为 CB-B 型外啮合齿轮泵的结构，它是分离三片式结构，三片是指后泵盖 4、前泵盖 8 和泵体 7，泵体 7 内装有一对齿数相同、宽度和泵体接近而又互相啮合的齿轮 6，这对齿轮与两端盖和泵体形成密封腔，并由齿轮的齿顶和啮合线把密封腔划分为两部分，即吸油腔和压油腔。两齿轮分别用键固定在由滚针轴承支撑的主动轴 12 和从动轴 15 上，主动轴由电动机带动旋转。

当齿轮逆时针方向旋转时，如图 2-6 所示，右侧的齿轮逐渐脱离啮合，露出齿间，因此这一侧的密封容腔的体积逐渐增大，形成局部真空，油箱中的油液在大气压力的作用下经泵的吸油口进入这个腔体，因此这个容腔称为吸油腔；随着齿轮的转动，每个齿间中的油液从右侧被带到了左侧。在左侧的密封容腔中，轮齿逐渐进入啮合，使左侧密封容腔的体积逐渐减小，把齿间的油液从压油口挤压输出，该容腔称为压油腔。

图 2-4 外啮合齿轮泵的剖面结构图

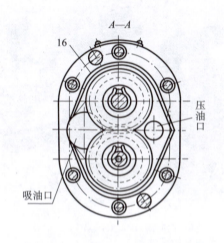
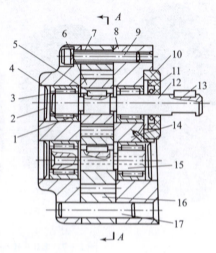

图 2-5　CB-B 型外啮合齿轮泵的结构

1—轴承外环；2—堵头；3—滚子；4—后泵盖；5，13—键；6—齿轮；7—泵体；8—前泵盖；9—螺钉；10—压环；11—密封环；12—主动轴；14—泄油孔；15—从动轴；16—泄油槽；17—定位销

三维齿轮泵

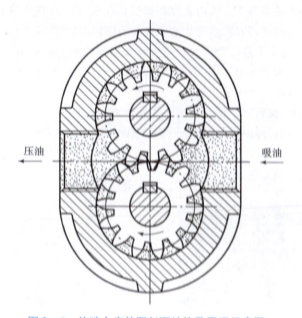

图 2-6　外啮合齿轮泵剖面结构及原理示意图

当齿轮泵不断地旋转时，齿轮泵的吸、压油口不断地吸油和压油，实现了向液压系统输送油液的过程。图 2-7 所示为 CB-B 型外啮合齿轮泵的零件图。

CB-B 型齿轮泵属于中低压泵，无法承受高压，额定压力一般为 2.5 MPa，排量为 2.5~125 mL/r，转速为 1 450 r/min，主要用于机床液压系统及各种补油、润滑、冷却系统。

外啮合齿轮泵的优点是结构简单、体积小、质量轻、抗油液污染能力强，工作可靠，自吸能力强（允许的吸油真空度大），价格低廉，维护容易；它的缺点是内部泄漏比较大，噪声大，流量脉动大，排量不能调节，磨损严重。上述特点使得齿轮泵通常被用于工作环境比较恶劣的各种低压、中压系统中。

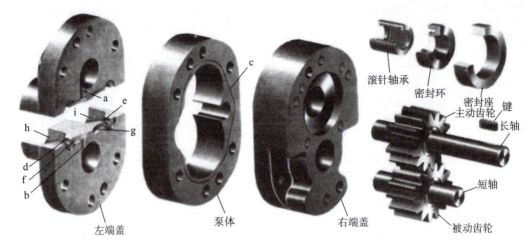

图 2-7 CB-B 型外啮合齿轮泵的零件图

a, b—槽；c—压力卸荷槽；d, e—孔；f, g—困油卸荷槽；h—进油口；i—出油口

2. 内啮合齿轮泵的结构及工作原理

内啮合齿轮泵有渐开线齿轮泵和摆线齿轮泵（又称转子泵）两种。内啮合齿轮泵的工作原理也是利用齿间密封容积的变化来实现吸油压油的。

图 2-8 所示为内啮合齿轮泵的实物及工作原理。它是由配油盘（前、后盖），外转子（从动轮）和偏心安置在泵体内的内转子（主动轮）等组成的。内、外转子相差一齿，图 2-8（b）中内转子为六齿，外转子为七齿，由于内外转子是多齿啮合，这就形成了若干密封容积。当内转子围绕中心 O_1 旋转时，带动外转子绕外转子中心 O_2 做同向旋转。这时，由内转子齿顶 A_1 和外转子齿谷 A_2 间形成的密封容积 c（图中阴线部分），随着转子的转动密封容积逐渐扩大，于是就形成局部真空，油液从配油窗口 b（虚线围成部分）被吸入密封腔，至 A_1'、A_2' 位置时封闭容积最大，这时吸油完毕。

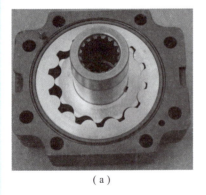

(a)

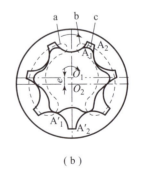

(b)

图 2-8 内啮合齿轮泵的实物及工作原理

内啮合齿轮泵的工作原理

当转子继续旋转时，充满油液的密封容积便逐渐减小，油液受挤压，于是通过另一配油窗口 a 将油排出，至内转子的另一齿全部和外转子的齿凹 A_2 全部啮合时，压油完毕，内转子每转一周，由内转子齿顶和外转子齿谷所构成的每个密封容积，完成吸、压油各一次，当内转子连续转动时，即完成了液压泵的吸排油工作。

内啮合齿轮泵有许多优点，如结构紧凑、体积小、零件少、转速可高达 10 000 r/mim、运动平稳、噪声低、容积效率较高等。其缺点是流量脉动大，转子的制造工艺复杂等，目前已采用粉末冶金压制成型。随着工业技术的发展，摆线齿轮泵的应用将会越来越广泛。内啮合齿轮泵可正、反转，可作液压马达用。

三、影响齿轮泵的工作因素

1. 困油现象

齿轮泵要能连续地供油，就要求齿轮啮合的重叠系数 ε 大于 1，也就是当一对齿轮尚未脱开啮合时，另一对齿轮已进入啮合，这样，就出现同时有两对齿轮啮合的瞬间，在两对齿轮的齿向啮合线之间形成了一个封闭容积，一部分油液也就被困在这一封闭容积中［见图 2-9（a）］，齿轮连续旋转时，这一封闭容积便逐渐减小，到两啮合点处于节点两侧的对称位置时［见图 2-9（b）］，封闭容积为最小，齿轮再继续转动时，封闭容积又逐渐增大，直到图 2-9（c）所示位置时，容积又变为最大。在封闭容积减小时，被困油液受到挤压，压力急剧上升，使轴承上突然受到很大的冲击载荷，使泵剧烈振动，这时高压油从一切可能泄漏的缝隙中挤出，造成功率损失，使油液发热等。当封闭容积增大时，由于没有油液补充，因此形成局部真空，使原来溶解于油液中的空气分离出来，形成了气泡，油液中产生气泡后，会引起噪声、气蚀等一系列恶果。以上情况就是齿轮泵的困油现象，这种困油现象极为严重地影响着泵的工作平稳性和使用寿命。

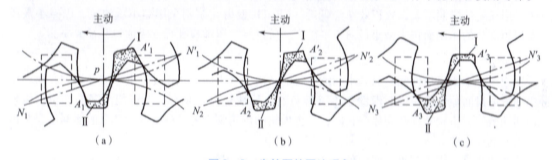

图 2-9 齿轮泵的困油现象

为了消除困油现象，在 CB-B 型齿轮泵的泵盖上铣出两个困油卸荷槽（见图 2-10），卸荷槽的位置应该使困油腔由大变小时，能通过卸荷槽与压油腔相通；而当困油腔由小变大时，能通过另一卸荷槽与吸油腔相通。两卸荷槽之间的距离为 a，必须保证在任何时候都不能使压油腔和吸油腔互通。

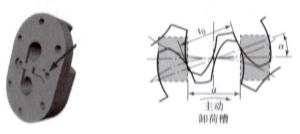

图 2-10 消除齿轮泵的困油措施——卸荷槽

2. 径向作用力不平衡

齿轮泵工作时，在齿轮和轴承上承受径向液压力的作用。如图 2-11 所示，泵的右侧为吸油腔，左侧为压油腔。在压油腔内有液压力作用于齿轮上，沿着齿顶的泄漏油，具有大小不等的压力，就是齿轮和轴承受到的径向不平衡力。压力越高，这个不平衡力就越大，其结果不仅加速了轴承的磨损，降低了轴承的寿命，甚至使轴变形，造成齿顶和泵体内壁的摩擦等。

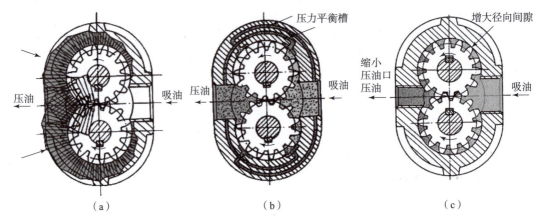

图 2-11　齿轮泵的径向不平衡力
(a) 齿轮泵所受不平衡的径向力；(b) 齿轮泵的压力平衡槽；(c) 减小径向不平衡力的措施

为了解决径向力不平衡问题，在有些齿轮泵上，采用开压力平衡槽的办法来消除径向不平衡力，但这将使泄漏增大，容积效率降低等。CB－B型齿轮泵则采用缩小压油腔，以减小液压力对齿顶部分的作用面积来减小径向不平衡力，所以泵的压油口孔径比吸油口孔径要小。

3. 泄漏

在液压泵中，运动件间是靠微小间隙密封的，这些微小间隙从运动学上形成摩擦副，而高压腔的油液通过间隙向低压油腔泄漏是不可避免的。外啮合齿轮泵有三个可能泄漏的部位：齿轮端面和端盖间；齿轮外圆和壳体内孔间；两个齿轮的齿轮啮合处。外啮合齿轮泵的泄漏主要是齿轮端面泄漏，这部分泄漏量占总泄漏量的 75% ~80%。

普通齿轮泵采用控制轴向间隙的办法提高齿轮泵容积效率。高压齿轮泵一般采用轴向间隙自动补偿装置的办法。

四、齿轮泵的排量和流量

齿轮泵的排量 V 相当于一对齿轮所有齿槽容积之和，假如齿槽容积大致等于轮齿的体积，那么齿轮泵的排量等于一个齿轮的齿槽容积和轮齿容积的总和，即相当于以有效齿高（$h=2m$）和齿宽构成的平面所扫过的环形体积，即

$$V = \pi D h B = 2\pi z m^2 B \tag{2-9}$$

式中，D 为齿轮分度圆直径，$D = mz$（mm）；h 为有效齿高，$h = 2m$（mm）；B 为齿轮宽（mm）；m 为齿轮模数（mm）；z 为齿数。

实际上齿槽的容积要比轮齿的体积稍大，故式（2-9）中的 π 常以 3.33 代替，则式（2-9）可写成：

$$V = 6.66 z m^2 B \tag{2-10}$$

齿轮泵的流量 q 为

$$q = 6.66 z m^2 B n \eta_v \tag{2-11}$$

式中，n 为齿轮泵转速（r/s）；η_v 为齿轮泵的容积效率。

实际上齿轮泵的输油量是有脉动的，故式（2-11）所表示的是泵的平均输油量。

五、齿轮泵的常见故障及排除方法

齿轮泵的常见故障及排除方法见表 2-2。

表 2-2 齿轮泵的常见故障及排除方法

故障现象	产生原因	排除方法
流量不足或压力不能升高	1. 齿轮端面与泵盖接合面严重拉伤，使轴向间隙过大； 2. 径向不平衡力使齿轮轴变形碰擦泵体，增大径向间隙； 3. 泵盖螺钉过松； 4. 中、高压泵弓形密封圈破坏，或侧板磨损严重	1. 修磨齿轮及泵盖端面，并清除齿形上毛刺； 2. 校正或更换齿轮轴； 3. 适当拧紧； 4. 更换零件
过热	1. 轴向间隙与径向间隙过小； 2. 侧板和轴套与齿轮端面严重摩擦	1. 检测泵体、齿轮，重配间隙； 2. 修理或更换侧板和轴套
噪声大	1. 吸油管接头、泵体与泵盖的接合面、堵头和泵轴密封圈等处密封不良，有空气被吸入； 2. 泵盖螺钉松动； 3. 泵与联轴器不同心或松动； 4. 齿轮精度太低或接触不良； 5. 齿轮轴向间隙过小； 6. 齿轮内孔与端面垂直度或泵盖上两孔平行度超差； 7. 泵盖修磨后，两卸荷槽距离增大，产生困油； 8. 滚针轴承等零件损坏； 9. 装配不良，如主轴转一周有时轻时重的现象	1. 用涂脂法查出泄漏处。用密封胶涂敷管接头并拧紧，修磨泵体与泵盖接合面保证平面度不超过 0.005 mm，用环氧树脂黏结剂涂敷堵头配合面再压进，更换密封圈； 2. 适当拧紧； 3. 重新安装，使其同心，紧固连接件； 4. 更换齿轮或研磨修整； 5. 配磨齿轮、泵体和泵盖； 6. 检查并修复有关零件； 7. 修整卸荷槽，保证两槽距离； 8. 拆检，更换损坏件； 9. 拆检，重新调整

任务 2.1.2 叶片泵的拆装与维护

叶片泵的结构较齿轮泵复杂，但其工作压力较高且流量脉动小，工作平稳，噪声较小，寿命较长，所以被广泛应用于机械制造中的专用机床、自动线等中低液压系统中，其结构复杂，吸油特性不太好，对污染比较敏感。叶片泵分单作用叶片泵（变量泵，最大工作压力为 7 MPa）和双作用叶片泵（定量泵，最大工作压力为 7 MPa）。转子转一周，完成一次吸、排油的叫单作用叶片泵；完成两次吸、排油液的叫双作用叶片泵。单作用叶片泵多为变量泵，双作用叶片泵均为定量泵。

一、单作用叶片泵结构原理分析

1. 单作用叶片泵的组成及工作原理

单作用叶片泵的立体结构图及工作原理如图 2-12 所示，转子由传动轴带动绕自身中心旋转,定子是固定不动的,中心在定子中心的正上方,二者偏心距为 e。当转子旋转时叶片在离心力或在叶片底部通有压力油的作用下,使叶片紧靠在定子内表面,并在转子叶槽内做往复运动。这样,在定子内表面、转子外表面和端盖的空间内,每两个相邻叶片间形成密封的工作容积,如果转子逆时针方向旋转,在转子定子中心连线的右半部,密封的工作容积(吸油腔)逐渐增大,形成局部真空,油箱中的液压油在大气压力的作用下,被压入吸油腔,这就是叶片泵的吸油过程。同时,在左半部,工作容积逐渐减小而压出液压油,这就是叶片泵的压油过程。转子旋转一周,叶片泵完成一次吸油和压油。

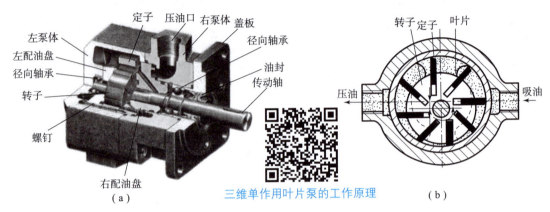

图 2-12 单作用叶片泵的立体结构图及工作原理
(a)立体结构图;(b)工作原理

改变定子和转子之间的偏心便可改变流量。偏心反向时,吸油压油方向也相反,由于转子受到不平衡的径向液压作用力,所以这种泵一般不宜用于高压系统,并且泵本身的结构比较复杂,泄漏量大,流量脉动较严重,致使执行元件的运动速度不够平稳。

2. 单作用叶片泵的排量和流量计算

单作用叶片泵的排量为各工作容积在主轴旋转一周时所排出的液体的总和排量与偏心距 e、定子内径 R、定子宽度 B 成正比。

$$V = 4\pi ReB \tag{2-12}$$

单作用叶片泵的流量是有脉动的,理论分析表明,泵内叶片数越多,流量脉动率越小,此外奇数叶片泵的脉动率比偶数叶片泵的脉动率小,所以单作用叶片泵的叶片数多为奇数,一般为 13 片或 15 片。

3. 单作用叶片泵的结构特点

图 2-13 所示为 YB1-25 型定量叶片泵零件图。

1)定子和转子偏心安置

改变定子与转子之间的偏心距 e,便可改变流量,故单作用叶片泵常做成变量泵。此外,偏心反向时,吸油压油方向也相反。

2)叶片受力情况

处在压油腔的叶片泵顶部受到压力油的作用,该作用要把叶片推入转子槽内。为了使叶片泵顶部可靠地和定子内表面相接触,压油腔一侧的叶片底部要通过特殊的沟槽和压油腔相通。吸油腔一侧的叶片底部要和吸油腔相通,这里的叶片仅靠离心力的作用顶在定子内表面上。

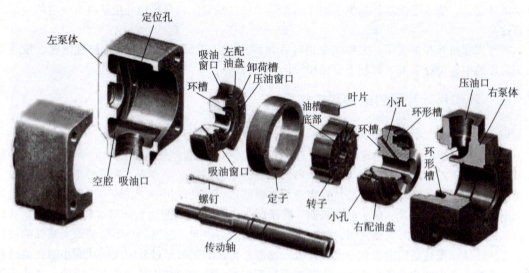

图2-13 YB1-25型定量叶片泵零件图

3）径向液压不平衡力

单作用叶片泵的工作原理决定了定子、转子上的径向液压作用是不平衡的，因而轴承负荷较大，因此，泵的工作压力的提高受到限制。

4）叶片后倾

为了更有利于叶片在惯性力作用下向外伸出，而使叶片有一个与旋转方向相反的倾斜角，一般为24°。

二、限压式变量叶片泵的工作原理

限压式变量叶片泵是单作用叶片泵，根据前面介绍的单作用叶片泵的工作原理，改变定子和转子间的偏心距 e，就能改变泵的输出流量，限压式变量叶片泵能借助输出压力的大小自动改变偏心距 e 的大小来改变输出流量。当压力低于某一可调节的限定压力时，泵的输出流量最大；压力高于限定压力时，随着压力增加，泵的输出流量线性地减少，其工作原理如图2-14所示。泵的出口经通道7与活塞腔6相通。在泵未运转时，定子2在弹簧9的作用下紧靠活塞4，并使活塞4靠在螺钉5上。这时，定子和转子有一偏心量 e，调节螺钉5的位置，便可改变 e。当泵的出口压力 p 较低时，则作用在活塞4上的液压力也较小，若此液压力小于上端的弹簧作用力，定子相对于转子的偏心量最大，输出流量最大。随着外负载的增大，液压泵的出口压力 p 也将随之提高，大于弹簧作用力时，液压作用力就要克服弹簧力推动定子向上移动，随着泵的偏心量减小，泵的输出流量也减小。

限压式变量叶片泵的特点：结构复杂，轮廓尺寸大，相对运动的机件多，泄漏较大。噪声较大，容积效率和机械效率都没有定量叶片泵高。能按外负载和压力的波动来

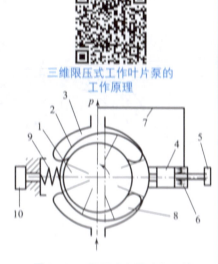

三维限压式工作叶片泵的工作原理

图2-14 限压式变量叶片泵的工作原理

1—转子 2—定子 3—吸油窗口
4—活塞 5—螺钉 6—活塞腔
7—通道 8—压油窗口 9—调压弹簧
10—调压螺钉

自动调节流量,节省了能量,减少了油液的发热,对机械动作和变化的外负载具有一定的自适应调整性。

限压式变量叶片泵应用:限压式变量叶片泵特别适用于那些要求执行元件有快速、慢速和保压阶段的中、低压系统,有利于节能和简化液压回路。

三、双作用叶片泵的结构和工作原理

1. 双作用叶片泵的工作原理

如图 2-15 所示,泵是由定子 1、转子 2、叶片 3 和配油盘(图中未画出)等组成。转子和定子中心重合,定子内表面近似为椭圆柱形,该椭圆形由两段长半径 R、两段短半径 r 和四段过渡曲线所组成。当转子转动时,叶片在离心力和根部压力油的作用下,在转子槽内做径向移动而压向定子内表面,由叶片、定子的内表面,转子的外表面和两侧配油盘间形成若干个密封空间,当转子按图 2-15 所示方向旋转时,处在小圆弧上的密封空间经过渡曲线而运动到大圆弧的过程中,叶片外伸,密封空间的容积增大,要吸入油液;再从大圆弧经过渡曲线运动到小圆弧的过程中,叶片被定子内壁逐渐压进槽内,密封空间容积变小,将油液从压油口压出,因而,当转子每转一周,每个工作空间要完成两次吸油和压油,所以称之为双作用叶片泵,这种叶片泵由于有两个吸油腔和两个压油腔,并且各自的中心夹角是对称的,所以作用在转子上的油液压力相互平衡,因此双作用叶片泵又称为卸荷式叶片泵,为了使径向力完全平衡,密封空间数(即叶片数)应当是双数。

2. 双作用叶片泵的排量和流量计算

双作用叶片泵的排量计算简图如图 2-16 所示,由于转子在转一周的过程中,每个密封空间完成两次吸油和压油,所以当定子的大圆弧半径为 R、小圆弧半径为 r、定子宽度为 B,两叶片间的夹角为 $\beta = 2\pi/z$ 弧度时,每个密封容积排出的油液体积为半径 R 和 r、扇形角 β、宽度 B 的两扇形体积之差的两倍,因而在不考虑叶片的宽度和倾角时双作用叶片泵的排量为

$$V = 2\pi(R^2 - r^2)B \tag{2-13}$$

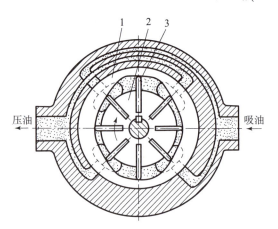

图 2-15 双作用叶片泵的工作原理
1—定子;2—转子;3—叶片

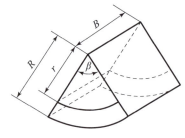

图 2-16 双作用叶片泵的排量计算简图

所以当双作用叶片泵的转数为 n,泵的容积效率为 η_v 时,泵的实际输出流量为

$$q = V n \eta_v = 2\pi(R^2 - r^2)B n \eta_v \tag{2-14}$$

双作用叶片泵如不考虑叶片宽度,泵的输出流量在理想情况下是均匀的。但实际叶片是有

宽度的，长半径圆弧和短半径圆弧也不可能完全同心，尤其是叶片底部槽与压油腔相通，因此泵的输出流量将出现微小的脉动。但其脉动率较其他形式的泵（螺杆泵除外）小得多，且在叶片数为 4 的整数倍时最小，为此双作用叶片泵的叶片数一般为 12 或 16 片。

3. 叶片泵的常见故障及排除方法

叶片泵的常见故障及排除方法见表 2 - 3。

表 2 - 3　叶片泵的常见故障及排除方法

故障现象	产生原因	排除方法
流量不足或压力不能升高	1. 个别叶片在转子槽内移动不灵活甚至卡住； 2. 叶片装反； 3. 叶片顶部与定子内表面接触不良； 4. 叶片与转子叶片槽配合间隙过大； 5. 配油盘端面磨损； 6. 限压式变量泵限定压力调得太小； 7. 限压式变量泵的调压弹簧变形或太软； 8. 变量泵的反馈缸柱塞磨损	1. 检查，选配叶片或单槽研配保证间隙； 2. 重新装配； 3. 修磨定子内表面或更换叶片； 4. 选配叶片，保证配合间隙； 5. 修磨或更换； 6. 重新调整压力调节螺钉； 7. 更换合适的弹簧； 8. 更换新柱塞
噪声大	1. 叶片顶部倒角太小； 2. 叶片各面不垂直； 3. 定子内表面被刮伤或磨损，产生运动噪声； 4. 由于修磨使配油盘上三角形卸荷槽太短，不能消除困油现象； 5. 配油盘端面与内孔不垂直，旋转时刮磨转子端面而产生噪声； 6. 泵轴与原动机不同轴	1. 重新倒角或修成圆角； 2. 检查，修磨； 3. 抛光，有的定子可翻转 180°使用； 4. 锉修卸荷槽； 5. 修磨配油盘端面，保证其与内孔的垂直度小于 0.005 ~ 0.01 mm； 6. 调整联轴器，使同轴度小于 ϕ0.1 mm

任务 2.1.3　柱塞泵的选用与维护

柱塞泵是靠柱塞在缸体中做往复运动造成密封容积的变化来实现吸油与压油的液压泵，与齿轮泵和叶片泵相比，这种泵有许多优点。首先，构成密封容积的零件为圆柱形的柱塞和缸孔，加工方便，可得到较高的配合精度，密封性能好，在高压工作仍有较高的容积效率；第二，只需改变柱塞的工作行程就能改变流量，易于实现变量；第三，柱塞泵中的主要零件均受压应力作用，材料强度性能可得到充分利用。由于柱塞泵压力高，结构紧凑，效率高，流量调节方便，故在需要高压、大流量、大功率的系统中和流量需要调节的场合，如龙门刨床、拉床、液压机、工程机械、矿山冶金机械、船舶上得到广泛的应用。柱塞泵按柱塞的排列和运动方向不同，可分为轴向柱塞泵和径向柱塞泵两大类。

一、轴向柱塞泵

1. 轴向柱塞泵的工作原理

轴向柱塞泵是将多个柱塞配置在一个共同缸体的圆周上，并使柱塞中心线和缸体中心线平行的一种泵。轴向柱塞泵有两种形式，直轴式（斜盘式）和斜轴式（摆缸式）。图 2-17 所示为直轴式轴向柱塞泵的工作原理，斜盘轴线与缸体轴线倾斜一角度，柱塞靠机械装置或在低压油作用下压紧在斜盘上（图中为弹簧），配油盘 4 和斜盘 1 固定不转，当原动机通过传动轴使缸体转动时，由于斜盘的作用，迫使柱塞在缸体内做往复运动，并通过配油盘的配油窗口进行吸油和压油。如图 2-17 所示回转方向，当缸体转角左半圈范围内，柱塞向外伸出，柱塞底部缸孔的密封工作容积增大，通过配油盘的吸油窗口吸油；在右半圈范围内，柱塞被斜盘推入缸体，使缸孔容积减小，通过配油盘的压油窗口压油。缸体每转一周，每个柱塞各完成吸油、压油一次，如改变斜盘倾角，就能改变柱塞行程的长度，即改变液压泵的排量，改变斜盘倾角方向，就能改变吸油和压油的方向，成为双向变量泵。

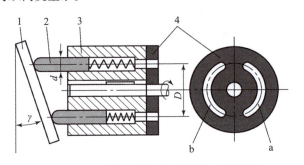

图 2-17　直轴式轴向柱塞泵的工作原理

1—斜盘；2—柱塞；3—缸体；4—配油盘；a—压油窗口；b—吸油窗口

轴向柱塞泵的优点是：结构紧凑，径向尺寸小，惯性小，容积效率高，目前最高压力可达 40 MPa，甚至更高，一般用于工程机械、压力机等高压系统中，但其轴向尺寸较大，轴向作用力大，结构比较复杂。

2. 轴向柱塞泵的排量和流量计算

如图 2-17 所示，柱塞的直径为 d，柱塞分布圆直径为 D，斜盘倾角为 γ 时，柱塞的行程为 $s = D\tan\gamma$，所以当柱塞数为 z 时，轴向柱塞泵的排量为

$$V = \Delta V z = \frac{\pi d^2}{4} D \tan\gamma z \qquad (2-15)$$

设泵的转数为 n，容积效率为 η_v，则泵的实际输出流量为

$$q = V n \eta_v = \frac{\pi d^2}{4} D \tan\gamma n \eta_v \qquad (2-16)$$

实际上，由于柱塞在缸体孔中运动的速度不是恒速的，因而输出流量是有脉动的，当柱塞数为奇数时，脉动较小且柱塞数多脉动也较小，因而一般常用的柱塞泵的柱塞个数为 7、9 或 11。

3. 轴向柱塞泵的结构特点

1）典型结构

图 2-18 所示为直轴式轴向柱塞泵。图 2-19 所示为直轴式轴向柱塞泵的结构，柱塞的球状头部装在滑履 4 内，以缸体作为支撑的弹簧 9 通过钢球推压回程盘 3，回程盘和柱塞滑履一同转动。在排油过程中借助斜盘 2 推动柱塞做轴向运动；在吸油时依靠回程盘、钢球和弹簧组成的回程装置将滑履紧紧压在斜盘表面上滑动，弹簧 9 一般称之为回程弹簧，这样的泵具有自吸能力。在滑履与斜盘相

图 2-18　直轴式轴向柱塞泵

接触的部分有一油室，它通过柱塞中间的小孔与缸体中的工作腔相连，压力油进入油室后在滑履与斜盘的接触面间形成了一层油膜，起着静压支撑的作用，使滑履作用在斜盘上的力大大减小，因而磨损也减小。传动轴8通过左边的花键带动缸体6旋转，由于滑履4贴紧在斜盘表面上，柱塞在随缸体旋转的同时在缸体中做往复运动。缸体中柱塞底部的密封工作容积是通过配油盘7与泵的进出口相通的。随着传动轴的转动，液压泵就连续地吸油和排油。

2）手动变量机构

如图2-19所示，转动手轮1，使丝杠11转动，带动变量活塞12做轴向移动（因导向键的作用，变量活塞只能做轴向移动，不能转动）。通过轴销13使斜盘2绕变量机构壳体上的圆弧导轨面的中心（即钢球中心）旋转，从而使斜盘倾角改变，达到变量的目的。当流量达到要求时，可用锁紧螺母10锁紧。这种变量机构结构简单，但操纵不轻便且不能在工作过程中变量。

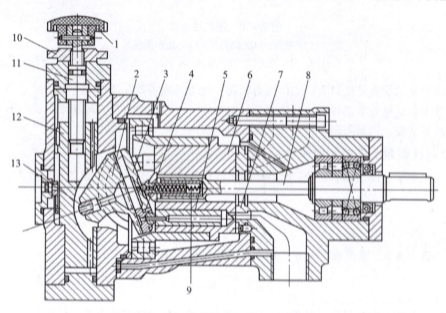

图2-19 直轴式轴向柱塞泵的结构

1—手轮；2—斜盘；3—回程盘；4—滑履；5—柱塞；6—缸体；7—配油盘；8—传动轴；
9—弹簧；10—锁紧螺母；11—丝杠；12—变量活塞；13—轴销

二、径向柱塞泵

1. 径向柱塞泵的工作原理

图2-20所示为径向柱塞泵，转子2上径向分布着数个柱塞孔，孔中装有柱塞1。转子2的中心定子4和转子2之间有一个偏心量e，在固定不动的配油轴5上，相对于柱塞孔的部位有相互隔开的上、下两个缺口，这两个缺口又分别通过所在部位的两个轴向孔与泵的吸、压油口连通。当转子转动时，在离心力作用下，柱塞的头部与定子的内表面紧紧接触，由于转子与定子之间有一个偏心量，所以柱塞在随转子转动的同时，又在柱塞孔内做径向往复滑动。当转子2按图2-20所示方向旋转时，位于上半周的工作容腔处于吸油状态，油箱中的油液经配油轴的孔进入吸油腔；位于下半周的工作容腔则处于压油状态，将油从配油轴的孔向外输出。柱塞在转子的径向孔内运动，形成了泵的密封工作容腔。

改变定子与转子偏心距e的大小和方向，就可以改变泵的输出流量和泵的吸、压油方向。径向柱塞泵可用作双向变量泵。

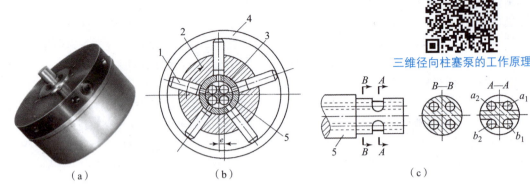

图 2-20 径向柱塞泵

(a) 实物图；(b) 结构图；(c) 工作原理图

1—柱塞；2—转子；3—衬套；4—定子；5—配油轴

径向柱塞泵的优点是流量大，工作压力较高，便于做成多排柱塞形式，轴向尺寸小，工作可靠，容积效率和机械效率都较高。其缺点是径向尺寸大，自吸能力差，配油轴受径向不平衡液压力作用，易于磨损，因而限制了转速和工作压力的提高。

2. 径向柱塞泵的排量和流量计算

当转子与定子之间的偏心距为 e 时，柱塞在缸体孔中的行程为 $2e$，设柱塞个数为 z，直径为 d，则泵的排量为

$$V = \frac{\pi}{2} d^2 ez \qquad (2-17)$$

设泵的转速为 n，容积效率为 η_v，则泵的实际输出流量为

$$q = \frac{\pi}{2} d^2 ezn\eta_v \qquad (2-18)$$

径向柱塞泵的瞬时流量也是脉动的，为了减少脉动，柱塞数常取奇数。柱塞泵的优点是制造工艺较好，主要配合面为圆柱面，工作压力较高，轴向尺寸小，便于做成多排的柱塞形式。其缺点是径向尺寸大，配油轴受径向不平衡力的作用，易磨损，泄漏间隙不能补偿。泵的吸入性能受限制。

三、柱塞泵的常见故障及排除方法

柱塞泵的常见故障及排除方法见表 2-4。

表 2-4 柱塞泵的常见故障及排除方法

故障现象	产生原因	排除方法
流量不足或压力不能升高	1. 泵轴中心弹簧折断，使柱塞回程不够或不能回程，缸体与配油间密封不良； 2. 配油盘与缸体间接合面不平或有污物卡住以及拉毛； 3. 柱塞与缸体孔间磨损或拉伤； 4. 变量机构失灵	1. 更换中心弹簧； 2. 清洗或研磨、抛光配油盘与缸体接合面； 3. 研磨或更换有关零件，保证其配合间隙； 4. 检查变量机构，纠正其调整误差

续表

故障现象	产生原因	排除方法
噪声大	1. 变量柱塞泵因油污或污物卡住运动不灵活； 2. 变量机构偏角太小，流量过小，内泄漏增大； 3. 柱塞头部与滑履配合松动	1. 清洗或拆下配研、更换； 2. 加大变量机构偏角，消除内泄漏； 3. 可适当铆紧

四、液压泵的性能比较及选用

液压泵是液压系统提供一定流量和压力油液的动力元件，它是每个液压系统中不可缺少的核心元件，合理地选择液压泵对于降低液压系统的能耗、提高系统的效率、降低噪声、改善工作性能和保证系统的可靠性都十分重要。

选择液压泵的原则是：根据主机工况、功率大小和系统对工作性能的要求，首先确定液压泵的类型，然后按系统所要求的压力、流量大小确定其规格型号。各类液压泵有各自突出的特点，其结构、功能和运转方式各不相同，因此根据不同的场合选择合适的液压泵。表 2-5 所示为液压系统中常用液压泵的主要性能比较。

表 2-5 液压系统中常用液压泵的主要性能比较

性能	齿轮泵	双作用叶片泵	限压式变量叶片泵	径向柱塞泵	轴向柱塞泵
工作压力/MPa	<20	6.3~21	≤7	10~20	20~35
容积效率	0.75~0.95	0.80~0.95	0.80~0.90	0.80~0.95	0.90~0.98
总效率	0.60~0.85	0.75~0.85	0.70~0.85	0.75~0.92	0.85~0.95
流量调节	不能	不能	能	能	能
输出流量脉动	大	很小	一般	一般	一般
自吸特性	好	较差	较差	差	差
油污敏感性	不敏感	较敏感	较敏感	很敏感	很敏感
噪声	大	小	较大	大	大

液压泵的选用原则一般可依据以下思路进行：

1. 液压泵大小的选用

液压泵的输出流量取决于系统所需最大流量及泄漏量。

$$Q_泵 \geq K_泄 \times Q_缸$$

式中 $Q_泵$——液压泵所需输出的流量，m^3/min；

$K_泄$——系统的泄漏系数，取 1.1~1.3；

$Q_缸$——液压缸所需提供的最大流量，m^3/min。

若为多液压缸同时动作，$Q_缸$ 应为同时动作的几个液压缸所需的最大流量之和。

2. 电动机参数的选择

驱动液压泵所需的电动机功率可按下式确定：

$$P_\text{M} = \frac{p_\text{泵} \times Q_\text{泵}}{60\eta} \text{（kW）}$$

式中　P_M——电动机所需的功率，kW；

　　　$p_\text{泵}$——泵所需的最大工作压力，Pa；

　　　$Q_\text{泵}$——泵所需输出的最大流量，m^3/min；

　　　η——泵的总效率。

操作训练　液压泵的拆装实训

模块三 液压执行元件的选用与维护

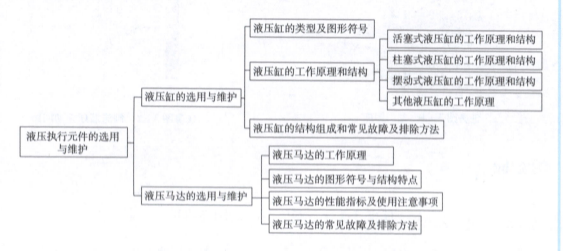

任务 3.1 刨床液压差动回路搭建

学习目标

- 掌握液压缸、液压马达的作用、分类和特点；
- 掌握液压缸的结构及工作原理；
- 能根据具体工件要求进行差动回路的设计、分析与仿真调试。

理论知识

- 差动回路的工作原理；
- 液压缸、液压马达的类型与应用；
- 拆装、维修液压缸相关知识；
- 液压缸的结构特性；
- 液压缸的工作过程及工作原理；
- 液压缸图形符号及性能参数。

任务描述

用 FluidSIM 仿真软件搭建完成如任务图 3-1 所示龙门刨床的快进（差动）功能系统，实现刨床的快进，同时也完成液压系统工进进给和快进进给的搭接（图中已给出部分元器件），并做如下实验：

(1) 对系统进行仿真，记录液压缸的进给速度。

(2) 分析差动回路（任务图 3-2）为什么会使液压缸的速度加快？

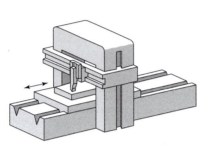

任务图 3-1　龙门刨床

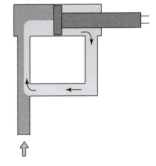

任务图 3-2　刨床液压差动回路

任务知识

任务 3.1.1　液压缸的选用与维护

液压缸又称为油缸，它是液压系统中的一种执行元件，其功能就是将液压能转变成直线往复式的机械运动（也可以是摆动运动）。液压缸按其结构不同分为活塞缸、柱塞缸和摆动缸三类。按作用方式可分为双作用式液压缸和单作用式液压缸。双作用式液压缸的两个方向的运动都由压力控制实现。单作用式液压缸只能使活塞单方向运动，其反方向必须靠外力实现。

一、液压缸的类型及图形符号

常见液压缸的类型及图形符号见表 3-1。

表 3-1　常见液压缸的类型及图形符号

名称		图形符号	备注说明
单作用液压缸	活塞缸		靠弹簧力返回行程，弹簧腔带连接油口
	柱塞缸		
	伸缩缸		

续表

名称			图形符号	备注说明
单作用液压缸	膜片缸		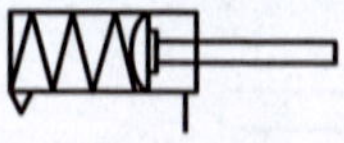	活塞杆终端带缓冲
	增压缸		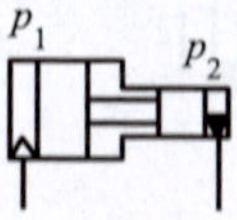	
双作用液压缸	单杆缸		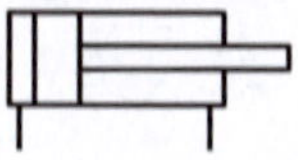	
	双杆缸	不带限位开关	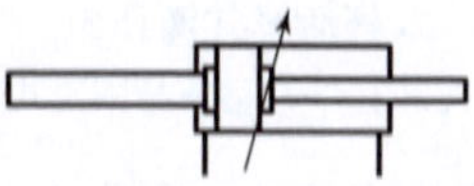	活塞杆直径不同,双侧缓冲,右侧带调节
		带限位开关	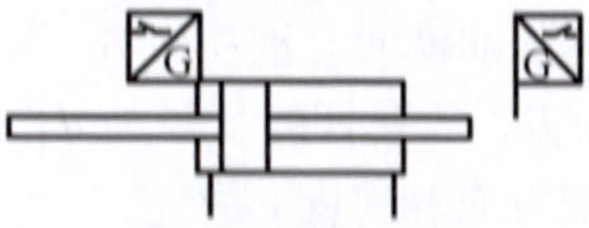	左终端带内部限位开关、右终端有外部限位开关由活塞杆触发
	膜片缸		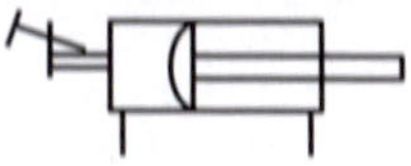	带行程限制器
	伸缩缸		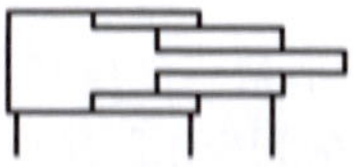	
	无杆缸	带状无杆缸	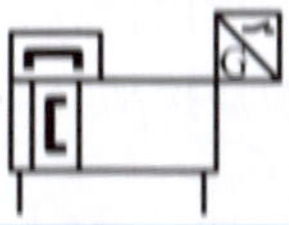	仅右终端位置切换
		磁性无杆缸	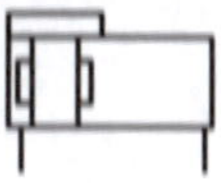	双侧缓冲

二、液压缸的工作原理和结构

1. 活塞式液压缸的工作原理和结构

活塞缸用以实现直线运动,输出推力和速度。活塞两端有一根直径相等的活塞杆伸出的液压缸称为双杆式活塞缸,它一般由缸体、缸盖、活塞、活塞杆和密封件等零件构成。根据安装方式不同可分为缸筒固定式和活塞杆固定式两种。

1) 双杆活塞式液压缸

图 3-1 (a) 所示为缸筒固定式双杆活塞缸。它的进、出口布置在缸筒两端,活塞通过活塞杆带动工作台移动,当活塞的有效行程为 l 时,整个工作台的运动范围为 $3l$,所以机床占地面积大,一般适用于小型机床,当工作台行程要求较长时,可采用图 3-1 (b) 所示的活塞杆固定式,缸体与工作台相连,活塞杆通过支架固定在机床上,动力由缸体传出。这种安装形式中,工

作台的移动范围只等于液压缸有效行程的 2 倍,占地面积小。进出油口可以设置在固定不动的空心的活塞杆的两端,但必须使用软管连接。

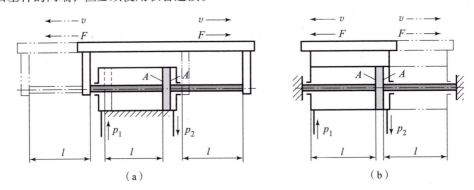

图 3-1 双杆活塞式液压缸
(a) 缸筒固定式;(b) 活塞杆固定式

由于双杆活塞缸两端的活塞杆直径通常是相等的,因此它左、右两腔的有效面积也相等,当分别向左、右腔输入相同压力和相同流量的油液时,液压缸左、右两个方向的推力和速度相等。当活塞的有效工作面积为 A,活塞直径为 D,活塞杆的直径为 d,液压缸进、出油腔的压力为 p_1 和 p_2,输入流量为 q 时,双杆活塞缸的推力 F 和速度 v 为

$$F = A(p_1 - p_2) = \pi(D^2 - d^2)(p_1 - p_2)/4 \tag{3-1}$$

$$v = \frac{q}{A} = \frac{4q}{\pi(D^2 - d^2)} \tag{3-2}$$

2) 单杆活塞式液压缸

活塞杆仅从某一侧伸出的液压缸称为单杆活塞式液压缸。如图 3-2 和图 3-3 所示,单活塞式液压缸按作用方式的不同,可分为单作用式液压缸,其液压或气动只控制缸体内活塞单向运动,反向回程要靠重力、弹簧力或负载实现,可应用在只要求液压力在单个方向上做功的场合;双作用单杆活塞式液压缸,其伸出和缩回均由液压推动实现。

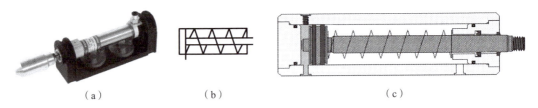

图 3-2 弹簧复位单杆活塞式液压缸
(a) 实物;(b) 符号;(c) 结构原理图

单杆液压缸也有缸体固定和活塞杆固定两种形式,但它们的工作台移动范围都是活塞有效行程的 2 倍。

单杆液压缸仅一端有活塞杆。由于液压缸两腔的有效工作面积不等,当输入液压缸两个腔的压力和流量相等时,活塞或缸体在两个方向上的输出推力和速度均不等。

单杆液压缸有 3 种连接方式:如图 3-4(a) 所示的无杆腔进油,有杆腔回油的连接方式;如图 3-4(b) 所示的有杆腔进油,无杆腔回油的连接方式;如图 3-4(c) 所示的两腔同时进油方式(差动连接)。这 3 种不同连接方式下,活塞运动速度 v 和推力 F 各不相同。单杆液压缸活塞的推力与运动速度见表 3-2。

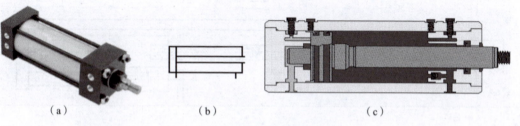

图 3-3　双作用单杆活塞式液压缸
(a) 实物；(b) 符号；(c) 结构原理图

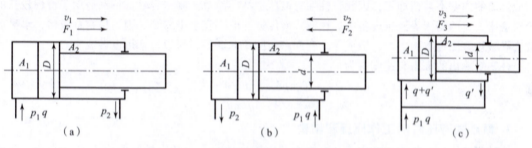

图 3-4　单杆式活塞缸的 3 种连接方式
(a) 无杆腔进油，有杆腔回油；(b) 有杆腔进油，无杆腔回油；(c) 差动连接

表 3-2　单杆液压缸活塞的推力与运动速度

连接方式	活塞的推力 F	活塞的运动速度 v	可应用于机床速度进给方式
无杆腔进油，有杆腔回油	$F_1 = (p_1 A_1 - p_2 A_2) = \pi[(p_1-p_2)D^2 + p_2 d^2]/4$	$v_1 = \dfrac{q}{A_1} = \dfrac{4q}{\pi D^2}$	工进速度
有杆腔进油，无杆腔回油	$F_2 = (p_1 A_2 - p_2 A_1) = \pi[(p_1-p_2)D^2 - p_2 d^2]/4$	$v_2 = \dfrac{q}{A_2} = \dfrac{4q}{\pi(D^2-d^2)}$	快退速度
差动连接	$F_3 = p_1(A_1 - A_2) = p_1 \pi d^2/4$	$v_3 = 4q/\pi d^2$	快进速度

　　由表 3-2 可知，当 $v_1 < v_2$，$F_1 > F_2$ 时，即无杆腔进油时推力大，速度低；有杆腔进油时推力小，速度高。因此，单杆液压缸常用于一个方向上有较大负载但运动速度较低、在另一个方向上空载快速退回的设备，如金属切削机床、压力机、注塑机、起重机。

　　由表 3-2 还可知，当 $v_3 > v_1$，$F_3 < F_1$ 时，说明差动连接时能使运动部件获得较高的速度和较小的推力。因此，单杆液压缸还常用于需要实现"快进（差动连接）→工进（无杆腔进油）→快退（有杆腔进油）"工作循环的组合机床等设备的液压系统中。这时，通常要求"快进"和"快退"速度相等，则 $d = D/\sqrt{2} \approx 0.707D$。

2. 柱塞式液压缸的工作原理和结构

　　如图 3-5（a）所示，它只能实现一个方向的液压传动，反向运动要靠外力。若需要实现双向运动，则必须成对使用，如图 3-5（b）所示。
　　柱塞式液压缸中的柱塞和缸筒不接触，运动时由缸盖上的导向套来导向，

柱塞式液压缸的工作原理

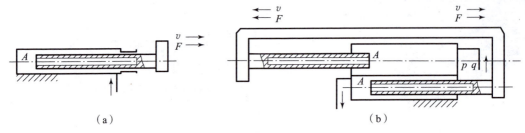

图 3-5 柱塞式液压缸

(a) 单向运动；(b) 双向运动

因此缸筒的内壁不需精加工，因此，柱塞式液压缸结构简单，制造容易，特别适用于行程较长的导轨磨床、龙门刨床等液压设备中。柱塞式液压缸一般不宜水平安装，因为柱塞缸较粗，水平放置会导致柱塞因自重而下垂，造成导向套和密封圈单向磨损，所以柱塞可以做成空心的。

柱塞缸输出的推力和速度各为

$$F = pA = p\pi d^2/4 \tag{3-3}$$
$$v = q/A = 4q/\pi d^2 \tag{3-4}$$

3. 摆动式液压缸的工作原理和结构

摆动式液压缸也称摆动液压马达。当它通入压力油时，它的主轴能输出小于 360° 的往复摆动运动，常用于工夹具夹紧装置、送料装置、转位装置以及需要周期性进给的系统中。

图 3-6（a）所示为单叶片式摆动液压缸。若从油口通入高压油，叶片 1 做顺时针摆动，低压力从油口排出。单叶片式摆动缸的工作压力小于 10 MPa，摆动角度一般不超过 300°。

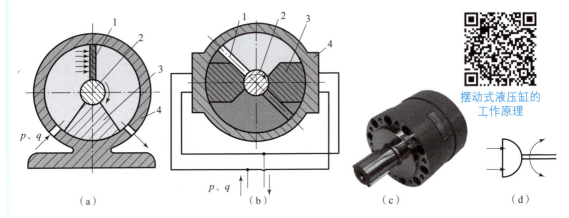

图 3-6 摆动式液压缸的结构示意图及图形符号

(a) 单叶片式摆动液压缸；(b) 双叶片式摆动液压缸；(c) 摆动缸实物；(d) 图形符号

p—工作压力；q—输入流量；1—叶片；2—摆动轴；3—定子块；4—缸体

图 3-6（b）所示为双叶片式摆动液压缸。在径向尺寸和工作压力相同的条件下，分别是单叶片式摆动液压缸输出转矩的 2 倍，双叶片式摆动液压缸的回转角度一般小于 150°。

摆动式液压缸结构紧凑，输出转矩大，但密封困难，常用于机床的送料装置、间歇进给机构、回转夹具、工业机器人手臂和手腕的回转装置及工程机械回转机构等的液压系统中。

4. 其他液压缸的工作原理

1）增压液压缸

增压液压缸又称增压器，在液压系统中，整个系统需要低压，而局部需要高压，为节省一个高压缸常用增加式液压缸与低压大流量泵配合作用，使输出油压变为高压，因此可减少功率损失。

单作用增压式液压缸的工作原理如图 3-7 所示，当输入活塞缸的液体压力为 p_1，活塞直径为 D，小柱塞直径为 d，推动面积为 A_1 的大活塞向右移动时，从面积为 A_2 的右侧放出的压力为 p_2，则

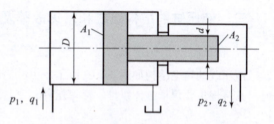

图 3-7 单作用增压式液压缸的工作原理

$$p_2 = (D/d)p_1 \qquad (3-5)$$

式中，D/d 称为增压比。活塞直径 D 与柱塞直径 d 相差越大，增压 p_2 就越大。

因为增压缸只能间断地将高压端输出的油通入其他液压缸，获取大的推力，但其本身不能作执行元件，所以安装时应尽量靠近执行元件，以减少压力损失。增压缸常用于压铸机、造型机等设备的液压系统中。

2）伸缩式液压缸（简称伸缩缸）

伸缩缸由两个或多个活塞缸套装而成，前一级活塞缸的活塞杆内孔是后一级活塞缸的缸筒，伸出时可获得很长的工作行程，缩回时可保持很小的结构尺寸，伸缩缸被广泛用于起重运输车辆上。

如图 3-8 所示，伸缩缸的外伸动作是逐级进行的。首先是最大直径的缸筒以最低的油液压力开始外伸，当到达行程终点后，稍小直径的缸筒开始外伸，直径最小的末级最后伸出。随着工作级数变大，外伸缸筒直径越来越小，工作油液压力随之升高，工作速度变快。

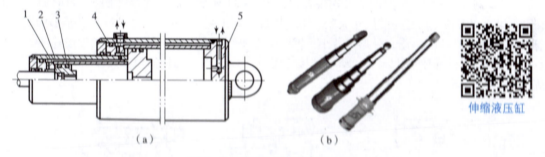

图 3-8 伸缩缸的结构及实物图
（a）结构；（b）实物图
1—活塞；2、4—缸筒；3—O 形密封圈；5—缸盖

伸缩缸也有单作用式与双作用式之分，前者靠外力回程，后者靠液压回程。其特点是：伸出时行程大，收缩后结构紧凑。

3）齿轮缸

它由两个柱塞缸和一套齿条传动装置组成，如图 3-9 所示。柱塞的移动经齿轮齿条传动装置变成齿轮的传动，用于实现工作部件的往复摆动或间歇进给运动。齿条活塞缸常用于机械手、回转工作台、回转夹具、磨床进给系统等转位机械的驱动。

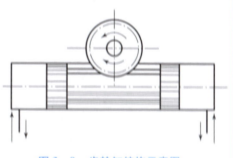

图 3-9 齿轮缸结构示意图

三、液压缸的结构组成和常见故障及排除方法

1. 液压缸的结构组成

液压缸的典型结构如图3-10所示,由缸筒、缸盖、活塞、活塞杆、密封装置等主要零件组成。其结构主要包括缸体组件、活塞组件、密封装置、缓冲装置和排气装置五部分。

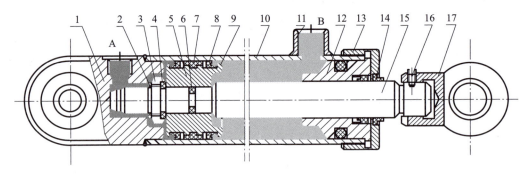

图3-10 液压缸的典型结构

1—缸底;2—弹簧挡圈;3—套环;4—卡环;5—活塞;6—O形密封圈;7—支承环;8—挡圈;9—Y形密封圈;10—缸筒;11—管接头;12—导向套;13—缸盖;14—防尘圈;15—活塞杆;16—定位螺钉;17—耳环

1)缸体组件

缸体组件主要包括缸筒、缸盖和一些连接零件。缸筒可以用铸铁(低压时)和无缝钢管(高压时)制成。缸筒和缸盖的常见连接方式如图3-11所示,法兰连接[图3-11(a)],加工和拆装都很方便,只是外形尺寸大些;半环连接[图3-11(b)],要求缸筒有足够的壁厚;螺纹连接[图3-11(d)],外形尺寸小,拆装不方便,要有专用工具;拉杆式连接[图3-11(c)],拆装容易,但外形尺寸大;焊接连接[图3-11(e)],结构简单,尺寸小,但可能会因焊接有一些变形。

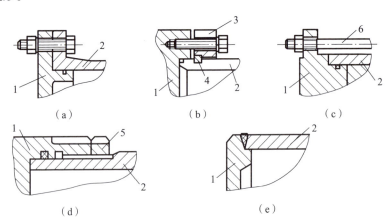

图3-11 缸筒和缸盖的常见连接方式

(a)法兰连接;(b)半环连接;(c)拉杆式连接;(d)螺纹连接;(e)焊接连接
1—缸盖;2—缸筒;3—压板;4—半环;5—防松螺母;6—拉杆

2)活塞组件

由活塞和活塞杆组成,其连接方式有螺纹连接、半环连接、径向销连接等,如图3-12所示。

（a）

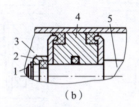
（b）

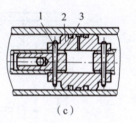
（c）

图 3－12　常见的活塞组件结构形式
（a）螺纹连接
1—活塞；2—螺母；3—活塞杆
（b）半环连接
1—弹簧卡；2—轴套；3—半环；4—活塞；5—活塞杆
（c）径向销连接
1—锥销；2—活塞；3—活塞杆

3）密封装置

液压缸中的密封是指活塞、活塞杆和缸盖等处的密封。它是用来防止液压缸内部和外部的泄漏。液压缸中密封设计的好坏，对液压缸的性能有着重要影响。根据密封位置不同，密封装置有：

间隙密封：如图 3－13 所示，在活塞上开出若干道深 0.3～0.5 mm 的环形槽，可以增大油液从高压腔向低压腔泄漏的阻力，从而减少泄漏。间隙密封是一种最简单的密封形式，常用在活塞直径较小、工作压力较低的液压缸中。

活塞环密封：如图 3－14 所示，通过在活塞外表面的环形槽中放置切了口的金属环实现密封。金属环靠弹性变形贴在缸筒内表面上，在高温、高压和高速运动场合有很好的密封性能。其缺点是制造工艺比较复杂。

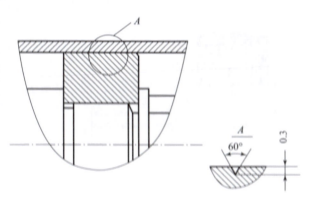

图 3－13　间隙密封

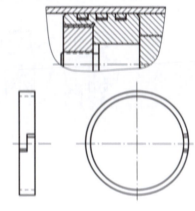

图 3－14　活塞环密封

密封圈密封（O、V、Y 形密封圈）：如图 3－15（a）所示，采用了 Y 形橡胶圈，使两唇面向油压，以便在压力油作用下使两唇张开。V 形和 Y 形密封圈在安装时都须将两唇面向油压。

如图 3－15（b）所示，使用了 O 形橡胶圈。该种密封磨损后能自动补偿且密封性能会随着压力的加大而提高，结构简单、应用广泛。

4）缓冲装置

为了避免活塞运动到终点时撞击缸盖，产生噪声、影响活塞运动的精度甚至损坏机件，常在

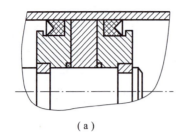
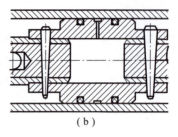

图 3-15 密封圈密封

(a) Y 形橡胶圈；(b) O 形橡胶圈

液压缸两端设置缓冲装置。缸盖常见的缓冲装置是应用节流原理来实现缓冲的。活塞端部圆柱塞进入到端盖圆孔时回油口被堵，无杆腔回油只能通过节流阀 2 回油，调节节流阀的开度，可以控制回油量，从而控制活塞的缓冲速度，如图 3-16 所示。

5）排气装置

由于液体中混有空气或液压缸停止使用时空气侵入，在液压缸的最高部位常会聚积空气。若不排除就会使缸的运动不平稳，引起爬行和振动，严重时会使液体氧化腐蚀

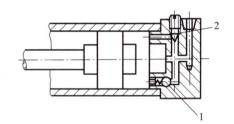

图 3-16 带可调缓冲装置的液压缸

1—单向阀；2—节流阀

液压元件。排气塞［图 3-17（a）］和排气阀都要安装在液压缸的最高部位。对于要求不高的液压缸往往不设专门的排气装置，而是将通油口布置在缸筒两端的最高处，使缸中的空气随油液的流动而排走。如图 3-17（b）所示，对于速度稳定性要求高的液压缸和大型液压缸，则需在其最高部位设置排气孔并用管道与排气阀相连排气。

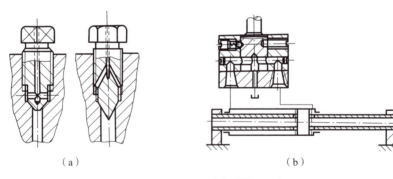

图 3-17 排气装置

(a) 排气塞；(b) 排气阀

2. 液压缸的常见故障及排除方法

液压缸的常见故障及排除方法如表 3-3 所示。

表 3-3 液压缸的常见故障及排除方法

故障现象	产生原因	排除方法
爬行	1. 外界空气进入缸内； 2. 密封压得太紧； 3. 活塞与活塞杆不同轴； 4. 活塞杆弯曲变形； 5. 缸筒内壁拉毛，局部磨损严重或腐蚀； 6. 安装位置有误差； 7. 双活塞杆两端螺母拧得太紧； 8. 导轨润滑不良	1. 开动系统，打开排气塞（阀）强迫排气； 2. 调整密封，保证活塞杆能用手拉动而试车时无泄漏即可； 3. 校正或更换，使同轴度小于 $\phi 0.04$ mm； 4. 校正活塞杆，保证直线度小于 0.1/1 000； 5. 适当修理，严重者重磨缸孔，按要求重配活塞； 6. 校正； 7. 调整； 8. 适当增加导轨润滑油量
推力不足速度不够或逐渐下降	1. 缸与活塞配合间隙过大或 O 形密封圈破坏； 2. 工作时经常用某一段，造成局部几何形状误差增大，产生泄漏； 3. 缸端活塞杆密封压得过紧，摩擦力太大； 4. 活塞杆弯曲，使运动阻力增加	1. 更换活塞或密封圈，调整到合适间隙； 2. 镗磨修复缸孔内径，重配活塞； 3. 放松、调整密封； 4. 校正活塞杆
冲击	1. 活塞与缸筒间用间隙密封时，间隙过大，节流阀失去作用； 2. 端部缓冲装置中的单向阀失灵，不起作用	1. 更换活塞，使间隙达到规定要求，检查缓冲节流阀； 2. 修正、研配单向阀与阀座或更换
外泄漏	1. 密封圈损坏或装配不良使活塞杆处密封不严； 2. 活塞杆表面损伤； 3. 管接头密封不严； 4. 缸盖处密封不良	1. 检查并更换或重装密封圈； 2. 检查并修复活塞杆； 3. 检查并修整； 4. 检修密封圈及接触面

任务 3.1.2 液压马达的选用与维护

一、液压马达的工作原理

液压马达是把液体的压力能转换为连续回转的机械能的液压执行元件。从原理上讲，泵和马达具有可逆性，其结构与液压泵基本相同。但由于它们的功用和工作状况不同，故在结构上存在着一定的差别。液压马达按其结构类型分为：齿轮式、叶片式、柱塞式和其他形式。下面以轴向柱塞式液压马达为例，说明液压马达的工作原理，如图 3-18 所示。

斜盘 1 和配油盘 4 固定不动，柱塞 3 可在缸体 2 的孔内移动。斜盘中心线和缸体中心线相交一个倾角 α。高压油经配油盘的窗口进入缸体的柱塞孔时，高压腔的柱塞被顶出，压在斜盘上。斜盘对柱塞的反作用力 F 分解为轴向分力 F_x 和垂直分力 F_y，F_y 则产生使缸体发生旋转的转矩，带动轴 5 转动。随着柱塞和缸体垂直中心线的夹角的变化，每个柱塞产生的转矩是变化的。液压马达对外输出的总的转矩也是脉动的。液压马达输出的转矩就是处于高压腔柱塞产生的转矩的总和，设柱塞和缸体的垂直中心线成 α 角，即

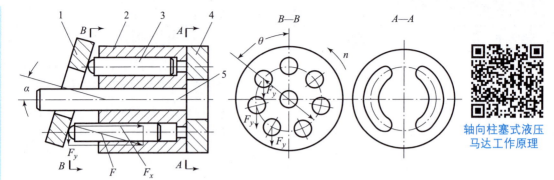

图 3-18 轴向柱塞式液压马达

1—斜盘;2—缸体;3—柱塞;4—配油盘;5—轴

$$T = \sum F_y R\sin\theta = \sum F_x \tan\alpha R\sin\theta \qquad (3-6)$$

式中,R 为柱塞在缸体中的分布圆半径(mm)。

该力矩 T 带动缸体旋转,当液压马达的进油口、回油口互换时,液压马达将反向转动。若改变斜盘倾角的大小,就改变了液压马达的排量;若改变斜盘倾角的方向,就改变了液压马达的旋转方向。轴向柱塞式液压马达效率高,多用于大功率、转矩范围大的场合。它也能获得较低的转速,目前已被广泛用于各种自动控制液压系统中,但其价格比较昂贵。

二、液压马达的图形符号与结构特点

1. 液压马达的图形符号

液压马达的图形符号及实物图如图 3-19 所示。

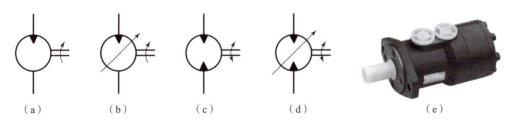

图 3-19 液压马达的图形符号及实物图

(a) 单向定量液压马达; (b) 单向变量液压马达; (c) 双向定量液压马达;
(d) 双向变量液压马达; (e) 实物图

2. 液压马达的结构特点

液压马达按其额定转速分为高速和低速两大类,额定转速高于 500 r/min 的属于高速液压马达,额定转速低于 500 r/min 的属于低速液压马达。

高速液压马达的基本形式有齿轮式、螺杆式、叶片式和轴向柱塞式等。它们的主要特点是转速较高、转动惯量小,便于启动和制动,调速和换向的灵敏度高。通常高速液压马达的输出转矩不大(仅几十 N·m 到几百 N·m),所以又称为高速小转矩液压马达,高速液压马达的基本形式是径向柱塞式。

此外在轴向柱塞式、叶片式和齿轮式中也有低速的结构形式。低速液压马达的主要特点是排量大、体积大、转速低(有时可达每分钟几转甚至零点几转),因此可直接与工作机构连接,不需要减速装置,使传动机构大为简化,通常低速液压马达输出转矩较大(可达几万 N·m),

所以又称为低速大转矩液压马达。

同类型的液压泵和液压马达虽然在结构上相似，但由于两者的工作情况不同，使得两者在结构上也有某些差异。例如：

（1）液压马达一般需要正反转，在内部结构上应具有对称性，而液压泵一般是单方向旋转，没有此要求。

（2）为了减小吸油阻力，减小径向力，一般液压泵的吸油口比出油口的尺寸大。而液压马达低压腔的压力稍高于大气压力，所以没有上述要求。

（3）液压马达要求能在很宽的转速范围内正常工作，因此，应采用液动轴承或静压轴承。因为当马达速度很低时，若采用动压轴承，就不易形成润滑滑膜。

（4）叶片泵依靠叶片跟转子一起高速旋转而产生的离心力使叶片始终贴紧定子的内表面，起封油作用，形成工作容积。若将其当马达用，必须在液压马达的叶片根部装上弹簧，以保证叶片始终贴紧定子内表面，以便马达能正常启动。

（5）液压泵在结构上需保证具有自吸能力，而液压马达就没有这一要求。

（6）液压马达必须具有较大的启动扭矩。所谓启动扭矩，就是马达由静止状态启动时，马达轴上所能输出的扭矩，该扭矩通常大于在同一工作压差时处于运行状态下的扭矩。

由于液压马达与液压泵具有上述不同的特点，使得很多类型的液压马达和液压泵不能互逆使用。

三、液压马达的性能指标及使用注意事项

液压马达的性能参数具体如下：

1. 容积效率和转速

容积效率：由于有泄漏损失，为了达到液压马达所要求的转速，实际输入的流量 q 必须大于理论输入流量 q_t。根据液压动力元件的工作原理可知，马达转速 n、理论流量 q_t、容积效率 η_v 与排量之间具有下列关系：

$$\eta_v = \frac{q_t}{q} n \qquad (3-7)$$

2. 液压马达的转矩和机械效率

由于有摩擦损失，液压马达的实际输出转矩 T 一定小于理论转矩 T_t。

$$\eta_m = \frac{T}{T_t} \qquad (3-8)$$

式中，η_m 为液压马达的机械效率（%）。

如果不计损失，从理论上讲，液压马达输入的液压功率应当全部转化为液压马达的输出机械功率，即二者相等。液压马达进、出口之间的压力差为 Δp，输入液压马达的理论流量为 q_t，液压马达的输出理论转矩为 T_t，则液压马达的理论输出功率为

$$P_t = 2\pi n T_t = \Delta p q_t = \Delta p V n \qquad (3-9)$$

所以液压马达的理论转矩为

$$T_t = \frac{\Delta p V}{2\pi} \qquad (3-10)$$

将式（3-8）代入式（3-10），液压马达的实际输出转矩为

$$T = \frac{\Delta p V}{2\pi} \eta_m \qquad (3-11)$$

3. 液压马达的总效率 η

液压马达的总效率为输出功率与输入功率的比值,即

$$\eta = \frac{P_o}{P_i} = \eta_v \eta_m \tag{3-12}$$

4. 调速范围

当负载从低速到高速在很宽的范围内工作时,也要求液压马达能在较大的调速范围下工作,否则就需要有能换挡的变速机构,使传动机构复杂化。液压马达的调速范围以允许的最大转速和最低稳定转速之比表示,即

$$i = \frac{n_{max}}{n_{min}} \tag{3-13}$$

四、液压马达的常见故障及排除方法

液压马达的常见故障及排除方法见表 3-4。

表 3-4 液压马达的常见故障及排除方法

故障现象		产生原因	排除方法
转速低转矩小		1. 电动机转速不够; 2. 滤油器滤网堵塞; 3. 油箱中油量不足或吸油管径过小造成吸油困难; 4. 密封不严,泄漏,空气侵入内部; 5. 油的黏度过大; 6. 液压泵轴向及径向间隙过大,内泄增大	1. 找出原因,进行调整; 2. 清洗或更换滤网; 3. 加足油量,适当加大管径,使吸油通畅; 4. 拧紧密封接头,防止泄漏或空气侵入; 5. 选择黏度小的油液; 6. 适当修复液压泵
液压泵输出油压不足		1. 液压泵效率太低; 2. 溢流阀调整压力不足或发生故障; 3. 油管阻力过大(管道过长或过细); 4. 油的黏度较小,内部泄漏较大	1. 检查液压泵故障,并加以排除; 2. 检查溢流阀故障,排除后重新调高压力; 3. 更换孔径较大的管道或尽量减小长度; 4. 检查内泄漏部位的密封情况,更换油液或密封
液压马达泄漏		1. 液压马达接合面没有拧紧或密封不好,有泄漏; 2. 液压马达内部零件磨损,泄漏严重	1. 拧紧接合面,检查密封情况或更换密封圈; 2. 检查其损伤部位,并修磨或更换零件
失效		配油盘的支承弹簧疲劳,失去作用	检查、更换支承弹簧
泄漏	内部泄漏	1. 配油盘磨损严重; 2. 轴向间隙过大; 3. 配油盘与缸体端面磨损,轴向间隙过大; 4. 弹簧疲劳; 5. 柱塞与缸体磨损严重	1. 检查配油盘接触面,并加以修复; 2. 检查并将轴向间隙调至规定范围; 3. 修磨缸体及配油盘端面; 4. 更换弹簧; 5. 研磨缸体孔,重配柱塞
	外部泄漏	1. 油端密封,磨损; 2. 盖板处的密封圈损坏; 3. 接合面有污物或螺栓未拧紧; 4. 管接头密封不严	1. 更换密封圈并查明磨损原因; 2. 更换密封圈; 3. 检查、清除并拧紧螺栓; 4. 拧紧管接头

续表

故障现象	产生原因	排除方法
噪声	1. 密封不严，有空气侵入内部； 2. 液压油被污染，有气泡混入； 3. 联轴器不同心； 4. 液压油黏度过大； 5. 液压马达的径向尺寸严重磨损； 6. 叶片已磨损； 7. 叶片与定子接触不良，有冲撞现象； 8. 定子磨损	1. 检查有关部位的密封，紧固各连接处； 2. 更换清洁的液压油； 3. 校正同心； 4. 更换黏度较小的油液； 5. 修磨缸孔，重配柱塞； 6. 叶片尽可能修复或更换； 7. 进行修整； 8. 进行修复或更换，如因弹簧过硬造成磨损加剧，则应更换刚度较小的弹簧

操作训练　液压缸的拆装及维修

模块四　液压辅助元件的使用

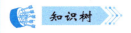

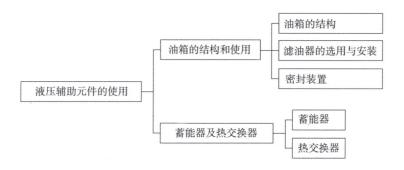

任务 4.1　蓄能器快速回路与普通回路搭建

学习目标

- 认知油箱、蓄能器、滤油器的功能、工作原理与图形符号；
- 能够阐述油箱、蓄能器的结构特性，并选用、安装相应的液压辅助元件；
- 能够认知蓄能器的保压回路原理，并仿真搭接保压回路。

理论知识

- 油箱、滤油器的工作原理、结构与安装应用；
- 蓄能器的工作原理、作用及应用。

任务描述

用 FluidSIM 仿真软件搭建补充完成任务图 4-1 蓄能器的快速运动回路，用于液压缸的间歇式工作。当液压缸不动时，换向阀 5 中位将液压泵与液压缸隔开，液压泵 1 的油液经单向阀 3 向蓄能器 4 充油。当需要液压缸动作时，蓄能器和泵一起给液压缸供油，实现快速动作。做如下实验：

（1）对系统进行仿真，按任务图 4-1 进行仿真回路的搭接，并记录液压缸的进给速度。

（2）分析该回路为什么会使液压缸的速度加快？

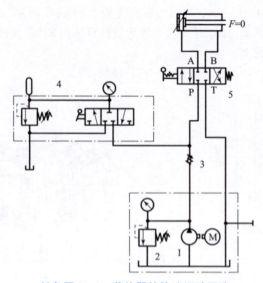

任务图 4-1　蓄能器的快速运动回路
1—液压泵；2—溢流阀；3—单向阀；4—蓄能器；5—换向阀

任务 4.1.1　油箱的结构和使用

液压系统中的辅助装置，如蓄能器、滤油器、油箱、热交换器、管件等，对系统的动态性能、工作稳定性、工作寿命、噪声和温升等都有直接影响，必须予以重视。

一、油箱的结构

1. 功用

油箱的功用主要是储存油液，此外还起着散发油液中热量（在周围环境温度较低的情况下则是保持油液中热量）、分离油液中的空气和沉淀油液中的杂质的作用。

2. 结构

油箱按其形状分为矩形油箱、圆形油箱及异形油箱；按其液面是否与大气相通分为开式油箱和压力式油箱。开式油箱直接或通过空气过滤器间接与大气相通，油箱液面压力为大气压力。压力式油箱完全封闭，由空压机将充气经滤清、干燥、减压（表压力为 0.05～0.15 MPa）后通往油箱液面之上，使液面压力大于大气压力，从而改善液压泵的吸油性能，减少气蚀和噪声。

在液压系统中，油箱有整体式和分离式两种。整体式油箱是利用主机的内腔作为油箱（如压铸机、注塑机等），其结构紧凑，漏油易于回收，但维修不便，散热条件不好。而分离式油箱与主机分离和泵组成一个独立的供油单元（泵站），减少了油箱发热和液压源振动对主机工作精度的影响，因此得到了普遍的采用，特别在精密机械上。

有些小型液压设备，为了节省占地面积，常将泵-电动机装置及液压控制阀安装在油箱的顶部组成一体，称为液压站。对大中型液压设备一般采用独立的分离式油箱，即油箱与液压泵、电动机装置及液压控制阀分开放置。当液压泵与电动机装置安装在油箱侧面时，称为旁置式油箱；当液压泵与电动机装置安装在油箱下面时，称为下置式油箱（高架油箱）。

模块四　液压辅助元件的使用

油箱的典型结构如图4-1所示,油箱内部用隔板7、9将吸油管1与回油管4隔开。顶部、侧部和底部分别装有滤油网2、油位计6和排放污油的放油阀8。安装液压泵及其驱动电动机的安装板5则固定在油箱顶面上。

以开式油箱(图4-2)为例,油箱应具有以下结构特点:

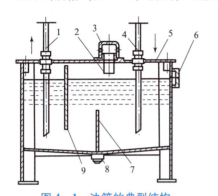

图4-1 油箱的典型结构
1—吸油管;2—滤油网;3—盖;
4—回油管;5—安装板;6—油位计;
7,9—隔板;8—放油阀

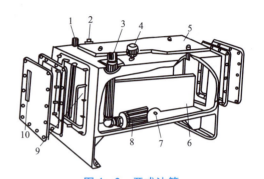

图4-2 开式油箱
1—回油箱;2—泄油管;3—吸油管;4—空气过滤器;
5—安装板;6—隔板;7—放油孔;8—滤油器;
9—清洗窗;10—油位指示器

(1)油箱的有效容积(油面高度为油箱高度的80%时的容积)一般按液压泵的额定流量估算,在低压系统中取液压泵每分钟排油量的2~4倍,中压系统为5~7倍,高压系统为6~12倍。

(2)吸油管和回油管应尽量相距远些,两管之间要用隔板隔开,以增加油液循环距离,使油液有足够的时间分离气泡,沉淀杂质,消散热量,隔板高度最好为箱内油面高度的3/4。

(3)便于清洗,油箱底部应有适当斜度,并在最低处设置油塞,换油时可使油液和污物顺利排出。

(4)在易见的油箱侧壁上设置油位计(俗称油标),以指示油位高度。

(5)油箱的正常温度应在15~65℃,在环境温度变化较大的场合要安装冷却器或加热器。

3. 油箱的安装

油箱的液压泵和电动机的安装有卧式和立式两种方式,如图4-3所示。卧式安装时,液压泵及油管接头露在油箱外面,安装和维修较方便;立式安装时,液压泵和油管接头均在油箱内部,便于收集漏油,油箱外形整齐,但维修不方便。

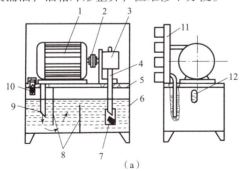
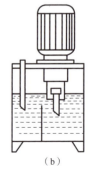

图4-3 油箱的安装形式
(a)卧式安装;(b)立式安装
1—电动机;2—联轴器;3—液压泵;4—吸油管;5—盖板;6—油箱体;
7—滤油器;8—隔板;9—回油管;10—加油口;11—立板;12—油位指示器

二、滤油器的选用与安装

液压系统中 75% 的故障与液压油的污染有关，保持油液的清洁是液压系统能够可靠工作的关键。滤油器的功用是清除油液中的各种杂质，以免划伤或磨损甚至卡死相对运动的零件；或者堵塞零件上的小孔及缝隙，影响系统的正常工作、降低液压元件的寿命，甚至造成液压系统的故障。

1. 滤油器的工作原理和结构

1) 滤油器的工作原理

如图 4-4 所示，油液从进油口进入滤油器，沿滤芯的径向由外向内通过滤芯，油液中的颗粒被滤芯中的过滤层滤除，进入滤芯内部的油液即为洁净的油液，过滤后的油液从出油口排出。

2) 滤油器的类型与结构

不同的液压系统对油液的过滤精度要求不同，过滤器的过滤精度是指过滤器对各种不同尺寸粒子的滤除能力，常用绝对过滤精度和过滤比两个指标来衡量过滤精度。目前，国际标准化组织已将过滤比作为评定过滤器精度的性能指标。我国目前仍按绝对过滤精度将滤油器分为粗、普通、精、特精 4 种。

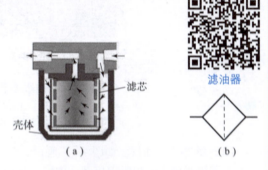

图 4-4 滤油器的工作原理及符号
(a) 线隙式滤清器；(b) 符号

按其滤芯材料和结构的不同，常用滤油器可分为以下几种：

（1）网式滤油器。

如图 4-5 所示，网式滤油器通过铜丝网许多细小孔来滤去油中的杂质颗粒，铜丝网单位面积小孔个数越多，孔越小，过滤精度就越高。其结构简单、通油能力大、压力损失小（0.004 MPa），清洗、换芯方便，但过滤精度低。网式滤油器常用于泵的吸油管路对油液粗过滤。

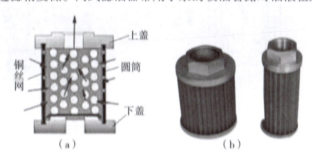

图 4-5 网式滤油器的工作原理及实物
(a) 工作原理；(b) 实物

（2）线隙式滤油器。

如图 4-4 所示，它的滤芯由铜线或铝线绕在筒形芯架上面形成（芯架上有许多纵向槽和径向孔），通过铜线与铜线间的微小缝隙过滤。其特点是结构简单、通油能力大、过滤精度高于网式滤油器，但不易清洗、滤芯强度较低。线隙式滤油器常用于低压或辅助油路中。

（3）烧结式滤油器。

如图 4-6 所示，烧结式滤油器的滤芯 3 通常由青铜等颗粒状金属烧结而成，它装在壳体 2

中，并由端盖1固定。利用颗粒间的微孔去除油中的杂质，过滤精度高（10～100 μm）、抗腐蚀、强度大、耐高温、性能稳定、制造简单，但压力损失大（0.03～0.2 MPa）、清洗困难，颗粒脱落影响过滤精度。其主要用于工程机械等设备的液压系统中。

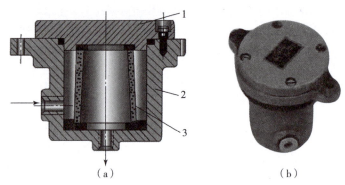

图 4-6　烧结式滤油器的工作原理及实物
（a）工作原理；（b）实物
1—端盖；2—壳体；3—滤芯

（4）纸芯式滤油器。如图 4-7 所示，它与线隙式类同，只是滤芯的材质和结构有所不同。滤芯有三层：外层为粗眼钢板网，中层为折叠成 W 形的滤纸，内层由金属丝网与滤纸折叠而成，有利于提高强度，增大过滤面积，延长使用寿命。过滤精度高（可达 5～30 μm）、压力损失小（0.01～0.04 MPa）、质量轻、成本低；但不能清洗，需定期更换滤芯。其主要用于精密机床、数控机床、伺服机构、静压支撑等要求过滤精度高的液压系统中。

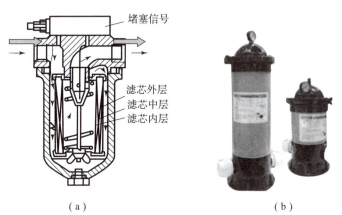

图 4-7　纸芯式滤油器的工作原理及实物
（a）工作原理；（b）实物

2. 滤油器的选用

（1）过滤精度应满足系统提出的要求。过滤精度以滤除杂质颗粒度大小来衡量，颗粒度越小则过滤精度越高。不同的液压系统有不同的过滤精度要求，如表 4-1 所示。

表 4-1　各种液压系统的过滤精度要求

系统类别	润滑系统	传动系统			伺服系统	特殊要求系统
压力/MPa	0～2.5	≤7	>7	≤35	≤21	≤35
颗粒度/mm	≤0.1	≤0.05	≤0.025	≤0.005	≤0.005	≤0.001

研究表明,由于液压元件相对运动表面间隙较小,如果采用高精度过滤器可有效地控制 0.001~0.005 mm 的污染颗粒,液压泵、液压马达、各种液压阀及液压油的使用寿命均可延长,液压故障也会明显减少。

(2) 要有足够的通流能力。通流能力是指在一定压力降低后允许通过滤油器的最大流量,一般用滤油器的有效过滤面积(滤芯上能通过油液的总面积)来表示,应结合滤油器在液压系统中的安装位置来选取。

(3) 滤芯应具有足够的强度,滤油器的工作压力应小于许用压力。

(4) 滤芯抗腐蚀性能好,能在规定的温度下持久地工作。

(5) 滤芯清洗、更换及维护方便。对于不能停机的液压系统,必须选择有切换式结构的滤油器,可以不停机更换滤芯;对于需要滤芯堵塞报警的场合,则可选带报警装置的滤油器。

3. 滤油器在液压系统中的安装

滤油器的安装位置如图 4-8 所示。

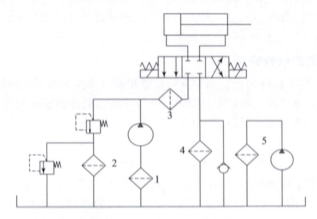

图 4-8 滤油器的安装位置

(1) 安装在泵的吸油管路上,如图 4-8 中 1 所示。滤油器安装在吸油管路上,并浸没在油箱液面以下,以防止较大颗粒的杂质进入泵内,同时又有较大的通流能力,防止气穴现象的发生。

(2) 安装在液压泵的出口,如图 4-8 中 3 所示,可以保护除液压泵以外的其他精密液压元件或防止小孔、缝隙堵塞,但需选择过滤精度高、能承受油路上工作压力和冲击压力的滤油器,压力损失一般小于 0.35 MPa。此方式常用于过滤精度要求高的系统及伺服阀和调速阀,以确保它们的正常工作。为保护滤油器本身,应选择堵塞发信装置的滤油器。

(3) 安装在系统的回油路上,如图 4-8 中 4 所示。安装在回油路可以滤去油液回油箱前侵入系统或系统生成的污物。由于回油压力低,可采用滤芯强度低的滤油器,其压力降对系统影响不大,为了防止滤油器堵塞,一般与滤油器并联一个安全阀或安装堵塞信号装置。

(4) 安装在系统的旁边路上,如图 4-8 中 2 所示。将滤油器与阀并联,使系统中的油液不断净化。

(5) 安装在独立过滤系统上,如图 4-8 中 5 所示。在大型液压系统中,可专设液压泵和滤油器组成的独立过滤系统。它与主系统互不干扰,可以不断地清除系统中的杂质,还可与加热器、冷却器、排气器等配合使用。

若系统中有重要元件(如伺服阀、微量节流等),要求过滤精度高时,应在这些元件的前面安装单独的特精滤油器。

使用滤油器时还应注意滤油器只能单向使用,按规定液流方向安装,以利于滤芯清洗和安全。清洗或更换滤芯时,要防止外界污物倾入液压系统。

三、密封装置

密封是解决液压系统泄漏问题最重要、最有效的手段。液压系统如果密封不良,可能出现不允许的外泄漏,外泄漏的油液将会污染环境;还可能使空气进入吸油腔,影响液压泵的工作性能和液压执行元件运动的平稳性(爬行);泄漏严重时,系统容积效率过低,甚至工作压力达不到要求值。

1. 对密封装置的要求

(1)在工作压力和一定的温度范围内,应具有良好的密封性能,并随着压力的增加能自动提高密封性能;

(2)密封装置和运动件之间的摩擦力要小,摩擦系数要稳定;

(3)抗腐蚀能力强,不易老化,工作寿命长,耐磨性好,磨损后在一定程度上能自动补偿;

(4)结构简单,使用、维护方便,价格低廉。

2. 常用密封装置的结构特点

(1)间隙密封:如图4-9所示,间隙密封是靠相对运动件配合面之间的微小间隙来进行密封的,常用于柱塞、活塞或阀的圆柱配合副中,一般在阀芯的外表面开有几条等距离的均压槽,它的主要作用是使径向压力分布均匀,减少液压卡紧力,同时使阀芯在孔中对中性好,以减小间隙的方法来减少泄漏。

(2)O形密封圈:O形密封圈一般用耐油橡胶制成,其横截面呈圆形,它具有良好的密封性能,内外侧和端面都能起密封作用,结构紧凑,运动件的摩擦阻力小,制造容易,装拆方便,成本低,且高低压均可以用,所以在液压系统中得到广泛的应用。图4-10(a)所示为结构;图4-10(b)所示为装入密封沟槽的情况,δ_1、δ_2为O形圈装配后的预压缩量。

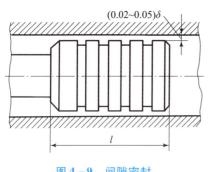

图4-9 间隙密封

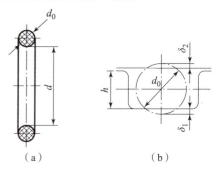

图4-10 O形密封圈的结构
(a)结构;(b)装入密封沟槽的情况

(3)唇形密封圈:唇形密封圈根据截面的形状可分为Y形、V形、U形、L形等。其工作原理如图4-11所示。液压力将密封圈的两唇边h_1压向形成间隙的两个零件的表面。这种密封作用的特点是能随着工作压力的变化自动调整密封性能,压力越高则唇边被压得越紧,密封性越好;当压力降低时唇边压紧程度也随之降低,从而减少了摩擦阻力和功率消耗,除此之外,还能自动补偿唇边的磨损,保持密封性能不降低。唇形密封圈安装时应使其唇边开口面对压力油,使两唇张开,分别贴紧在机件的表面上。

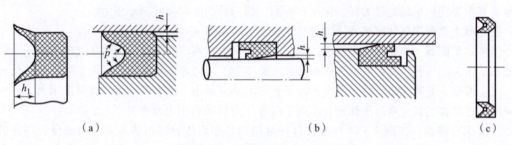

图 4-11 唇形密封圈的工作原理

(a) V 形密封圈；(b) L 形密封圈；(c) Y 形密封圈

（4）组合式密封装置。随着液压技术的应用日益广泛，系统对密封的要求越来越高，目前研究和开发了包括密封圈在内的两个以上元件组成的组合式密封装置。图 4-12（a）所示为 O 形密封圈与截面为矩形的聚四氟乙烯塑料滑环组成的组合密封装置。其中，滑环 2 紧贴密封面，O 形密封圈 1 为滑环提供弹性预压力，在介质压力等于零时构成密封，由于密封间隙靠滑环，而不是 O 形密封圈，因此摩擦阻力小而且稳定，可以用于 40 MPa 的高压；往复运动密封时，速度可达 15 m/s；图 4-12（b）所示为由支持环 4 和 O 形密封圈 1 组成的轴用组合密封装置，由于支持环与被密封件 3 之间为线密封，其工作原理类似唇边密封。支持环采用一种经特别处理的化合物，具有极佳的耐磨性、低摩擦和保形性，不存在橡胶密封低速时易产生的"爬行"现象，工作压力可达 80 MPa。

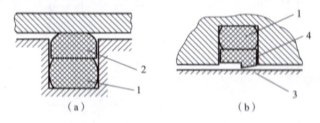

图 4-12 组合式密封装置

(a) O 形密封圈与滑环组成；(b) O 形密封圈与支持环组成

1—O 形密封圈；2—滑环；3—被密封件；4—支持环

3. 密封装置的选用

（1）密封的性质，是动密封，还是静密封；是平面密封，还是环行间隙密封。

（2）动密封是否要求静、动摩擦系数要小，运动是否平稳，同时考虑相对运动耦合面之间的运动速度、介质工作压力等因素。

（3）工作介质的种类和温度对密封件材质的要求，同时考虑制造和拆装是否方便。

任务 4.1.2　蓄能器及热交换器

一、蓄能器

1. 蓄能器的工作原理和结构

在液压系统中，蓄能器用来储存和释放液体的压力能。它的基本作用是：在系统不需要大量油液时，可以把液压泵输出的多余压力油液储存在蓄能器内，到需要时再由蓄能器快速释放给系统。其主要功用是辅助动力源、保压和补漏、缓和冲击压和吸收脉动压力。

蓄能器主要利用气体膨胀和压缩进行工作的，有活塞式和气囊式两种。

活塞式蓄能器：如图 4-13 所示，利用活塞将气体和液压油隔离，气体从气门 3 充入，油液经油孔 a 和系统相通。其优点是气体不易混入油液中，所以油不易氧化、系统工作平稳、结构简单、工作可靠、安装容易、维护方便、寿命长；其缺点是由于活塞惯性大，有摩擦阻力，反应不够灵敏。这种蓄能器主要用于储能，不适于吸收压力脉动和压力冲击。

气囊式蓄能器：如图 4-14 所示，这种蓄能器是在高压容器内装入一个耐油橡胶制成的气囊，气囊 3 内充入一定压力的惰性气体，气囊外储油，由气囊 3 和充气阀 1 一起压制而成。壳体 2 下端有提升阀 4，它能使油液通过阀口进入蓄能器而又能防止当油液全部排出时气囊膨胀出容器之外。此蓄能器的气液完全隔开，气囊受压缩储存压力能，其惯性小、动作灵敏，维护容易，适用于储能和吸收压力冲击，工作压力可达 32 MPa；其缺点是容量小、气囊和壳体的制造比较困难。

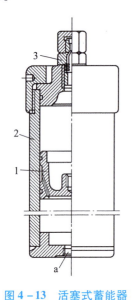

图 4-13　活塞式蓄能器
1—活塞；2—缸筒；3—气门；a—油孔

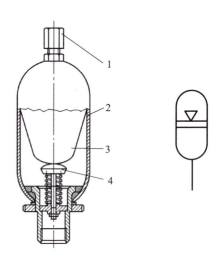

图 4-14　气囊式蓄能器及图形符号
1—充气阀；2—壳体；3—气囊；4—提升阀

此外，蓄能器还有重力式、弹簧式及隔膜式等，可参考液压设计手册选用。

2. 蓄能器的作用和安装

1）蓄能器的作用

（1）维护系统压力。

用于蓄能器的保压回路：当执行元件停止运动的时间较长并需要保压时，为降低能耗，使泵卸荷，可利用蓄能器储存的液压油补偿油路的泄漏损失，维护系统压力。如图 4-15 所示，若液压缸需要在相当长的一段时间内保压而无动作（如夹紧缸夹紧工件），这时可使泵卸荷，单向阀关闭，用蓄能器保压并补充系统泄漏，这样可减少电动机的功率损耗。

（2）短期大量供油。当执行元件需快速启动时，由蓄能器和液压泵同时向液压缸供给压力油，可应用蓄能器快速运动回路（图 4-16），用于液压缸的间歇式工作。当液压缸不动时，换向阀中位，液压泵的油液经单向阀向蓄能器充油。当需要液压缸动作时，蓄能器和泵一起给液压缸供油，实现快速动作。

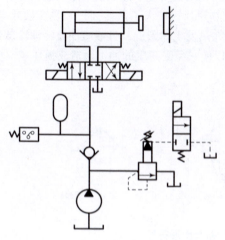

图 4-15 蓄能器的保压回路

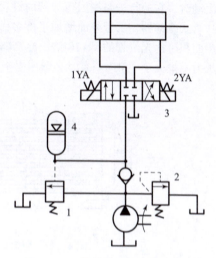

图 4-16 蓄能器的快速运动回路
1—卸荷阀；2—溢流阀；3—换向阀；
4—蓄能器

（3）缓和冲击，吸收脉冲压力。当液压泵启动或停止、液压阀突然关闭或换向、液压缸启动或制动时，系统中会产生液压冲击，在冲击源和脉冲源附近设置蓄能器，可缓和冲击和吸收脉冲。

2）蓄能器的安装

蓄能器在液压回路中的安放位置随其功用而不同：吸收液压冲击或压力脉动时宜放在冲击源或脉动源近旁；补油保压时宜放在尽可能接近有关的执行元件处。

使用蓄能器须注意以下几点：

（1）充气式蓄能器中应使用惰性气体（一般为氮气），允许工作压力视蓄能器结构形式而定，例如，气囊式为 3.5~32 MPa。

（2）不同的蓄能器各有其适用的工作范围，例如，气囊式蓄能器的气囊强度不高，不能承受很大的压力波动，且只能在 -20~70 ℃ 的温度范围内工作。

（3）气囊式蓄能器原则上应垂直安装（油口向下），只有在空间位置受限制时才允许倾斜或水平安装。

（4）装在管路上的蓄能器须用支板或支架固定。

（5）蓄能器与管路系统之间应安装截止阀，供充气、检修时使用。蓄能器与液压泵之间应安装单向阀，防止液压泵停车时蓄能器内储存的压力油倒流。

二、热交换器

油液在液压系统中具有密封、润滑和传递动力等多重作用，为保证液压系统正常工作，应将油液温度控制在一定的范围内。液压系统的工作温度一般希望保持在 30~50 ℃，最低不低于 15 ℃。液压系统如依靠自然冷却仍不能使油温控制在上述范围内时，就须安装冷却器；反之，如环境温度太低无法使液压泵启动或正常运转时，就须安装加热器。

1. 冷却器

液压系统中用得较多的冷却器是强制对流式多管冷却器，如图 4-17 所示。油液从进油口 5 流入，从出油口 3 流出；冷却水从进水口 7 流入，通过多根水管后由出水口 1 流出。油液在水管外部流动时，它的行进路线因冷却器内设置了隔板而加长，因而增加了热交换效果。近来出现一种翅片管式冷却器，水管外面增加了许多横向或纵向散热翅片，扩大了散热面积和热交换效果，其散热面积可达光滑管的 8~10 倍。冷却器一般都安装在热发生体附近，且液压油流经油冷却器时，压力不得大于 1 MPa。有时必须用安全阀来保护，以使它免受高压的冲击而造成损坏。

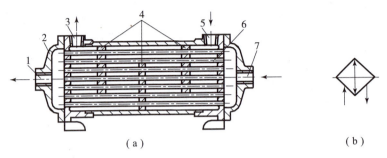

图 4-17 强制对流式多管冷却器及图形符号
(a) 结构；(b) 图形符号
1—出水口；2—壳体；3—出油口；4—隔板；5—进油口；6—散热管；7—进水口

2. 加热器

液压系统的加热一般采用结构简单、能按需要自动调节最高和最低温度的电加热器。这种加热器的安装方式是用法兰盘横装在箱壁上，发热部分全部浸在油液内。如图 4-18 所示，加热器安装在箱内油液流动处，利于热量的交换。由于油液是热的不良导体，单个加热器的功率容量不能太大，以免其周围油液过度受热后发生变质现象。

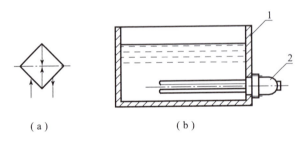

图 4-18 加热器的图形符号及安装位置
(a) 图形符号；(b) 安装位置
1—油箱；2—电加热器

模块五　液压基本控制回路设计

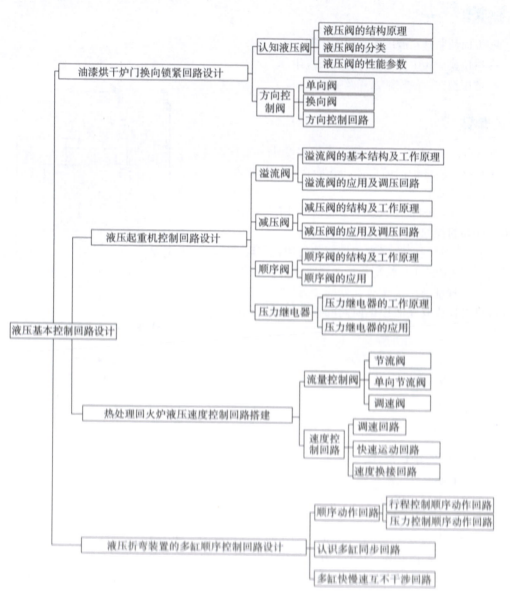

任务5.1 油漆烘干炉门换向锁紧回路设计

学习目标

- ✓ 认识液控单向阀和换向阀的结构、工作原理及图形符号;
- ✓ 分析换向、锁紧回路的组成和功能;
- ✓ 设计搭建换向、锁紧回路,并仿真调试回路。

理论知识

- ➢ 方向控制阀在液压回路中的作用。
- ➢ 三位换向阀中位机能的特点及应用。
- ➢ 常用换向阀的控制方式及特点。

任务描述

如任务图 5-1 所示,油漆烘干炉需设计一个手动液压系统,实现炉门的启闭,并能在任一位置停留。具体要求如下:

(1) 用 FluidSIM 仿真软件搭建换向回路系统,用 O 形中位机能的三位四通手控换向阀。

(2) 手动控制回路可实现炉门的启闭,实现上述功能,讲述油路工作情况与换向回路的工作原理。

(3) 为保证整个系统有良好的密封性,请将该回路改进设计成双联液控单向阀的锁紧回路,并讲述原理。

任务图 5-1 油漆烘干炉

任务知识

一、认知液压阀

1. 液压阀的结构原理

液压控制阀简称为液压阀,它是液压系统中的控制元件,其作用是控制和调节液压系统中液压油的流动方向、压力高低和流量大小,以满足液压缸、液压马达等执行元件不同的动作要求。

液压阀是由阀体、阀芯和驱动阀芯动作的元件组成的,如图 5-1 所示。阀体上除与阀芯相配合的阀体孔或阀座孔外,还有外接油管的进出油口;阀芯的主要形式有滑阀、锥阀和球阀;驱动装置可以是手调机构,也可以是弹簧、电磁或液动力。液压阀正是利用阀芯在阀体内的相对运动来控制阀口的通断及开口大小,实现压力、流量和方向控制的。阀口的开口大小、进出油口间的压力差以及通过阀的流量之间的关系都符合孔口流量公式,只是各种阀控制的参数不同。

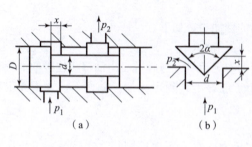
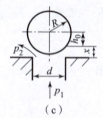

图 5-1 液压控制阀的结构及实物图

(a) 滑阀；(b) 锥阀；(c) 球阀；(d) 实物图

2. 液压阀的分类

液压阀可按不同的特征进行分类，如表 5-1 所示。

表 5-1 液压阀的分类

分类方法	种类	详细分类
按机能分类	压力控制阀	溢流阀、顺序阀、卸荷阀、平衡阀、减压阀、比例压力控制阀、缓冲阀、仪表截止阀、限压切断阀、压力继电器
	流量控制阀	节流阀、单向节流阀、调整阀、分流阀、集流阀、比例流量控制阀
	方向控制阀	单向阀、液控单向阀、换向阀、行程减速阀、充液阀、梭阀、比例方向阀
按结构分类	滑阀	圆柱滑阀、旋转阀、平板滑阀
	座阀	锥阀、球阀、喷嘴挡板阀
	射流管阀	射流阀
按操作方法分类	手动阀	手把及手轮、踏板、杠杆
	机动阀	挡块及碰块、弹簧
	电动阀	电磁铁控制、伺服电动机和步进电动机控制
按连接方式分类	管式连接	螺纹式连接、法兰式连接
	板式及叠加式连接	单层连接板式、双层连接板式、整体连接板式、叠加阀
	插装式连接	螺纹式插装（二、三、四通插装阀），法兰式插装（二通插装阀）
按其他方式分类	开关或定值控制阀	压力控制阀、流量控制阀、方向控制阀
按控制方式分类	电液比例阀	电液比例压力阀、电液比例流量阀、电液比例换向阀、电液比例复合阀、电液比例多路阀、三级电液流量伺服阀
	伺服阀	单、两级（喷嘴挡板式、动圈式）电液流量伺服阀，三级电液流量伺服阀
	数字控制阀	数字控制、压力控制流量阀与方向阀

模块五 液压基本控制回路设计

3. 液压阀的性能参数

各种不同的液压阀有不同的性能参数，其共同的性能参数如下：

1）公称通径

公称通径代表阀的通流能力的大小，对应于阀的额定流量。与阀进、出油口相连接的油管规格应与阀的通径相一致。阀工作时的实际流量应小于或等于其额定流量，最大不得大于额定流量的1.1倍。

2）额定压力

额定压力是液压阀长期工作所允许的最高工作压力。对于压力控制阀，实际最高工作压力有时还与阀的调压范围有关；对于换向阀，实际最高工作压力还可能受其功率极限的限制。

对换向阀的要求：油液流经时压力损失小；互不相通的油口泄漏小；换向时平稳、迅速、可靠。

液压控制阀的几种安装方式如图5-2所示。

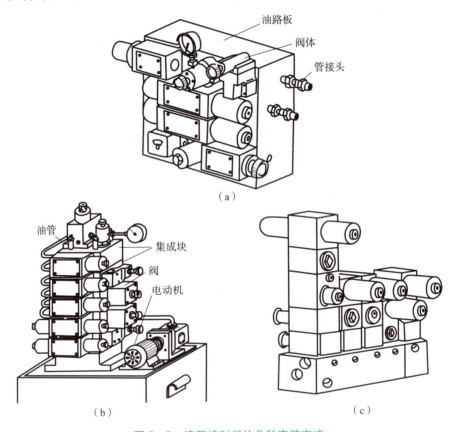

图5-2 液压控制阀的几种安装方式
（a）板式连接；（b）插装阀（集成连接）；（c）叠加阀

二、方向控制阀

方向控制回路是控制执行元件的启动、停止及换向的回路，这类回路包括换向回路和锁紧回路。与气动传动系统一样，方向控制回路的核心元件是方向控制阀。常用的方向控制阀有单向阀和换向阀两种。单向阀主要用于控制油液的单向流动；换向阀主要用于改变油液的流动方向，接通或者切断油路，从而控制液压执行元件的启动、停止或改变其运动方向。

1. 单向阀

常见的单向阀有普通单向阀和液控单向阀两种。

1）普通单向阀

普通单向阀可控制油液只能按一个方向流动，反向截止。图 5-3（a）所示为一种管式普通单向阀的结构，压力油从左端的通口 P_1 流入时，克服弹簧 3 作用在阀芯 2 上的力，使阀芯右移，阀口打开，油液从 P_2 流出；但当压力油从阀体右端的通口 P_2 流入时，液压力和弹簧力方向相同，使阀芯压紧在阀座上，阀口关闭，油液无法流过。图 5-3（b）、（c）分别为图形符号和实物图。

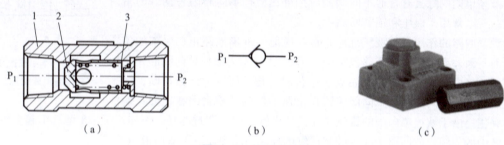

图 5-3 普通单向阀

（a）结构图；（b）图形符号；（c）实物图
1—阀体；2—阀芯；3—弹簧

单向阀中的弹簧只起阀芯复位作用，弹簧刚度应较小，以免液流通过时产生过大的压力损失。一般单向阀的开启压力为 0.035~0.05 MPa。

2）液控单向阀

液控单向阀的结构如图 5-4（a）所示，液控单向阀是一种通入控制液压油后即能允许油液双向流动的单向阀，这由单向阀和液控装置两部分组成。当控制口 K 处无压力油通入时，它的工作机制和普通单向阀一样；压力油只能从通口 P_1 流向通口 P_2，不能反向倒流。当控制口 K 有控制压力油时，活塞 1 右移，推动顶杆 2 顶开阀芯 3，使通口 P_1 和 P_2 接通，油液就可在两个方向自由通流。图 5-4（b）所示为液控单向阀的图形符号。液控单向阀具有良好的单向密封性，常用于执行元件需要长时间保压、锁紧的情况下，也常用于速度换接回路中防止立式液压缸停止运动时因自重而下滑。图 5-4（c）所示为液控单向阀实物图。

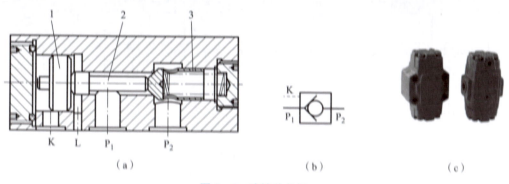

图 5-4 液控单向阀

（a）结构；（b）图形符号；（c）实物图
1—活塞；2—顶杆；3—阀芯

3) 单向阀锁紧回路应用

(1) 普通单向阀的应用：

①与某些阀组成复合阀（如单向顺序阀、单向节流阀等）；

②装于液压泵出口处，防止系统倒流压力油冲击液压泵；

③装于液压缸回油路上，作背压阀。

④保压作用。

(2) 液控单向阀的应用：

液控单向阀除具有普通单向阀的应用外，液控单向阀因有良好的密封性能，所以常用于保压和锁紧回路中。

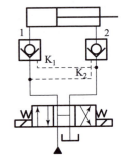

图 5-5 液控单向阀的锁紧回路应用

锁紧回路的作用是使液压缸停止运动时能够准确地停止在要求的位置上，而不因外界影响发生漂移或窜动。图 5-5 所示为液控单向阀的锁紧回路应用。当电磁铁都断电，阀芯处于中位时，将液压缸的油路切断，活塞停止运动，此时两个液控单向阀将液压缸两油腔的油液封闭在里面，使液压缸锁住。由于液控单向阀的锥阀关闭的严密性，因此密封性好。例如，Q2-8 型汽车起重机液压系统中的支腿收放回路，在支腿液压缸的控制回路中设置了双向液压锁。

2. 换向阀

换向阀是利用阀芯在阀体中的相对位置的变化，使油路接通、关断或变换油流的方向，从而使液压执行元件启动、停止或变换运动方向。换向阀的种类很多，其分类方式也各有不同。按阀芯相对于阀体的运动方式来分有滑阀式和转阀式；在液压传动系统中广泛采用滑阀式换向阀。

1) 换向阀的工作原理及命名

(1) 换向阀的工作原理。

如图 5-6 所示，当阀芯在左位时，进油口 P 与工作口 B 相通，出油口 T 与工作口 A 相通，完成液压缸有杆腔进油，无杆腔回油，活塞向左运动；当阀芯在右位时，换向阀进油口 P 与工作口 A 相通，出油口 T 与工作口 B 相通，完成液压缸无杆腔进油，有杆腔出口的换向可控制活塞右移。该换向阀具有两个工作位置，P、T、A、B 为四个与液压系统相通的油口。

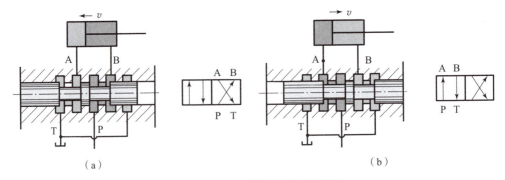

图 5-6 换向阀的换向原理示意图

(a) 阀芯左位（P→B，A→T）活塞向左运动；(b) 阀芯右位（P→A，B→T）活塞向右运动

(2) 换向阀功能图形符号的规定和含义。

①换向阀工作位置的个数称为"位"，与液压系统中油路相连通的油口个数称为"通"。阀芯在阀体中有左、中、右三个停留位置，即为"三位"阀，与外部液压系统有 5 个油口相通，即为"五通"。用方框表示阀的工作位置数，有几个方框就是几位阀，如表 5-2 所示。

表5-2 常用换向阀的主体结构及图形符号

名称	结构原理图	图形符号
二位二通		
二位三通		
二位四通		
二位五通		
三位四通		
三位五通		

②在一个方框内，箭头"↑"或堵塞符号"⊤"或"⊥"与方框相交的点数就是通路数，有几个交点就是几通阀，箭头"↑"表示阀芯处在这一位置时两油口相通，但不一定是油液的实际流向，"⊤"或"⊥"表示此油口被阀芯封闭（堵塞）不通流，如图5-7所示。

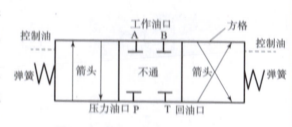

图5-7 换向阀的图形符号及含义

③三位阀中间的方框、两位阀画有复位弹簧的那个方框为常态位置（即未施加控制信号以前的原始位置）。在液压系统原理图中，换向阀的图形符号与油路的连接，一般应画在常态位置上，同时在常态位上应标出油口的代号。

换向阀的控制方式及图形符号：控制方式和复位弹簧的符号画在方框的两侧，如表5-3所示。

表5-3 换向阀的控制方式及图形符号

控制方式	图形符号	符号说明
手动控制		三位四通手动换向阀，左端表示手动把手，右端表示复位弹簧

模块五 液压基本控制回路设计

控制方式	图形符号	符号说明
机动控制	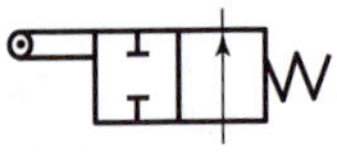	二位二通机动换向阀，左端表示可伸缩压杆，右端表示复位弹簧
电磁控制	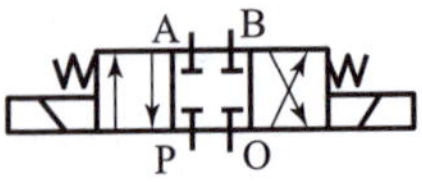	三位四通电磁换向阀，左、右两端都有驱动阀芯动作的电磁铁和对中位弹簧
液压控制	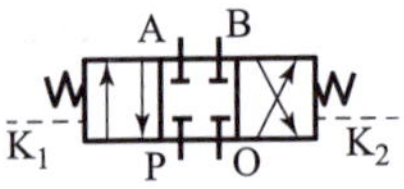	三位四通液动换向阀，K_1、K_2为控制阀芯动作的液压油进、出口，当K_1、K_2无压时，靠左、右复位弹簧复中位
电液控制	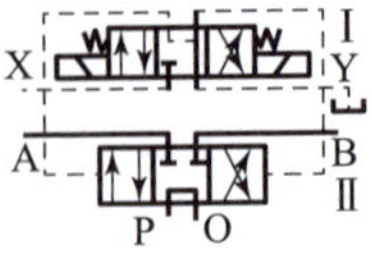	Ⅰ为三位四通先导阀，双电磁铁驱动弹簧对中位，Ⅱ为三位四通主阀，由液压驱动。X为控制压力油口，Y为控制回油口

2）三位换向阀的中位机能

对于各种操纵方式的三位四通和三位五通的换向滑阀，阀芯在中间位置时各油口的连通情况称为换向阀的中位机能。不同的中位机能，可以满足液压系统的不同要求，常见的三位四通、三位五通换向阀的中位机能的类型、滑阀状态、符号、作用和特点如表5-4所示。由表5-4可以看出，不同的中位机能是通过改变阀芯的形状和尺寸而得到的。

表5-4　三位换向阀的中位机能

机能符号	结构原理图	中位图形符号	机能特点和作用
O	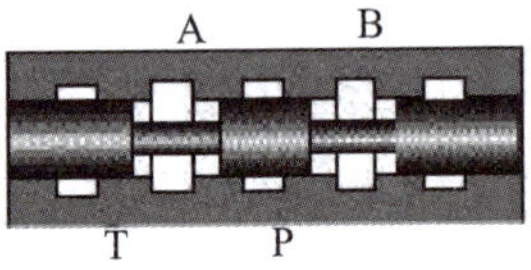	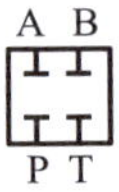	各油口全部封闭，缸两腔封闭，系统不卸载，液压缸充满油，从静止到启动平稳；制动时运动惯性引起液压冲击较大；换向位置黏度高
P	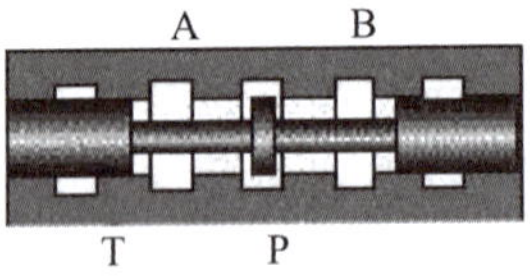		压力油与缸两腔连通，可形成差动回路，回油口封闭，从静止到启动较平稳，制动时缸两腔均通压力油，故制动平稳，换向位置变化比H型的小，应用广泛
H	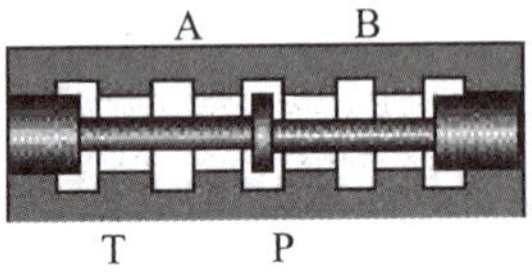		各油口全部连通，系统卸载，缸成浮动状态，液压缸两腔接油箱，从静止到启动有冲击；制动时油口互通，故制动较O型平稳；但换向位置变动大
Y	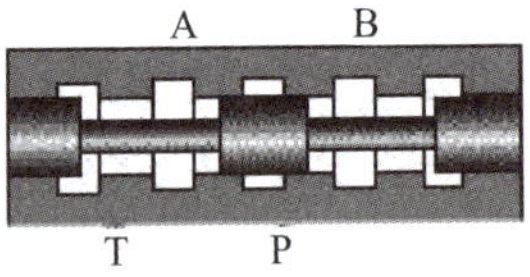		油泵不卸载，缸两腔通回油，缸成浮动状态，由于缸两腔接油箱，从静止到启动有冲击，制动性能介于O型与H型之间

续表

机能符号	结构原理图	中位图形符号	机能特点和作用
M	(A B / T P)	(A B / P T)	油泵卸载,缸两腔封闭。从静止到启动较平稳;制动性能与 O 型相同;可用于油泵卸载液压缸锁紧的液压回路中

3)常用换向阀及应用

(1)手动换向阀:是用手动杠杆操纵阀芯换位的换向阀,它主要有弹簧复位和钢珠定位两种形式。图 5-8 所示为弹簧自动复位式三位四通手动换向阀,其工作原理是通过手柄推动阀芯,要想使阀芯维持左位或右位,手柄必须扳住不放。若放开手柄,阀芯在弹簧的作用下就会自动恢复中位。

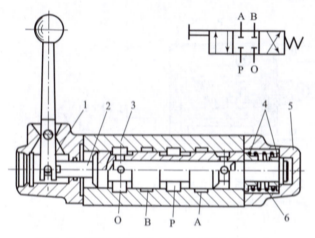

图 5-8 弹簧自动复位式三位四通手动换向阀
1—手柄;2—滑阀(阀芯);3—阀体;4—套筒;5—端盖;6—弹簧

手动控制换向阀的工作原理

手动换向阀适用于动作频繁、工作持续、时间短的场合,操作比较安全,常用于推土机、汽车起重机、叉车等工程机械的液压传动系统中。

(2)机动换向阀(行程阀):又称为行程阀,主要用来控制机械运动部件的行程。它利用安装在运动部件上的挡块或凸块,推压阀芯端部滚轮使阀芯移动,从而使油路换向。这种阀由滚轮 2、阀芯 3、弹簧 4 等组成,如图 5-9 所示。在图 5-9 所示位置,阀芯 3 在弹簧 4 作用下处于左位,P 与 A 不相通;当运动部件上挡块 1 压住滚轮使阀芯移至右位时,油口 P 与 A 相通。机动换向阀通常是二位的,分常闭和常开两种。

行程阀常用于控制运动部件的行程,或快、慢速度的转换,结构简单、动作可靠、精度高。其缺点是它必须安装在运动部件附近,一般油管较长。

(3)电磁换向阀:是利用电磁铁的吸引力控制阀芯换位的换向阀。由于它可借助于按钮开关、行程开关、限位开关、压力继电器等发出的信号进行控制,操纵方便、布局灵活,有利于提高自动化程度,应用最广泛。

图 5-10 所示为二位三通干式交流电磁换向阀。这种阀的左端有一干式交流电磁铁,当电磁铁不通电时(图 5-10 所示位置),P 与 A 相通;当电磁铁通电时,衔铁向右移动,通过推杆 1 使阀芯 2 推压弹簧 3 一起向右移动至端部,使 P 与 B 相通,而 P 与 A 断开。

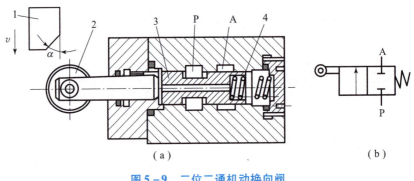

图 5-9 二位二通机动换向阀
(a) 结构；(b) 图形符号
1—挡块；2—滚轮；3—阀芯；4—弹簧

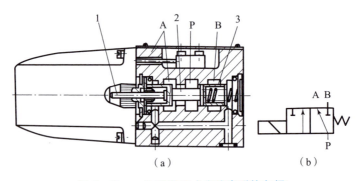

图 5-10 二位三通干式交流电磁换向阀
(a) 结构；(b) 图形符号
1—推杆；2—阀芯；3—弹簧

(4) 液动换向阀：是利用控制油路的压力油来改变阀芯位置的换向阀。液动换向阀广泛用于大流量（阀的通径大于 10 mm）的控制回路中控制油流的方向。

图 5-11 所示为三位四通液动换向阀。当控制油路的压力油从阀左边的控制油口 K_1 进入滑阀左腔，滑阀右腔 K_2 接通回油时，阀芯向右移动，使得 P 与 A 相通，B 与 T 相通；当 K_2 接通压力油，K_1 接通回油时，阀芯向左移动，使压力油口 P 与 B 相通，A 与 T 相通；当 K_1、K_2 都通压力油时，阀芯在两端弹簧和定位套作用下回到中间位置，P、A、B、T 均不相通。

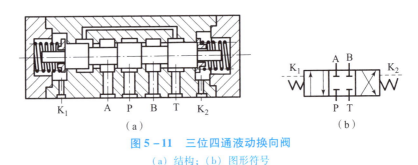

图 5-11 三位四通液动换向阀
(a) 结构；(b) 图形符号

(5) 电液换向阀：在大中型液压设备中，当通过阀的流量较大时，作用在滑阀上的摩擦力和液动力较大，此时电磁换向阀的电磁推力相对太小，需要用电液换向阀来代替电磁换向阀。电液换向阀是由电磁换向阀与液动换向阀组成的复合阀。电磁阀（称先导阀）用于改变控制液流的方向，从而控制液动阀（称主阀）换向，改变主油路的通路状态。由于操纵液动阀的液压推力可以很大，所以主阀芯的尺寸可以做得很大，允许较大的油液流量通过。图 5-12 所示为三位四通电液换向阀及图形符号。当电磁铁均不通电时，P、A、B 和 T 油口均不相通；当先导电磁阀左边电磁铁通电后，先导阀左位工作，控制油经先导阀到主阀芯左端油腔，并推动主阀芯向右移动（主阀芯的移动速度可由右边的节流阀调节），从而使 P 与 B、A 和 T 的油路相通；反之，先导电磁铁右边的电磁阀通电，可使 P 通 B、A 通 T。

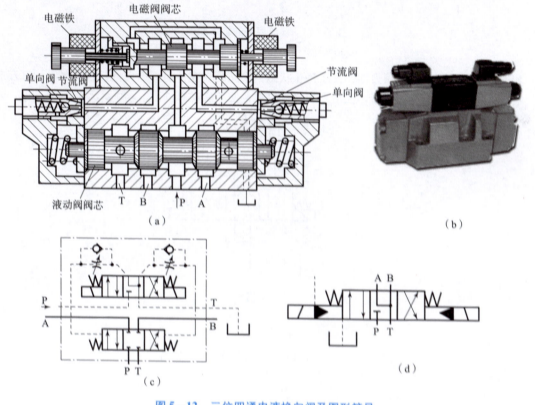

图 5-12 三位四通电液换向阀及图形符号
(a) 结构；(b) 实物图；(c) 图形符号；(d) 简化图形符号

3. 方向控制回路

在液压系统中，控制执行元件的启动、停止（包括锁紧）及换向的回路称为方向控制回路。

1) 换向回路

采用二位四通、三位四通电磁换向阀控制是应用较普遍的换向方法，尤其在自动化程度要求较高的组合机床液压系统中应用更为广泛。如图 5-13 所示，该回路由液压泵、调速阀、二位四通电磁换向阀、溢流阀和液压缸组成。液压泵启动后，换向阀在左位时，换向阀将液压泵液压缸左腔接通，液压缸右腔与油箱接通，使活塞右移；反之，使活塞左移。

2) 锁紧回路

采用 O 型中位机能的三位四通电磁换向阀的锁紧回路如图 5-14 所示，该回路由液压泵、三位四通电磁换向阀、溢流阀和液压缸组成。液压泵启动后，换向阀在中位时，换向阀 4 个油口互

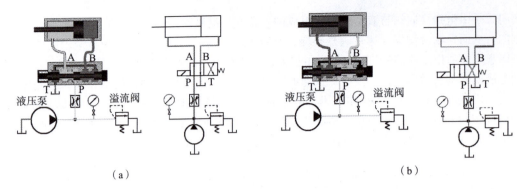

(a)　　　　　　　　　　　　　　　　　(b)

图 5-13　换向回路的工作原理

(a) 活塞杆右移回路；(b) 活塞杆左移回路

不相通，液压缸两腔不通压力油，处于停止状态；换向阀在左位时，换向阀将液压泵液压缸左腔接通，液压缸右腔与油箱接通，使活塞右移；反之，使活塞左移。

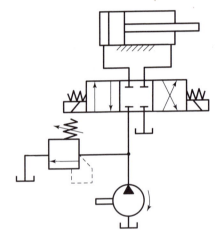

图 5-14　采用 O 型中位机能的三位四通
　　　　　电磁换向阀的锁紧回路

任务 5.2　液压起重机控制回路设计

学习目标

- ✓ 认识各液压压力控制元件符号、工作原理及结构。
- ✓ 掌握溢流阀、减压阀、顺序阀、压力继电器等压力控制阀的工作过程、性能特征及应用。
- ✓ 了解调压、减压、卸荷、保压、平衡等压力回路的工作原理与机理。
- ✓ 分析设计简单压力控制回路系统，并调试安装。

理论知识

- ➢ 方向控制阀在液压回路中的作用。
- ➢ 常用换向阀的控制方式及特点。

➢ 溢流阀、减压阀、顺序阀的压力流量特性及工作原理。

任务描述

任务图 5-2 所示为小型车载液压起重机。重物的吊起和放下通过一个双作用液压缸的活塞伸出和缩回来实现。为保证能平稳的吊起和放下重物，液压起重机的换向阀选用 M 型中位，使得重物吊放可以在任何位置停止，并让泵卸压，实现节能。液压缸活塞伸出放下重物时，重物对于液压缸来说是一个负值负载。为保证起重机放下重物的平稳性，可以利用顺序阀搭建平衡回路，实现上述具体要求。

（1）请根据需求进行液压回路的搭建；
（2）实现功能并讲述油路工作情况、换向回路的工作原理。

任务图 5-2 小型车载液压起重机

任务知识

压力控制回路是利用压力控制阀来控制系统整体或某一部分的压力，实现调压、稳压、减压、增压、卸荷等目的，以满足液压执行元件对力和转矩的要求。

常用的压力控制阀可分为溢流阀、减压阀、顺序阀和压力继电器等。这类阀的共同点是利用作用在阀芯上的液压力和弹簧力相平衡的原理来工作的。压力控制阀的共同特性是：都由阀体、阀芯、弹簧和调节装置四大件组成。

一、溢流阀

溢流阀是通过阀口对系统相应的液体进行溢流，来调整系统的工作压力或限定系统的最高压力，防止系统工作压力过载，可用作调压溢流，也可用作安全阀、背压阀。溢流阀按其结构和工作原理可分为直动式溢流阀和先导式溢流阀两类。直动式用于低压小流量系统，先导式用于中、高压大流量系统。

1. 溢流阀的基本结构及工作原理

1）直动式溢流阀

图 5-15 所示为直动式溢流阀的结构、图形符号及实物图。

工作原理：直动式溢流阀由调节螺母、弹簧、阀芯、阀盖、阀体等组成。P 为进油口，T 为回油口，进油口压力油经阀芯中间的阻尼孔作用在阀芯的底部端面上，当外界工作负载较低，进油压力低于调压弹簧力时，阀芯在弹簧的作用下处于下端位置，阀芯在弹簧力的作用下压紧在阀座上，P 不通 T，溢流口处于关闭状态，无压力油溢出；当外界工作负载增加，进油口压力超过弹簧力时，在阀芯下端所产生的作用力超过弹簧压紧力时，阀芯开启，P 通 T，压力油从溢流口 T 流回油箱，弹簧力随着开口量的增大而增大，直至与油压力相平衡。调节弹簧的预压力，便可调整溢流压力。阀芯上的阻尼孔用来对阀芯的动作产生阻尼，以提高阀的工作平衡性。调节螺母可以改变弹簧的压紧力。

直动式溢流阀结构简单，灵敏度高，但压力波动受溢流量的影响较大，不适合于高压，稳定性差。

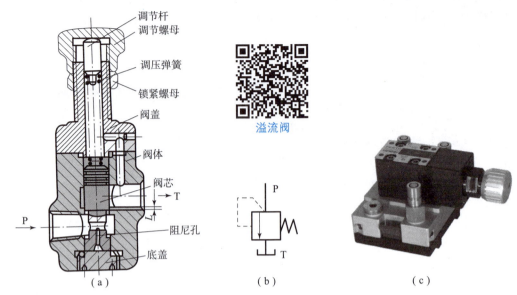

图 5-15　直动式溢流阀的结构、图形符号及实物图
(a) 结构；(b) 图形符号；(c) 实物图

2) 先导式溢流阀

图 5-16 所示为先导式溢流阀的结构及图形符号。

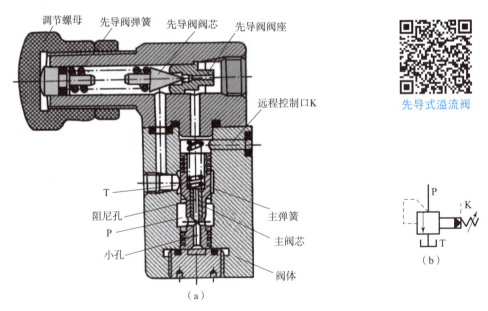

图 5-16　先导式溢流阀的结构及图形符号
(a) 结构；(b) 图形符号

工作原理：先导式溢流阀由先导阀和主阀两部分组成。先导阀一般为小流量的锥阀，用来控制主阀的溢流压力。主阀阀芯是滑阀，用于控制溢流量。油液通过进油口 P 进入，经主阀芯的轴向小孔进入阀芯下腔，又经阻尼孔进入主阀芯的上腔，作用于先导阀阀芯上。当系统压力低于先导阀调压弹簧调定压力时，先导阀关闭，此时没有油液经过阻尼孔流动，主阀芯上下两腔的压力相等，主阀芯在弹簧的作用下处于最下端位置压在阀座上，主阀关闭，进油口 P 与回油口 T 不相通。

当系统压力高于先导阀弹簧的调定压力时，先导阀被推开，主阀芯上腔的压力油经锥阀阀口、小孔、回油孔流回油箱。由于阻尼孔的作用，在主阀芯上下端形成一定的压力差，主阀芯便在此压力差的作用下克服主弹簧力上移，P 与 T 接通达到溢流的目的。调节螺母即可改变先导阀弹簧的预压缩量，从而调整系统的压力。

先导式溢流阀先导阀部分尺寸小，调压弹簧不必很硬，压力调整轻便，调压稳定，适合中高压系统。

2. 溢流阀的应用及调压回路

（1）在定量泵供油液压系统中，采用进油节流调速或回油节流调速回路，溢流阀处调定压力下的常开状态，起调压溢流作用，如图 5-17（a）所示。

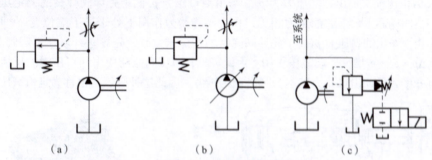

图 5-17　溢流阀的应用
（a）调压溢流；（b）作安全阀；（c）作卸荷阀

（2）在变量泵供油系统中起安全保护作用，如图 5-17（b）所示。
（3）用先导溢流阀和电磁阀组合起使泵卸荷的作用，如图 5-17（c）所示。
（4）用先导溢流阀与远程调压阀及电磁换向阀组合起多级调压或远程调压作用，如图 5-18（a）所示。
（5）将直动溢流阀装在执行元件回油路上起背压作用，使执行元件运动速度平稳，如图 5-18（b）所示。

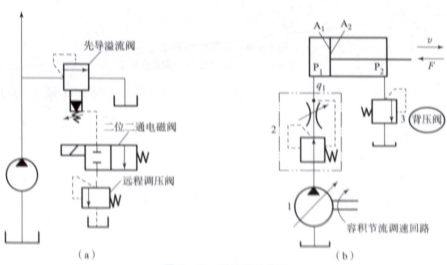

图 5-18　溢流阀的应用
（a）多级调压或远程调压作用；（b）背压作用

模块五　液压基本控制回路设计

二、减压阀

减压阀是利用油液通过缝隙时产生压力损失的原理,使其出口压力低于进口压力的压力控制阀。在液压系统中减压阀常用于降低或调节系统中某一支路的压力,以满足某些执行元件的需要,常用于夹紧、控制和润滑等油路中。减压阀按其工作原理有直动式和先导式之分。直动式减压阀很少单独使用,而先导式减压阀则应用较多。

1. 减压阀的结构及工作原理

图 5-19 所示为先导式减压阀。这种阀由先导阀和主阀组成,先导阀由手轮、弹簧、先导阀阀芯和阀座等组成。主阀由主阀芯、阀体、端盖等组成。油压为 p_1 的压力油由主阀进油口流入,经减压口 X 后由出油口流出,其压力为 p_2。当出油口压力 p_2 低于先导阀弹簧的调定压力时,先导阀关闭,主阀阀芯上、下腔油压力相等,在主阀弹簧力作用下处于最下端位置,x 开度最大,不起减压作用。当出油口压力 p_2 高于先导阀弹簧的调定压力时,先导阀开启,主阀阀芯上升,x 开度减小,$\Delta p = p_1 - p_2$ 增大,起减压作用。由此可见,减压阀能利用出油口压力的反馈作用,自动控制阀口开度,保证出口压力基本为弹簧调定压力,因此这种减压阀也称为定值减压阀。

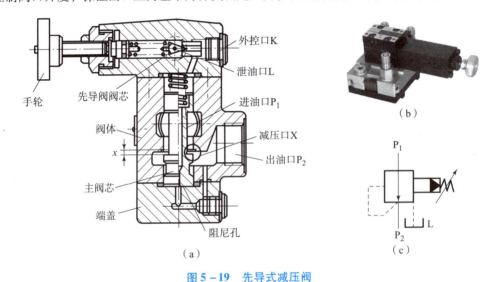

图 5-19 先导式减压阀
(a) 结构图;(b) 实物图;(c) 图形符号

减压阀的特点:减压阀控制出口油压,出口压力低于进口压力并为定值;减压阀阀口是常开的,并有单独的泄油口。

2. 减压阀的应用及调压回路

减压阀一般用于比系统压力低且稳定压力的支路中,如夹紧支路、控制回路、润滑支路和多级减压回路。如图 5-20(a)所示,在图示的工作状态下,减压阀对夹紧回路中的压力进行调节,不考虑单向阀 3 的压力损失,夹紧压力即为 B、C 点的压力,由减压阀 2 决定。

如图 5-20(b)所示,由减压阀与远程调压阀组成的二级减压回路,在图示工作状态,输出子系统的压力由减压阀 7 调定;当二位二通阀通电后,输出子系统的压力则由远程调压阀 8 决定。若系统只需一级减压,可取消二通阀与远程调压阀 8,堵塞减压阀 7 的远程控制口。

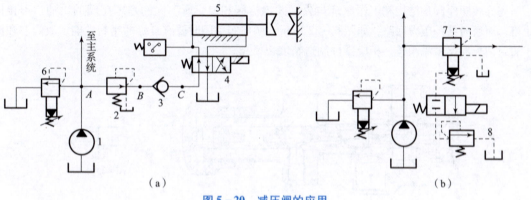

图 5-20 减压阀的应用
(a) 减压阀用于夹紧回路；(b) 二级减压回路

三、顺序阀

顺序阀是利用系统压力变化来控制油路的通断，以实现各执行元件按先后顺序动作的压力阀。按结构形式分：直动式、先导式；按泄漏方式分：内泄式、外泄式；按控制方式分：内控式、外控式。

1. 顺序阀的结构及工作原理

图 5-21 (a) 所示为直动式顺序阀的结构，它由阀体、阀芯、弹簧、控制活塞等零件组成。当其进油口压力 p_1 低于弹簧调定压力时，控制活塞下端油液向上的推力小，阀芯处于最下端位置，阀口关闭，油液不能通过顺序阀流出。当其进油口 P_1 压力达到弹簧的调定压力时，阀芯抬起，阀口开启，压力油便能通过顺序阀从出油口 P_2 流出，P_1 与 P_2 接通下一个执行元件工作。这种顺序阀利用其进油口压力控制，称为普通顺序阀（也称为内控式顺序阀）。直动式顺序阀的弹簧较粗，启闭特性较差，一般用于低压（7 MPa 以下）的液压系统中。

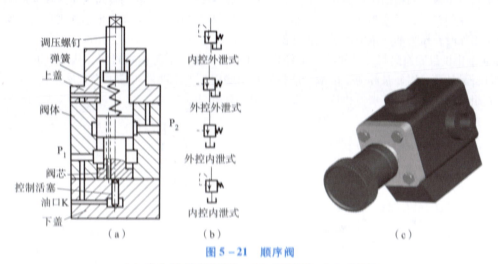

图 5-21 顺序阀
(a) 直动式顺序阀的结构；(b) 图形符号；(c) 实物图

将顺序阀的下阀盖相对于阀体旋转 90°或 180°，将油口 K 螺塞拆下，在此外接控制油管并通入控制油，则顺序阀由内控变成外控。若再将上阀盖转过 180°，使泄油口 L 处的小孔与阀体上的小孔连通，将泄油口 L 用螺塞封住，使顺序阀的出油口与油箱连通，则顺序阀就成为卸荷阀，其泄油可由阀的出油口流回油箱，这种连接方式称为内泄式。

先导式顺序阀从结构和工作原理与先导式溢流阀相似，所不同的是顺序阀的出油口不接回油箱，而通向某一压力回路，如图 5-22 所示。顺序阀关闭时要有良好的密封性能，故阀芯和阀体的封油长度比溢流阀长，相应零件制造精度也要高。

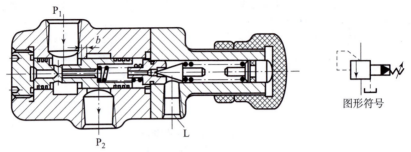

图 5-22　先导式顺序阀结构图与图形符号（L 为泄油口）

2. 顺序阀的应用

顺序阀用于控制顺序动作：图 5-23 所示为机床夹具上用顺序阀实现工件先定位后夹紧的顺序动作回路。当电磁换向阀的电磁铁由通电状态断电时，压力油先进入定位缸的下腔，缸上腔回油，活塞向上运动，实现定位。这时由于压力低于顺序阀的调定压力，因而压力油不能进入夹紧缸下腔，工件不能夹紧。当定位缸活塞停止运动时，油路压力升高到顺序阀的调定压力时，顺序阀开启，压力油进入夹紧缸的下腔，缸上腔回油，活塞向上移动，将工件夹紧，实现了先定位后夹紧的顺序要求。当电磁换向阀的电磁铁再通电时，压力油同时进入定位缸、夹紧缸上腔，两缸下腔回油（夹紧缸经单向阀回油），使工件松开。

顺序阀控制的平衡回路如图 5-24 所示，根据用途，要求顺序阀的调定压力应稍大于工作部件的自重在液压缸下腔形成的压力，当换向阀处于中位，液压缸不工作时，顺序阀关闭，工作部件不会自行下滑。当换向阀在右位工作，液压缸上腔通压力油，下腔的背压大于顺序阀的调定压力时，顺序阀开启，活塞与运动部件下行，由于自重得到平衡，故不会产生超速现象。当换向阀在左位工作时，压力油经单向阀进入液压缸下腔，缸上腔回油，活塞及工作部件上行。这种回路采用 M 型中位机能换向阀，可使液压缸停止工作时，缸上、下腔油被封闭，从而有助于锁紧工作部件，另外还可以使泵卸荷，以减少能耗。它主要用于工作部件质量不变且质量较小的系统，如立式组合机床、插床和锻压机床的液压系统中皆有应用。

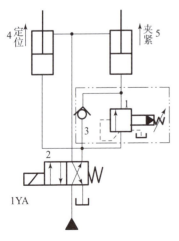

图 5-23　顺序阀用于控制顺序动作

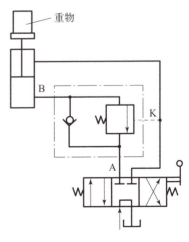

图 5-24　顺序阀控制的平衡回路

四、压力继电器

压力继电器是使压力达到预定值时发出液-电信号的转换元件。当其进口压力达到弹簧调定值时，能自动接通或断开电路，使电磁铁、继电器、电动机等电气元件通电运转或断电停止工作，以实现对液压系统工作程序的控制、安全保护或动作的联动等。压力继电器按结构不同分：柱塞式、弹簧管式、膜片式和波纹管式。

1. 压力继电器的工作原理

图 5-25 所示为压力继电器。

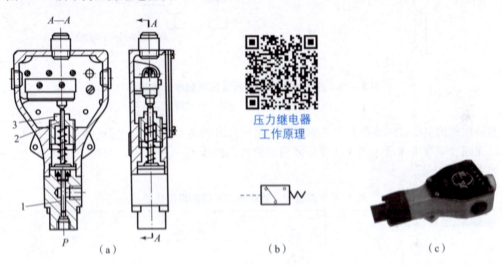

图 5-25 压力继电器
(a) 单触点式柱塞式压力继电器；(b) 图形符号；(c) 压力继电器实物图
1—柱塞；2—调节螺母；3—微动开关

当进油口压力达到弹簧调定值时，柱塞 1 推动顶杆上移，使微动开关 3 的触点闭合（或断开），发出电信号，调节螺母 2 可以改变弹簧的预压缩量，相应调节了发出信号时的控制油压力。

2. 压力继电器的应用

压力继电器使电磁铁、继电器、电动机等电气元件通电运转或断电停止工作，以实现对多缸液压系统顺序的控制、保压、过载保护或动作的联动等。

液压泵卸荷的保压回路如图 5-26（a）所示，当三位四通电磁换向阀在左位工作时，液压泵同时向液压缸左腔和蓄能器供油，液压缸前进夹紧工件。在夹紧工件时进油压力升高，当压力达到压力继电器的调定值时，表示工件已经被夹紧，蓄能器已储备了足够的压力油。这时压力继电器发出电信号，同时使二位二通换向阀的电磁铁通电，控制溢流阀使液压泵卸荷，此时单向阀自动关闭，液压缸若有泄漏，油压下降，则可由蓄能器补油保压。

液压缸压力不足（下降到压力继电器的闭合压力）时，压力继电器复位使液压泵重新工作。保压时间取决于蓄能器的容量，调节压力继电器的通断调节区间即可调节液压缸压力的最大值和最小值。

压力继电器控制的顺序动作回路如图 5-26（b）所示，液压泵向液压缸 A 供油，缸 A 的活塞杆伸出并抵达缸底，此时液压缸 A 左腔压力升高，当达到压力继电器的调定压力值时，压力继电器发出电信号，使二位二通电磁换向阀通电，液压缸 B 支线的管路接通，压力油经二位二

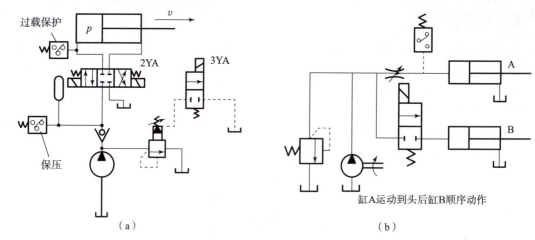

图 5-26　压力继电器控制的保压与顺序动作回路
(a) 保压回路；(b) 顺序动作回路

通电磁换向阀的上位，向液压缸 B 左腔供油，液压缸 B 的活塞杆伸出，完成多缸顺序动作。

溢流阀、顺序阀和减压阀之间有许多相同之处，但也有一些区别，为便于理解在此做一比较，如表 5-5 所示。

表 5-5　溢流阀、顺序阀和减压阀异同比较

分类	溢流阀	顺序阀				减压阀
		内控外泄式	外控外泄式	内控内泄式	外控内泄式	
符号						
控制压力	从阀的进油端引压力油来实现控制	从阀的进油端或外部油源引压力油构成内控式或外控式				从阀的出油端引压力油来实现控制
连接方式	连接溢流阀的油路与主油路并联，阀出油口直接通油箱	当作为卸荷和平衡作用时，出油口通油箱；当顺序控制时，出油口通工作系统				串联在减压油路上，出油口到减压部分工作
回油方式	原始状态阀口关闭	外泄回油，当作卸荷阀用时为内泄回油				外泄回油
阀芯状态	作安全阀：阀口是常闭状态；作溢流阀、背压阀：阀口是常开状态	原始状态阀口关闭，工作过程中，阀口常开				原始状态阀口开启，工作过程也是微开状态
作用	安全作用，溢流、稳压作用，背压作用，卸荷作用	顺序控制作用、卸荷作用、平衡（限速）作用、背压作用				减压、稳压作用

任务 5.3　热处理回火炉液压速度控制回路搭建

学习目标

- 掌握液压流量控制元件的符号、结构及功能；
- 分析调压、减压、卸荷、保压、平衡等回路的功能特性与应用场合；
- 能设计简单的节流调速回路，并仿真调试。

理论知识

- 方向控制阀在液压回路中的作用。
- 三位换向阀中位机能的特点及应用。
- 常用换向阀的控制方式及特点。
- 溢流阀、减压阀、顺序阀、节流阀、调速阀等的功能特性。
- 三种（进油路、回油路和旁路）节流调速回路的特点与作用。

任务描述

如任务图 5-3 所示，炉门的启闭是由油缸驱动的，速度可调。现要求炉门在任何位置都可较精确锁住。

（1）用 FluidSIM 软件搭建由双作用单活塞杆液压缸、Y 型中位机能二位四通手控换向阀、液控单向节流阀等具有液压锁功能的控制回路。

（2）速度回路具有缓冲功能。

（3）解释其油路工作状况，并分析其工作原理。

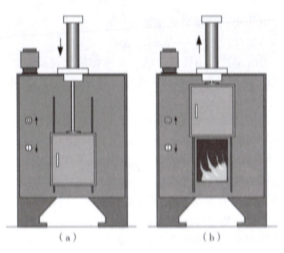

任务图 5-3　热处理回火炉炉门升降示意图
(a) 炉门关闭；(b) 炉门开启

模块五　液压基本控制回路设计　85

液压传动系统中能控制执行元件运动速度的回路称为速度控制回路,速度控制回路的核心元件是流量控制阀。流量控制阀通过改变阀口通流面积的大小,来调节执行元件油液的流量大小。

一、流量控制阀

流量控制阀简称流量阀,它通过改变节流口通流面积或通流通道的长短来改变局部阻力的大小,从而实现对流量的控制,进而改变执行机构的运动速度。常用的流量控制阀有节流阀和调速阀两种。

1. 节流阀

节流油口为轴向三角槽式,主要由阀芯、推杆、手轮和弹簧等组成。压力油从油口 P_1 流入,经阀芯左端的轴向三角槽后由 P_2 流出,如图 5-27 所示。阀芯在弹簧力的作用下始终紧贴在推杆的端部。旋转手轮可使推杆沿轴向移动,改变节流口的通流面积,从而调节流量。

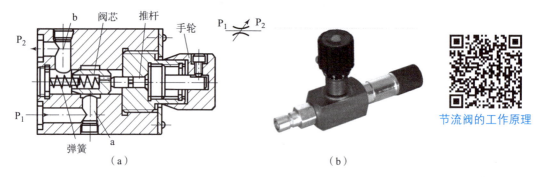

图 5-27　节流阀的结构及图形符号
(a) 结构简图及图形符号;(b) L 形节流阀实物图

通过节流阀的流量 q 可用小孔流量公式来描述:

$$q = CA_T \Delta p^m$$

式中,C 为与孔口形式有关的系数,由孔的形状、尺寸和液体性质所决定;A_T 为孔口的截面积;Δp 为孔前后压差;m 为由节流口的形状和结构决定的指数,通常 $0.5 \leq m \leq 1$(细长孔取 $m=1$,薄壁节流口取 $m=0.5$)。

由此可知,通过节流阀的流量与节流口的形状、前后孔的压差 Δp 及流态等因素相关。当节流的通流面积调定后,由于负载的变化,节流阀前后压差也发生变化,使流量不稳定。m 越大,流量受压差 Δp 的影响越大。因此节流口制成薄壁孔($m=0.5$)比制成细长孔($m=1$)更好。

节流阀的节流口可能因油液中的杂质或由于油液氧化后析出的胶质、沥青等造成局部堵塞,从而改变了原来节流口通流面积的大小,使流量发生变化。因此节流口的抗堵塞性能也是影响流量稳定性的重要因素,节流通道越短和节流口直径越大,越不容易堵塞,当然油液的清洁度也对堵塞产生影响。因此节流阀有一个能正常工作的最小流量的限定值,称为最小稳定流量。薄壁小孔最小稳定流量可低到 10~15 mL/min,一般流量控制阀的最小稳定流量为 50 mL/min。

典型节流口有三种基本形式,即薄壁小孔(性能最好)、短孔和细长孔(性能最差)。针阀式结构简单,但流量不稳定,用于要求不高的场合;偏心槽式,结构简单,最小流量较稳定,径向力不平衡,用于低压系统;轴向三角槽式可获得较小的流量,应用广泛,如图 5-28 所示。

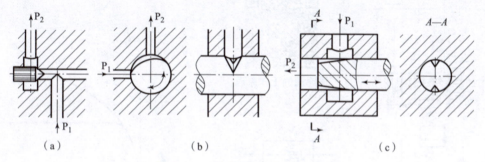

图 5-28 典型节流口的结构形式
(a) 针阀式;(b) 偏心槽式;(c) 轴向三角槽式

2. 单向节流阀

单向节流阀是节流阀和单向阀的组合阀。在结构上,这种阀是利用一个阀芯同时起着单向阀和节流阀的作用。当压力油正向进入时(A→B),如图 5-29(a)所示,油液经轴向三角节流槽流出,阀起节流作用;如图 5-29(b)所示,当压力油从反向进油口进入时(B→A),阀芯被压下,油液直接从反向出油口流出,这时阀起单向阀的作用。图 5-29(c)、(d)所示为图形符号和实物图。

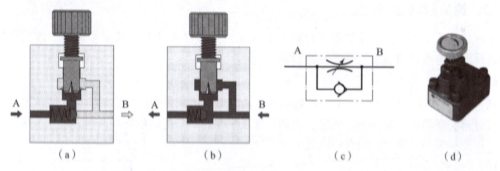

图 5-29 单向节流阀实物图、工作原理图及图形符号
(a) 有节流作用;(b) 无节流作用;(c) 图形符号;(d) 实物图

3. 调速阀

调速阀是由定差减压阀和节流阀串联而成的组合阀,定差减压阀用来保持节流阀前后的压差不变,从而使通过节流阀的流量不受负载的影响。其工作原理如图 5-30 所示,其设定减压阀进油口压力 p_1,出油口压力 p_2,节流阀出油口压力 p_3,当负载 F 变大时,节流阀出油口压力 p_3 随之变大,阀芯左移,阻尼减小,出油口压力 p_2 变大,$\Delta p = p_2 - p_3$,保持不变;同理负载 F 变小,节流阀出油口压力 p_3 随之变小,阀芯右移,阻尼增大,出油口压力 p_2 变小,故负载变化时 Δp 基本不变。由式 $q = CA_T\Delta p^m$ 可知,Δp 不变,则流量 q 稳定,可见调速阀的流量特性比普通节流阀要好。

调速阀、节流阀的流量特性曲线如图 5-31 所示,由图可知,通过节流阀的流量随其进油口的压差发生变化,而调速阀的特性曲线基本上是一条水平线,即进出油口压差发生变化,通过调速阀的流量基本不变。

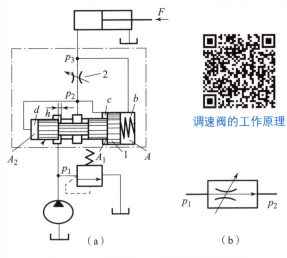
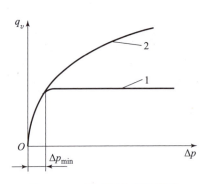

调速阀的工作原理

图 5-30　调速阀的工作原理及图形符号
（a）工作原理图；（b）简化图形符号
1—减压阀；2—节流阀

图 5-31　调速阀和节流阀的流量特性曲线
1—调速阀；2—节流阀

调速阀适用于负载变化较大、速度平稳性要求较高的液压系统，如各种组合机床、车床、铣床等设备的液压系统。而节流阀用于稳定性不高的液压系统中。

二、速度控制回路

液压传动系统中的速度控制回路包括调节液压执行元件运动速度的调速回路、使液压缸获得快速运动的快速运动回路及速度换接回路。

1. 调速回路

调速回路有3种调速方式：节流调速回路，由定量泵供油，用流量阀调节进入或流出执行元件的流量来实现调速；容积调速回路，用调节变量泵或变量马达的排量来调速；容积节流调速回路，采用变量泵和流量阀相配合的调速方法。

1）节流调速回路

根据流量阀的位置不同，可分为进油节流调速回路、回油节流调速回路和旁路节流调速回路。

（1）进油节流调速回路：如图 5-32 所示，节流阀串联在执行元件前。液压泵的供油压力由溢流阀调定，调节节流阀阀口的大小便能控制进入液压缸的流量，多余的油液经节流阀溢流回油箱，从而达到调速的目的，油路中有溢流损失，又有节流损失，功率损失大。

应用：一般用于低速、轻载且负载变化小的液压系统。如果用调速阀代替普通节流阀速度稳定性将大大提。

（2）回油节流调速回路：如图 5-33 所示，节流阀串联在执行元件之后，定量泵的供油压力由溢流阀调定，液压缸的速度靠调节节流阀开口大小来控制，定量泵输出的多余流量经溢流阀流回油箱，系统压力基本保持稳定。

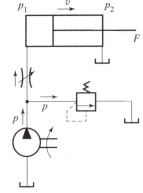

图 5-32　进油节流调速回路

与进油节流调速回路比较它有以下优点：回路有较大的背压，运动平稳性好；油液通过节流阀，因压降而发热后直接流回油箱，容易散热。

应用:广泛用于功率不大、负载变化较大或平稳性要求较高的液压系统。

进油节流调速回路与回油节流调速回路的区别:

①承受负载能力。回油节流调速回路的节流阀能使液压缸回油腔形成一定的背压,在负值负载时,背压能阻止工作部件的前冲,即能在负值负载下工作;而进油节流调速由于回油腔没有背压力,因而不能在负值负载下工作。

②停车后的启动性能。长期停车后液压缸油腔内的油液流回油箱,当液压泵重新向液压缸供油时,在回油节流调速回路中,由于进油路没有节流阀控制流量,即使回油路上的节流阀关得很小,也会使活塞前冲;而进油节流调速回路中,由于进油路上有节流阀控制流量,故活塞运动平稳。

③实现压力控制的方便性。进油节流调速回路中,进油腔的压力将随负载而变化,当工作部件碰到死挡块停止后,其压力升到溢流阀的调定压力,利用这一压力变化可方便实现压力控制,但在回油节流调速回路则很少利用这一压力变化来实现压力控制。

④发热及泄漏的影响。进油节流调速回路中,经过节流阀发热后的液压油直接进入液压缸进油腔;在回油节流调速回路中,经节流阀发热后的液压油流回油箱冷却,因此发热及泄漏对进油回路影响大。

⑤运动平稳性。回油节流调速回路有较大的背压,运动平稳性好。

(3) 旁路节流调速回路:将节流阀装在与液压缸并联的支路上,如图5-34所示,节流阀分流了油泵的流量,从而控制了进入液压缸的流量。调节节流阀的通流面积,即可实现调速。由于溢流已由节流阀承担,故溢流阀实际是安全阀,常态时关闭,过载打开,其设定压力为最大工作压力的1.1~1.2倍。

应用:用于负载较大,速度较高,运动平稳性要求不高的中等功率的液压系统,如牛头刨床的主传动系统。

2) 容积调速回路

液压传动系统中,为了达到液压泵输出流量与负载流量相一致而无溢流损失的目的,往往采用改变液压泵或液压马达(同时改变)的有效工作容积进行调速。其主要优点是无节流和溢流损失,所以系统不易发热,效率高,在大功率的液压系统中得到广泛应用。但这种调速回路要求制造精度高,结构复杂,造价较高。容积调速回路通常有3种基本形式:由变量泵和定量液压执行元件组成的容积调速回路;由变量泵和定量马达组成的容积调速回路;由变量泵和变量马达组成的容积调速回路。

变量泵和定量液压缸组成的容积调速回路如图5-35 (a) 所示,执行元件为液压缸,是开式回路,溢流阀2起安全作用,限制回路中的最大压力。改变变量泵的排量即可调节活塞的运动速度,液压缸需要多少流量,变量泵就供应多少。这种回路为恒推力(转矩)调速回路,其最大输出力(转矩)不随速度的变化而变化,适用于执行运动要求负载转矩变化不大的液压系统,如磨床、拉床、插床的主运动,以及钻床、镗床的进给运动。

变量泵和定量马达组成的容积调速回路如图5-35 (b) 所示,定量泵5输出的流量不变,溢流阀4起安全作用,用于防止系统过载。为了补充泵和马达的泄漏,增加了补油泵1,同时置

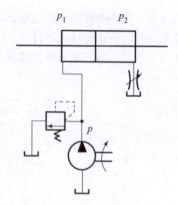

图5-33 回油节流调速回路

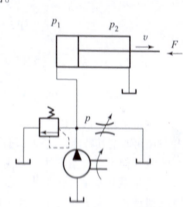

图5-34 旁路节流调速回路

换部分已发热的油液,降低系统的温升。背压阀6用来调节补油泵的压力。调节变量泵3的流量,即可对马达的转速进行调节。当负载转矩恒定时,马达的输出转矩和回路工作压力都恒定不变,马达的输出功率与转速成正比,故此调速方式称为恒转矩调速。

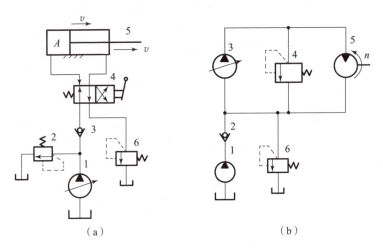

图 5-35　变量泵定量执行元件容积调速回路
(a) 开式回路,变量泵-液压缸
1—变量泵;2,6—溢流阀;3—单向阀;4—换向阀;5—液压缸
(b) 闭式回路,变量泵-定量马达
1—补油泵;2—单向阀;3—变量泵;4—溢流阀;5—定量泵;6—背压阀

定量泵和变量马达容积调速回路如图5-36所示。定量泵1输出的流量不变,调节变量马达的排量便可改变其转速。这种回路称为恒功率调速回路,其特点是变量马达在任何转速下输出的功率都不变,但由于变量马达的最高工作速度受到限制且换向易出故障,所以很少单独使用。

变量泵和变量马达组成的容积调速回路如图5-37所示。改变变量泵和变量马达的排量,实现无级调速,大大扩大了变速范围。图5-37中变量泵1既能改变流量,供变量马达2的转速需要,又能反向供油,实现变量马达反向旋转。补油泵4通过单向阀6和8实现向系统双向泄漏补油,单向阀7和9使安全阀3在两个方向上都起到安全作用。这种回路调速范围大、效率高、速度稳定性好,常用于龙门刨床的主运动和铣床的进给运动等大功率液压系统。

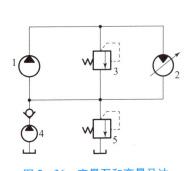

图 5-36　定量泵和变量马达容积调速回路
1—定量泵;2—变量马达;3—安全阀;
4—补油泵;5—溢流阀

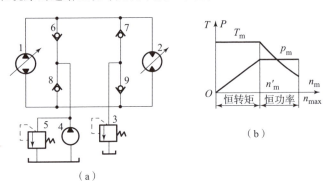

图 5-37　变量泵和变量马达组成的容积调速回路
(a) 调速回路;(b) 调速回路特性
1—变量泵;2—变量马达;3—安全阀;
4—补油泵;5—溢流阀;6,7,8,9—单向阀

3) 容积节流调速回路

容积节流调速回路是采用压力补偿型变量泵,用流量控制阀调定进入液压缸或液压缸流出的流量来调节液压缸的运动速度,并使变量泵的输油量自动地与液压缸所需的流量相适应,这种调速回路没有溢流损失且效率高,速度稳定性也比单纯的容积调速回路好,常用在速度范围大、中小功率的场合,如组合机床的进给系统等。

限压变量泵-调速阀式容积节流调速回路如图 5-38 所示,该系统由限压式变量泵 1 供油,压力油经调速阀 3 进入液压缸工作腔,回油经溢流阀 2 返回油箱,液压缸的运动速度由调速阀中节流阀的通流面积 A_T 来控制。设定泵的流量为 q_p,则稳态工作时 $q_p = q_1$。但是在关小调速阀的一瞬间,q_1 减小,而此时液压泵的输油量还未来得及改变,于是出现 $q_p > q_1$,因回油路中没有溢流(阀 2 为溢流阀),多余的油液使泵和调速阀间的油路压力 p_p 上升,从而使限压式变量泵的输出流量减少,直至 $q_p = q_1$;反之,$q_p < q_1$,p_p 减小,流量 q_p 增大,直至 $q_p = q_1$。由此可见调速阀不仅能保证进入液压缸的流量稳定,而且可以使泵的供油量自动地和液压缸所需流量相适应,因而也可使泵的供油压力基本恒定(该调速回路也称为定压式容积节流调速回路)。这种回路中的调速阀也可装在回油路上,它的承载能力、运动平稳性、速度刚度等与对应的节流调速阀回路相同。

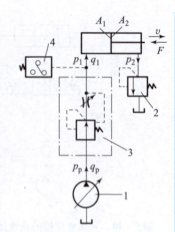

图 5-38 限压变量泵-调速阀式容积节流调速回路

1—变量泵;2—溢流阀;
3—调速阀;4—压力继电器

2. 快速运动回路

快速运动回路功用在于使液压执行元件获得所需的高速,缩短机械空程运动时间,以提高系统的工作效率和充分利用功率。常用的回路有:单杆液压缸差动连接的快速运动回路、双泵供油的快速回路、蓄能器和泵同时供油的快速运动回路。

1) 单杆液压缸差动连接的快速运动回路

如图 5-39 所示,回路是利用二位三通电磁换向阀实现液压缸差动回路。当阀 3 和阀 4 左位接入时,液压缸差动连接做快进运动。当电磁阀 4 通电,差动连接即被切断,液压缸回油经过单向调速阀 5 实现工进。阀 3 右位接入后,液压缸快退。该回路简单、经济,但液压缸的速度加快有限,和其他方法(如限压式变量泵)联合使用。液压缸的差动连接也有用 P 型中位机能的三位换向阀来实现的。

2) 蓄能器和泵同时供油的快速运动回路

图 5-40 所示为采用蓄能器的快速运动回路,当系统短期需要大流量时,液压泵和蓄能器 4 共同向液压缸供油;当系统停止工作时,换向阀 3 处在中位,液压泵便经单向阀向蓄能器 4 供油,蓄能器 4 压力升高后,控制液控顺序阀 2 使液压泵卸荷。该回路简单、小流量泵可获得较高的运动速度,但蓄能器充油时,液压缸需停止工作,影响工作效率,常应用于间歇工作、速度要求较高而泵流量又不大的场合。

3) 双泵供油的快速运动回路

如图 5-41 所示回路中,2 为高压小流量泵,用以实现工作进给运动,1 为低压大流量泵,

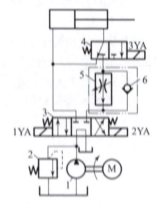

图 5-39 液压缸差动连接回路

1—液压泵;2—溢流阀;
3—三位四通电磁换向阀;4—二位三通电磁换向阀;5—调速阀;
6—单向阀

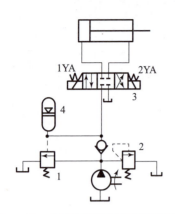

图 5-40　采用蓄能器的快速运动回路
1—溢流阀；2—顺序阀；3—换向阀；
4—蓄能器

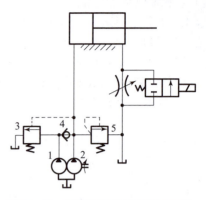

图 5-41　双泵供油的快速运动回路
1，2—液压泵；3—顺序阀；
4—单向阀；5—溢流阀

用以实现快速运动。在快速运动时，液压泵 1 输出的油经单向阀 4 和液压泵 2 输出的油共同向系统供油。在工作进给时，系统压力升高，打开液控顺序阀（卸荷阀）3 使液压泵 1 卸荷，此时单向阀 4 关闭，由液压泵 2 单独向系统供油。溢流阀 5 控制液压泵 2 的供油压力是根据系统所需最大工作压力来调节的，而顺序阀 3 使液压泵 1 在快速运动时供油，在工作进给时则卸荷，因此它的调整压力应比快速运动时系统所需的压力要高，但比溢流阀 5 的调整压力低。

双泵供油回路功率利用合理、效率高，并且速度换接较平稳，在快、慢速度相差较大的机床中应用很广泛，其缺点是要用一个双联泵，油路系统比较复杂。

3. 速度换接回路

使执行元件在一个工作循环中，从一种运动速度变换到另一种运动速度。

1）快速与慢速换接回路

如图 5-42 所示，采用单向行程节流阀换接快速运动（简称快进）和工作进给运动（简称工进）的速度换接回路。在图 5-42 所示位置液压缸右腔的回油可经单向阀 4 和换向阀 2 流回油箱，使活塞快速向右运动。当快速运动到达所需位置时，行程阀的阀口被压下关闭，这时液压缸右腔的回油必须经过调速阀 6 流回油箱，活塞运动转换为工作进给运动。当操作换向阀 2 在左位时，压力油可经换向阀左位和行程阀 5 进入液压缸右腔，使活塞快速退回。该回路速度的转换平稳，较电磁阀可靠，但行程阀必须装在运动部件附近。

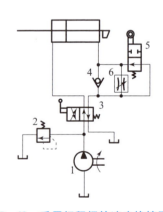

图 5-42　采用行程阀的速度换接回路
1—液压泵；2—换向阀；3—二位二通手控；
4—单向阀；5—行程阀；6—调速阀

图 5-43 所示为用电磁阀控制的快慢速换接回路。当换向阀 3、电磁阀 4 在左位时，液压泵 1 的高压油经换向阀 3 左位、电磁阀 4 左位进入液压缸的左腔，活塞实现快进；遇到加工工件时，压力升高达到继电控制阀 6 的开启压力，电磁阀 4 关闭，高压油则经调速阀 5 流入液压缸的左腔，活塞实现工进。

2）工作进给运动的换接回路

如图 5-44 所示调速阀串联的二次进给速度换接回路，调速阀 B 的开口必须小于调速阀 A 的开口，否则调速阀 B 不起调速作用，速度转换平稳，但压力油经两个调速阀的压力损失较大。

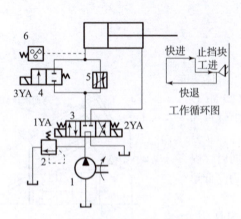

图 5-43 用电磁阀控制的快慢速换接回路
1—液压泵；2—溢流阀；3—换向阀；
4—电磁阀；5—调速阀；6—继电控制阀

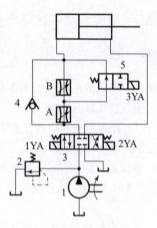

图 5-44 调速阀串联的二次
进给速度换接回路

图 5-45 所示为调速阀并联的二次进给速度换接回路，阀 2 在右位，液压泵输出的压力油经调速阀 A 和电磁阀 3 进入液压缸，这时的流量由调速阀 A 控制。当需要第二种工作进给速度时，阀 3 通电，其右位接入回路，则液压泵输出的压力油经调速阀 B，流量应由调速阀 4 控制，该回路不适用于工作过程换速。

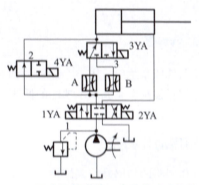

图 5-45 调速阀并联的二次进给速度换接回路

任务 5.4 液压折弯装置的多缸顺序控制回路设计

学习目标

- 认识换向、速度和压力控制回路的工作原理和组成；
- 能看懂多缸动作回路图，分析其工件原理与特点；
- 能够进行多缸动作回路的安装与调试，实现预定功能；
- 能建立简单的行程控制顺序动作回路。

理论知识

- 方向控制阀在液压回路中的作用。
- 三位换向阀中位机能的特点及应用。
- 常用换向阀的控制方式及特点。
- 方向、压力、速度、顺序回路的结构特点与控制方式。

> 电液比例阀和插装阀的工作原理及应用。

任务描述

现有一折弯机的液压系统需要构建，需实现以下具体功能：

(1) 液压缸1A1压紧板材，达到设定200 bar（20 MPa）压力时，2A1缸开始工作，将工件折弯后退回，1A1缸再缩回，如任务图5-4所示。

(2) 液压缸2A1要求有速度大小调整控制。同时，安装于弯曲缸2A1液压支路管道上的减压阀将支路压力降低至100 bar。

(3) 系统中设置监控压力表以便进行压力值的读取。

任务要求：用FluidSIM软件、两个单活塞杆液压缸、二位四通手控换向阀、顺序阀、调速阀、减压阀搭建具有减压、顺序、速度换接功能的折弯装置回路仿真原理图，并解释其工作原理。

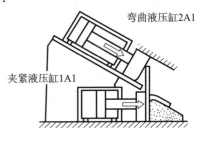

任务图5-4 顺序回路

任务知识

在液压与气压系统中，用一个能源向两个或多个缸（或马达）提供液压油，按各缸之间运动关系要求进行控制，完成预定功能的回路，称为多缸运动回路。这类回路常包括顺序动作、同步和互不干涉等回路。

一、顺序动作回路

顺序动作回路的功用是使多缸液压系统中的各个液压缸严格地按规定的顺序动作。按控制方式可分为行程控制顺序动作回路、压力控制顺序动作回路。例如，在机床上加工工件必须将工件定位、夹紧后，才能进行切削加工，这种回路的控制方式有压力控制和行程控制。

1. 行程控制顺序动作回路

行程控制顺序动作回路是利用工作部件到达一定位置时，发出信号来控制液压缸的先后动作顺序，它可以利用行程开关、行程阀或顺序缸来实现。

1) 采用行程阀的行程控制顺序动作回路

压力控制的顺序动作回路常采用顺序阀或压力继电器进行控制。

如图5-46所示，当换向阀3通电时，液压缸1右行完成动作①；挡块压下行程阀4后，液压缸2右行，完成动作②；电磁换向阀3断电复位，液压缸1返回，实现动作③；随后挡块后移，行程阀4复位，液压缸2退回实现动作④，完成一个动作循环。该回路工作可靠，顺序接换平稳，但要改变顺序较困难，且管路长、压力损失大，不易安装。

2) 用行程开关的行程控制顺序动作回路

如图5-47所示，利用电气行程开关发信号来控制电磁阀先后换向的顺序动作回路。电磁铁1YA通电，液压

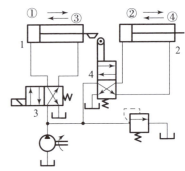

图5-46 采用行程阀的行程控制顺序动作回路

1, 2—液压缸；3—电磁换向阀；4—行程阀

缸 3 活塞右行；当挡块触动行程开关 6，使 3YA 通电，液压缸 4 右行；至行程终点，触动行程开关 8，使 2YA 通电，液压缸 3 活塞左行；而后触动行程开关 5，使 4YA 得电，液压缸 4 活塞左行，完成全部顺序动作循环。采用电气行程开关控制的顺序回路的自动化程度高，调整行程方便灵活，利用电气互锁使动作顺序可靠，并且可以改变动作顺序，所以适用于动作循环经常要改变的场合。

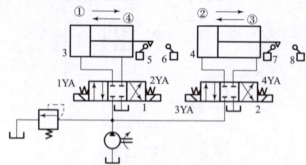

图 5-47 采用行程开关的行程控制顺序动作回路
1，2—三位换向阀；3，4—液压缸；5，6，7，8—行程开关

2. 压力控制顺序动作回路

压力控制就是利用油路本身的压力变化来控制液压缸的先后动作顺序，它主要利用压力继电器和顺序阀来控制顺序动作。

图 5-48 所示为压力继电器控制的顺序回路，动作顺序是先将工件夹紧，然后动力滑台进行切削加工。当二位四通电磁阀处于图 5-48 所示位置时，液压泵输出的压力油进入夹紧缸的右腔，左腔回油，活塞向左移动，将工件夹紧。夹紧后，液压缸右腔的压力升高，当油压超过压力继电器的调定值时，压力继电器发出信号，指令电磁阀的电磁铁 2DT、4DT 通电，进给液压缸动作（其动作原理详见速度换接回路）。油路中要求先夹紧后进给，工件没有夹紧则不能进给，这一严格的顺序是由压力继电器保证的。为了防止压力继电器误发信号，其压力调整值一方面应比夹紧缸动作时最大的压力高 0.3～0.4 MPa，另一方面又要比溢流阀的调定压力低 0.3～0.4 MPa。

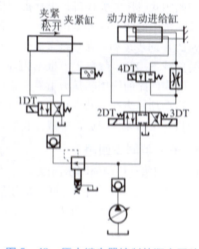

图 5-48 压力继电器控制的顺序回路

图 5-49 所示为采用单向顺序阀的压力控制顺序动作回路。其中单向顺序阀 4 控制两液压缸前进时的先后顺序，单向顺序阀 3 控制两液压缸后退时的先后顺序。当电磁换向阀通电时，压力油进入液压缸 1 的左腔，右腔经阀 3 中的单向阀回油，此时由于压力较低，顺序阀 4 关闭，液压缸 1 的活塞先动。当液压缸 1 的活塞运动至终点时，油压升高，达到单向顺序阀 4 的调定压力时，顺序阀开启，压力油进入液压缸 2 的左腔，右腔直接回油，液压缸 2 的活塞向右移动。当液压缸 2 的活塞右移达到终点后，电磁换向阀断电复位，此时压力油进入液压缸 2 的右腔，左腔经阀 4 中的单向阀回油，使液压缸 2 的活塞向左返回，到达终点时，压力油升高打开顺序阀 3 再使液压缸 1 的活塞返回。这种顺序动作回路的可靠性，在很大程度上取决于顺序阀的性能及其压力调整值。顺序阀的调整压力应比先动作的液压缸的工作压力高 $8 \times 10^5 \sim 10 \times 10^5$ Pa，以免在系统压力波动时，发生误动作。虽然这种回路动作

灵敏且安装连接较方便,但可靠性不高,位置精度低,所以这种回路适用于液压缸数目不多、负载变化不大的场合。

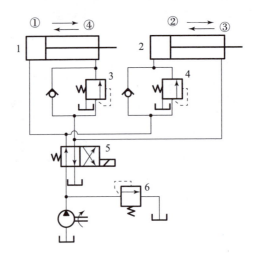

图 5-49 采用单向顺序阀的压力控制顺序动作回路
1,2—液压缸;3,4—单向顺序阀;5—电磁换向阀;6—溢流阀

二、认识多缸同步回路

在龙门式机床、剪板机、板料折弯机等设备中,要求两个以上的液压缸同步动作。同步回路是保证系统中的两个或多个执行元件(液压缸、液压马达)以相同的位移或相同的速度(或固定的速比)同步运动。在一泵多缸的系统中,尽管液压缸的有效工作面积相等,但是由于运动中所受负载不均衡,摩擦阻力也不相等,泄漏量的不同以及制造上的误差等,不能使液压缸同步动作。同步回路的作用就是为了克服这些影响,补偿它们在流量上所造成的变化。

同步运动分为速度同步和位置同步两类。速度同步是指各执行元件的运动速度相等,位置同步是指各执行元件在运动中或停止时都保持相同的位移量。

1. 节流型同步回路

1)用调速阀控制的同步回路

如图 5-50 所示,两个并联的液压缸分别用调速阀控制的同步回路。两个调速阀分别调节两缸活塞的运动速度,当两缸有效面积相等时,则流量也调整得相同;若两缸面积不等时,则改变调速阀的流量也能达到同步的运动。

用调速阀控制的同步回路,结构简单并且可以调速,但是由于受到油温变化以及调速阀性能差异等影响,同步精度较低,一般在 5%~7%。

2)用电液比例调速阀控制的同步回路

图 5-51 所示为用电液比例调速阀实现同步运动的回路。回路中使用了一个普通调速阀 1 和一个比例调速阀 2,它们装在由多个单向阀组成的桥式回路中,并分别控制着液压缸 3 和 4 的运动。当两个活塞出现位置误差时,检测装置就会发出信号,调节比例调速阀的开度,

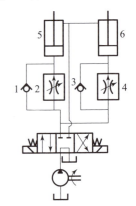

图 5-50 并联调速阀的同步回路
1,3—单向阀;2,4—调速阀;5,6—液压缸

使液压缸 4 的活塞跟上液压缸 3 的活塞运动而实现同步。

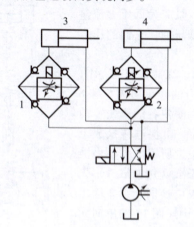

图 5-51　用电液比例调速阀实现同步运动的回路
1—普通调速阀；2—比例调速阀；3，4—液压缸

这种回路的同步精度较高，位置精度可达 0.5 mm，已能满足大多数工作部件所要求的同步精度。比例阀性能虽然比不上伺服阀，但费用低，系统对环境适应性强。

2. 采用补偿措施的串联液压缸同步回路

图 5-52 所示为采用补偿措施的串联液压缸同步回路，图中第一个液压缸回油腔排出的油液，被送入第二个液压缸的进油腔。如果串联油腔活塞的有效面积相等，便可实现同步运动。这种回路两缸能承受不同的负载，但泵的供油压力要大于两缸工作压力之和。

由于泄漏和制造误差影响了串联液压缸的同步精度，当活塞往复多次后，会产生严重的失调现象，为此要采取补偿措施。图 5-52 是两个单作用缸串联，并带有补偿装置的同步回路。为了达到同步运动，液压缸 1 有杆腔 A 的有效面积应与液压缸 2 无杆腔 B 的有效面积相等。在活塞下行的过程中，如液压缸 1 的活塞先运动到底，触动行程开关 1XK 发信，使电磁铁 1DT 通电，此时压力油便经过二位三通电磁换向阀 3、液控单向阀 5，向液压缸 2 的 B 腔补油，使液压缸 2 的活塞继续运动到底。如果液压缸 2 的活塞先运动到底，触动行程开关 2XK，使电磁铁 2DT 通电，此时压力油便经二位三通电磁换向阀 4 进入液控单向阀的控制油口，液控单向阀 5 反向导通，使液压缸 1 能通过液控单向阀 5 和二位三通电磁换向阀 3 回油，使液压缸 1 的活塞继续运动到底，对失调现象进行补偿。

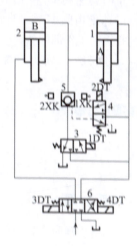

图 5-52　采用补偿措施的串联液压缸同步回路
1，2—液压缸；3，4—二位三通电磁换向阀；5—液控单向阀；6—三位四通电磁换向阀

三、多缸快慢速互不干涉回路

在一泵多缸的液压系统中，往往由于其中一个液压缸快速运动时，会造成系统的压力下降，影响其他液压缸工作进给的稳定性。因此，在工作进给要求比较稳定的多缸液压系统中，必须采用快慢速互不干涉回路。

如图 5-53 所示的回路中，各液压缸分别要完成快进、工作进给和快速退回的自动循环。回路采用双泵的供油系统,泵1为高压小流量泵,供给各缸工作进给所需的压力油;泵2为低压大流量泵,为各缸快进或快退时输送低压油,它们的压力分别由溢流阀3和4调定。

当开始工作时,电磁阀1DT、2DT和3DT、4DT同时通电,液压泵2输出的压力油经单向阀6和8进入液压缸的左腔,此时两泵供油使各活塞快速前进。当电磁铁3DT、4DT断电后,由快进转换成工作进给,单向阀6和8关闭,工进所需压力油由液压泵1供给。如果其中某一液压缸(例如缸A)先转换成快速退回,即换向阀9失电换向,泵2输出的油液经单向阀6、换向阀9和调速阀11的单向元件进入液压缸A的右腔,左腔经换向阀回油,使活塞快速退回。而其他液压缸仍由泵1供油,继续进行工作进给。这时,调速阀5(或7)使泵1仍然保持溢流阀3的调整压力,不受快退的影响,防止了相互干涉。在回路中调速阀5和7的调整流量应适当大于单向调速阀11和13的调整流量,这样,工作进给的速度由阀11和13来决定,这种回路可以

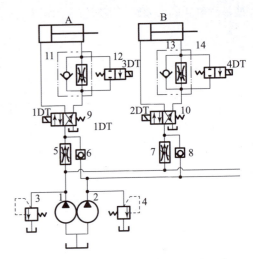

图5-53 双泵供油多缸互不干涉回路
1—高压小流量泵;2—低压大流量泵;
3,4—溢流阀;5,7—调速阀;6,8—
单向阀;9,10—三位四通电磁换向阀;
11,13—单向调速阀;12,14—二位
三通电磁换向阀

用在具有多个工作部件各自分别运动的机床液压系统中。换向阀10用来控制B缸换向,换向阀12、14分别控制A、B缸快速进给。

拓展知识

电液比例控制阀和插装阀

一、叠加阀

叠加式液压阀简称叠加阀,是在板式液压阀集成化基础上发展起来的一种新型的控制元件。每个叠加阀不仅起控制阀的作用,而且还起连接块和通道的作用。每个叠加的阀体均有上下两个安装平面和4或5个公共通道,每个叠加阀的进出油口与公共通道并联或串联,同一通径的叠加阀的上下安装面的油口相对位置与标准的板式液压阀的油口位置相一致。

叠加阀也可分为换向阀、压力阀和流量阀三种,只是换向阀中仅有单向阀类,而换向阀采用标准的板式换向阀。

图5-54所示为叠加阀的结构和图形符号。其中叠加阀1为溢流阀,它并联在P与T通道之间,叠加阀2为双向节流阀,两个单向节流阀分别串联在A、B通道上,叠加阀3为双液控单向阀,它们分别串联在A、B通道上,最上面是板式换向阀,最下面还有公共底板。

叠加阀的工作原理:图5-55所示为先导式叠加溢流阀,它由先导阀和主阀两部分组成,先导阀为锥阀,主阀相当于锥阀式的单向阀。压力油由进油口P进入主阀芯6右端的e腔、左端b腔,再经小孔a作用于锥阀阀芯3上。当系统压力低于溢流阀的调定压力时,锥阀关闭,主阀也关闭,阀不溢流;当系统压力达到溢流阀的调定压力时,锥阀阀芯3打开,b腔的油液经锥阀口

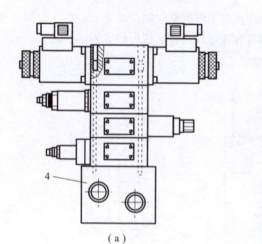
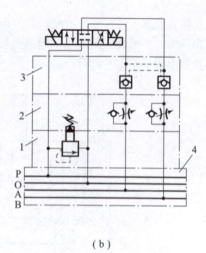

图 5-54 叠加阀的结构和图形符号
(a) 结构；(b) 图形符号
1—溢流阀；2—双向节流阀；3—双液控单向阀；4—底板

及孔 c 由油口 T 流回油箱，主阀阀芯 6 右腔的油经阻尼孔 d 向左流动，于是使主阀阀芯的两端油液产生压力差。此压力差使主阀阀芯克服弹簧 5 而左移，主阀阀口打开，实现了自油口 P 向油口 T 的溢流。调节弹簧 2 的预压缩量便可调节溢流阀的调整压力。

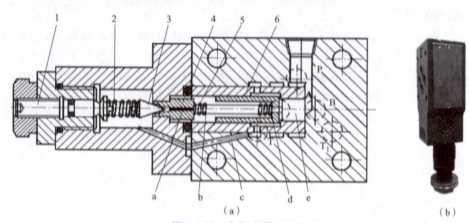

图 5-55 先导式叠加溢流阀
(a) 结构图；(b) 实物图
1—推杆；2，5—弹簧；3—锥阀阀芯；4—阀座；6—主阀阀芯

叠加阀的组装：叠加阀自成体系，每一种通径系列的叠加阀，其主油路通道和螺钉孔的大小、位置、数量都与相应通径的板式换向阀相同。因此，将同一通径系列的叠加阀互相叠加，可直接连接而组成集成化液压系统。叠加阀组最下面的是底板，底板上有进油孔、回油孔和通向液压执行元件的油孔，底板上面第一个元件一般是压力表开关，然后依次向上叠加各压力控制阀和流量控制阀，最上层为换向阀，用螺栓将它们紧固成一个叠加阀组。

二、插装阀

1. 插装阀的工作原理

图 5-56 所示为二通插装阀的结构及图形符号。二通插装阀由控制盖板 1、阀套 2、弹簧 3、

阀芯 4 及插装块体 5 等五部分组成，其工作原理相当于液控单向阀。改变 K 口的压力即可改变 B 口的输出压力。二通插装阀通过不同的盖板和各种先导阀组合，便可构成方向控制阀、压力控制阀和流量控制阀。

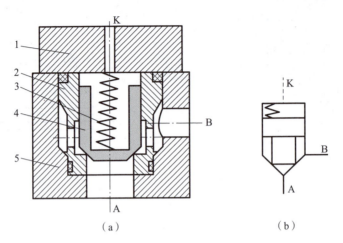

图 5-56　二通插装阀的结构及图形符号
(a) 结构图；(b) 图形符号
1—控制盖板；2—阀套；3—弹簧；4—阀芯；5—插装块体

2. 插装阀的应用

图 5-57 所示为插装阀和先导阀（压力阀）组成的压力控制阀。对 K 腔采用压力控制可构成各种压力控制阀，其结构图如图 5-57 (a) 所示。用直动式溢流阀 1 作为先导阀来控制插装主阀 2，在不同的油路连接下使构成不同的压力阀。如图 5-57 (b) 所示，B 腔通油箱可用作溢流阀。当 A 腔油压升高到先导阀调定的压力时，先导阀打开，油液流过主阀芯阻尼孔 R 时造成两端压差，使主阀芯克服弹簧阻力开启，A 腔压力油使通过打开的阀口经 B 腔流回油箱，实现溢流稳压。当二位二通阀通电时，插装阀起卸荷阀作用。图 5-57 (c) 所示为 B 腔接有负载的油路，则构成顺序阀。

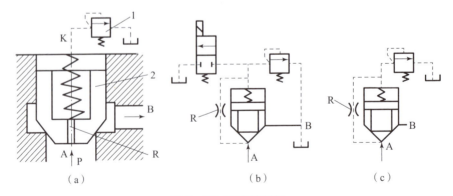

图 5-57　压力控制阀
(a) 结构图；(b) 用作溢流阀或卸荷阀；(c) 用作顺序阀
1—直动式溢流阀；2—二通插装阀；R—阻尼孔

三、电液伺服阀

电液伺服阀是电液联合控制的多级伺服元件，它能将微弱的电气输入信号放大成大功率的液压能量输出，是一种比电液比例阀的精度更高、响应更快的液压控制阀。其主要用于高速闭环液压控制系统，伺服阀价格较高，对过滤精度的要求也较高。

1. 电液伺服阀的工作原理

图 5-58 所示为直接位置反馈型电液伺服阀的工作原理图及图形符号，其先导阀直径较小，直接由动圈式力马达的线圈驱动，力马达的输入电流为 0~300 mA。当输入电流 $I=0$ 时，力马达线圈的驱动力 $F_i=0$，先导阀芯位于主阀零位没有运动；当输入电流逐步加大到 300 mA 时，力马达线圈的驱动力也逐步加大到约 40 N，使先导阀芯产生位移约为 4 mm。上述过程说明先导阀芯的位移与输入电流 I 成正比，运动方向与电流方向保护一致。

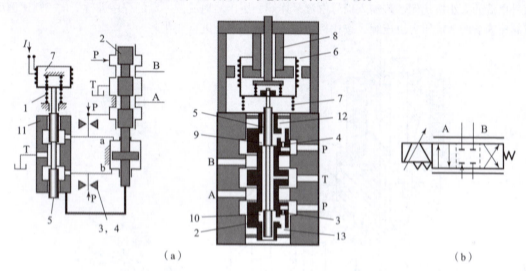

图 5-58 直接位置反馈型电液伺服阀的工作原理图及图形符号
(a) 工作原理图；(b) 图形符号
1—弹簧；2—主阀芯；3，4—固定节流孔；5—导阀芯；6—线圈；7—调零弹簧；8—磁钢；
9，10—导阀口；11—导阀套；12—主阀驱动腔 a；13—主阀驱动腔 b

2. 电液伺服阀的应用

图 5-59 所示为电液伺服阀准确控制工作台位置的控制原理。要求工作台的位置随控制电位器触点位置的变化而变化。触点的位置由控制电位器转换成电压。工作台的位置由反馈电位器检测，并转换成电压。工作台的位置与控制触点的相应位置有偏差时，通过桥式电路即可获得该偏差值的偏差电压。若工作台位置落后于控制触点的位置时，偏差电压为正值，送入放大器，放大器便输出一正向电流给电液伺服阀。当偏差电压为负值时，工作台反向移动，直至消除偏差为止。如果控制触点连续变化，则工作台的位置也随之连续变化。

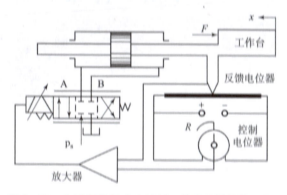

图 5-59 电液伺服阀准确控制工作台位置的控制原理

四、比例阀

比例阀是一种按输入的电气信号连续地、按比例地对油液的压力、流量或方向进行远距离控制的阀。比例控制阀可以分为比例压力阀、比例流量阀和比例方向阀三类。

图 5-60 所示为先导式比例溢流阀。当输入电信号（通过线圈 2）时，比例电磁铁 1 便产生一个相应的电磁力，它通过推杆 3 和弹簧作用于先导阀芯 4，从而使先导阀的控制压力与电磁力成比例，即与输入信号电流成比例，由溢流阀主阀阀芯 6 受力。分析可知，进油口压力和控制压力、弹簧力相平衡（其受力情况与普通溢流阀相似），因此比例溢流阀进油口压力的升降与输入信号电流的大小成比例。若输入信号电流是连续、按比例地或按一定的程序进行变化，则比例溢流阀所调节的系统压力也连续、按比例地或按一定程序地进行变化。

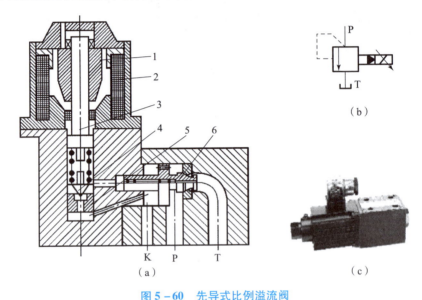

图 5-60 先导式比例溢流阀
（a）结构图；（b）图形符号；（c）实物图
1—比例电磁铁；2—线圈；3—推杆；4—先导阀芯；5—导阀座；6—主阀阀芯

操作训练　手动电磁换向
节流调速回路

模块六 典型液压传动系统分析

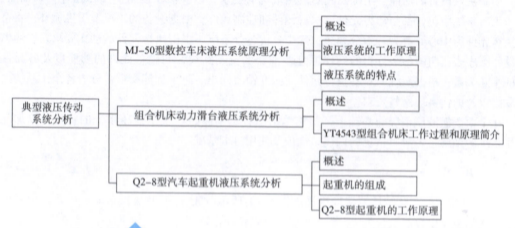

任务 6.1 MJ-50 型数控车床液压系统原理分析

学习目标

- ✓ 识读各液压方向、压力、流量控制元件图形符号；
- ✓ 能够描述各方向、压力、流量等控制阀的工作过程、性能特征及应用；
- ✓ 能够分析换向、调压、减压、卸荷、保压、平衡、顺序回路的工作原理及性能特点；
- ✓ 复杂回路系统应用分析。

理论知识

- ➢ 方向控制阀在液压回路中的作用。
- ➢ 三位换向阀中位机能的特点及应用。
- ➢ 常用换向阀的控制方式及特点。
- ➢ 溢流阀、减压阀、顺序阀的压力流量特性。
- ➢ 换向、调压、减压、卸荷、保压、平衡、顺序回路的特点与应用。

任务描述

数控车床是装有程序控制系统的车床的简称，利用它进行车削加工，自动化程度高，加工质量高。MJ-50型数控车床由液压系统实现的动作有：卡盘的夹紧与松开、刀架的夹紧与松开、刀架的正转与反转及尾座套筒的伸出与缩回。

MJ-50型数控车床的液压系统由调压回路、换向回路、调速回路、减压回路和顺序回路等基本回路组成。分析并总结该液压系统回路的工作原理、油路的流动路线及回路具有的特点。

任务知识

对液压系统进行分析，最主要的就是阅读液压系统图。阅读一个复杂的液压系统图，大致可以按以下几个步骤进行：

明确机械设备的功能、工况及其对液压系统的要求，以及液压设备的工作循环；识别元件，初步了解系统中包含哪些动力元件、执行元件和控制元件；根据设备的工况及工件循环，将系统以执行元件为中心分解为若干分系统；逐步分析各分系统，根据执行元件的动作要求，参照电磁铁动作顺序表，明确各个行程的动作原理及油路的流动路线，明确各元件的功能以及各元件之间的相互关系；根据系统中对各执行元件间的互锁、同步、防干扰等要求，分析各个子系统之间的联络以及如何实现这些要求。

在全面读懂液压系统的基础上，归纳总结出各基本回路和整个液压系统的特点，以加深对液压系统的理解，为液压系统的调速、维护及使用打下基础。

一、概述

MJ-50型数控车床液压系统原理图如图6-1所示。MJ-50型数控车床液压系统中各电磁阀电磁铁的动作由控制系统的PC控制实现，电磁铁动作顺序如表6-1所示。

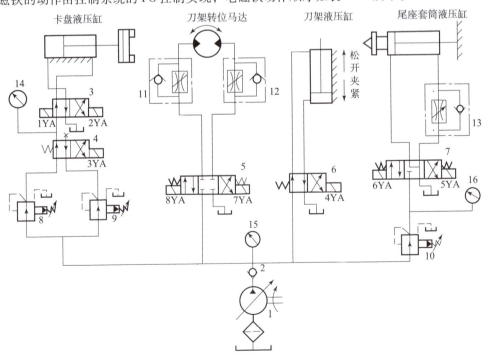

图6-1 MJ-50型数控车床液压系统原理图

1—液压泵；2—单向阀；3、4、6—二位换向阀；5、7—三位换向阀；8、9、10—减压阀；11、12、13—单向调速阀；14、15、16—压力计

表6-1 电磁铁动作顺序

动作			1YA	2YA	3YA	4YA	5YA	6YA	7YA	8YA
卡盘正卡	高压	夹紧	+	-	-	-	-	-	-	-
		松开	-	+	-	-	-	-	-	-
	低压	夹紧	+	-	+	-	-	-	-	-
		松开	-	+	+	-	-	-	-	-
卡盘反卡	高压	夹紧	-	+	-	-	-	-	-	-
		松开	+	-	-	-	-	-	-	-
	低压	夹紧	-	+	+	-	-	-	-	-
		松开	+	-	+	-	-	-	-	-
刀架		正转	-	-	-	-	-	-	-	+
		反转	-	-	-	-	-	-	+	-
		松开	-	-	-	+	-	-	-	-
		夹紧	-	-	-	-	-	-	-	-
尾座		套筒伸出	-	-	-	-	-	+	-	-
		套筒退回	-	-	-	-	+	-	-	-

注:"+"表示通电;"-"表示断电。

二、液压系统的工作原理

数控车床的液压系统采用单向变量泵,系统压力调至4 MPa,压力由压力计15显示。泵输出的压力油经过单向阀进入系统,其工作原理如下:

1. 卡盘的夹紧与松开

当卡盘处于正卡(或称外卡)且在高压夹紧状态下时,夹紧力的大小由减压阀8来调整,夹紧压力由压力计14来显示。当1YA通电时,阀3左位工作,系统压力油经阀8、阀4、阀3到液压缸右腔,液压缸左腔的油液经阀3直接回油箱。这时,活塞杆左移,卡盘夹紧。反之,当2YA通电时,阀3右移,系统压力经阀8、阀4、阀3到液压缸左腔,液压缸右腔的油液经阀3直接回油箱,活塞杆右移,卡盘松开。

当卡盘处于正卡且在低压夹紧状态时,夹紧力的大小由减压阀9来调整,这时,3YA通电,阀4右位工作。阀3的工作情况与高压夹紧时相同。卡盘反卡(或称内卡)时的工作情况与正卡相似,不再赘述。

2. 回转刀架的回转

回转刀架换刀时,首先是刀架松开,然后刀架转位到指定的位置,最后刀架复位夹紧。当4YA通电时,阀6右位工作,刀架松开。当8YA通电时,液压马达带动刀架正转,转速由单向调速阀11控制。若7YA通电,则液压马达带动刀架反转,转速由单向调速阀12控制。当4YA断电时,阀6左位工作,液压缸使刀架夹紧。

3. 尾座套筒的伸出与缩回

当6YA通电时,阀7左位工作,系统压力油经减压阀10、换向阀7到尾座套筒液压缸的左腔，液压缸右腔油液经单向调速阀13、阀7回油箱，缸筒带动尾座套筒伸出，伸出时的预紧力大小通过压力计16显示。反之，当5YA通电时，阀7右位工作，系统压力油经减压阀10、换向阀7、单向调速阀13到液压缸右腔，液压缸左腔的油液经阀7流回油箱，套筒缩回。

三、液压系统的特点

MJ-50型数控车床的液压系统由调压回路、换向回路、调速回路、减压回路和顺序回路等基本回路所组成。该液压系统具有以下特点：

（1）采用单向变量液压泵供油，自动调整输出流量，能量损失小。

（2）采用减压阀稳定夹紧力，并用换向阀切换减压阀，实现高压和低压夹紧的转换，并且可分别调节高压夹紧力或低压夹紧压力的大小。这样可根据工艺要求调节夹紧力，操作也简单方便。

（3）采用液压马达实现刀架的转位，可实现无级调速，并能控制刀架正、反转。

（4）采用换向阀控制尾座套筒液压缸的换向，实现套筒的伸出或缩回，并能调节尾座套筒伸出工作时顶紧力大小，以适应不同工艺的要求。

（5）采用三个压力计14、15、16可分别显示系统相应处的压力，便于调试和故障诊断。

任务6.1.1　组合机床动力滑台液压系统分析

一、概述

组合机床是一种由通用部件和部分专用部件组合而成的高效、工序集中的专用机床，具有加工能力强、自动化程度高、经济性好等优点。动力滑台是组合机床上实现进给运动的一种通用部件，配上动力头和主轴箱可以完成钻、扩、铰、镗、铣、攻丝等工序，能加工孔和端面。组合机床结构原理图及液压动力滑台实物图如图6-2所示。

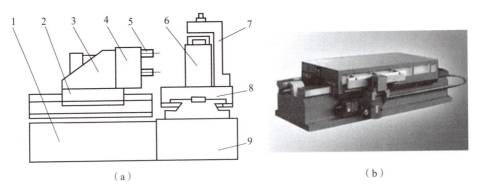

图6-2　组合机床结构原理图及液压动力滑台实物图
(a) 原理图；(b) 实物图
1—床身；2—动力滑台；3—动力头；4—主轴箱；5—刀具；6—工件；
7—夹具；8—工作台；9—底座

二、YT4543型组合机床工作过程和原理简介

该滑台的工作压力：4~5 MPa；最大进给力：4.5×10^4 N；进给速度：6.6~600 mm/min。在滑台上可以配置各种工艺用途的切削头。YT4543型组合机床液压动力滑台可以实现多种不同

的工作循环，其中一种比较典型的工作循环是：快进→一工进→二工进→死挡块停留→快退→原位停止，如表6-2所示。

表6-2　YT4543滑台动作循环

动作名称	信号来源	电磁铁工作状态			液压元件工作状态				
		1Y	2Y	3Y	顺序阀3	先导阀5	主阀4	电磁阀8	行程9
快进	人工启动按钮	+	-	-	关闭	左位	左位	右位	右位
一工进	挡块压下行程阀9	+	-	-	打开	左位	左位	右位	左位
二工进	挡块压下行程开关	+	-	+	打开	左位	左位	左位	左位
死挡块停留	滑台靠压在死挡块处	+	-	+	打开	左位	左位	左位	左位
快退	压力继电器17发出信号	-	+	+	关闭	右位	右位	右位	右位
原位停止	挡块压下终点开关	-	-	-	关闭	中位	中位	右位	右位

1. 快进

如图6-3所示，按下启动按钮，1Y得电，电液换向阀处于左位，形成差动连接。其主油路如下：

进油路：泵1→单向阀11→主阀4（左位）→行程阀9常位→液压缸左腔；

回油路：液压缸右腔→主阀4（左位）→单向阀12→行程阀9常位→液压缸左腔。

2. 一工进

当滑台快速运动到预定位置时，滑台上的行程挡块压下了行程阀9的阀芯，切断了该通道，压力油须经调速阀6进入液压缸的右腔。由于油液经调速阀，因此系统压力上升，液控顺序阀3被打开。此时，单向阀12的上部压力大于下部压力，所以单向阀12关闭，切断了液压缸的差动回路。回油经液控顺序阀3和背压阀2流回油箱，从而使滑台转换为第一次工作进给。其主油路如下：

进油路：泵1→单向阀11→换向阀4（左位）→调速阀6→电磁阀8（右位）→液压缸左腔；

回油路：液压缸右腔→换向阀4（左位）→液控顺序阀3→背压阀2→油箱。

3. 二工进

第一次工进结束后，行程挡块压下行程开关，使电磁铁3Y通电，二位二通换向阀将通路切断，进油必须经调速阀6和调速阀7才能进入液压缸，进给速度再次降低。其主油路如下：

进油路：泵1→单向阀11→换向阀4（左位）→调速阀6→调速阀7→液压缸左腔；

回油路：液压缸右腔→换向阀4（左位）→液控顺序阀3→背压阀2→油箱。

4. 进给终点停留

当滑台工作进给完毕之后，碰上挡块的滑台不再前进。同时，系统压力升高，当升高到压力继电器17的调整值时，压力继电器动作，发出信号使滑台返回。

5. 快退

滑台停留时间结束后，时间继电器延时发出信号，使电磁铁2Y通电，电磁铁1Y、3Y断电，这时电液换向阀4右位接入系统。其主油路如下：

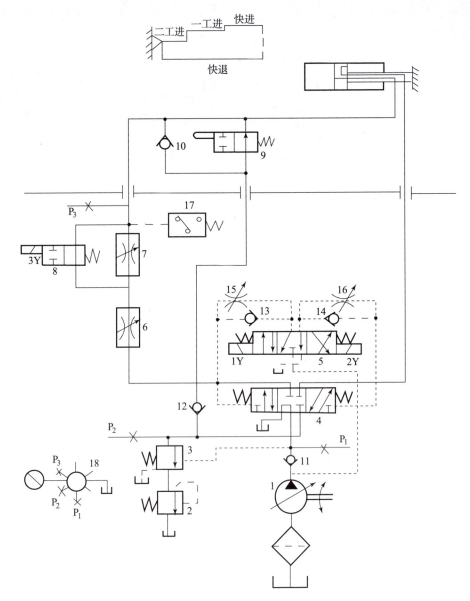

图 6-3　YT4543 型动力滑台液压系统图

1—限压式变量叶片泵；2—背压阀；3—液控顺序阀；4—换向阀（主阀）；5—电磁先导阀；
6、7—调速阀；8—电磁阀；9—行程阀；10、11、12、13、14—单向阀；15、16—节流阀；
17—压力继电器；18—压力表开关；P_1、P_2、P_3—压力表接点

进油路：泵 1→单向阀 11→换向阀 4（右位）→液压缸右腔；

回油路：液压缸左腔→单向阀 10→换向阀 4（右位）→油箱。

6. 原位停止

当滑台退回到原位时，行程挡块压下行程开关，发出信号，使电磁铁 2Y 断电，换向阀 4 处于中位。

卸荷油路：泵 1→单向阀 11→换向阀 4（中位）→油箱。

7. YT4543 型动力滑台的液压系统的特点

系统采用了限压式变量叶片泵—调速阀—背压阀式的调速回路,能保证稳定的低速运动(进给速度最小可达 6.6 mm/min),较好的速度刚性和较大的调速范围;系统采用了限压式变量泵和差动连接式液压缸来实现快进,能源利用比较合理。滑台停止运动时,换向阀使液压泵在低压下卸荷,既减少了能量损耗,又使控制油路保持一定的压力,以保证下一工作循环的顺利启动;系统采用了行程阀和顺序阀实现快进与工进的换接,不仅简化了电气回路,而且使动作可靠,换接精度亦比电气控制高。两次工进速度的转换,由于速度比较低,采用了由电磁阀切换的调速阀串联的回路,既保证了必要的转换精度,又使油路的布局比较简单、灵活。采用挡块作限位装置,定位准确,位置精度高。

任务 6.1.2　Q2-8 型汽车起重机液压系统分析

一、概述

Q2-8 型汽车起重机采用液压起重技术,具有承载能力大,可在有冲击、振动和环境较差的条件下工作。由于系统执行元件需要完成的动作较为简单,位置精度要求较低,所以系统以手动操纵为主。

起重机工作时,汽车的轮胎不受力,依靠四条液压支腿将整个汽车抬起来,并将起重机的各个部分展开进行起重作业。当需要转移起重作业现场时,只需要将起重机的各个部分收回到汽车上。

该起重机最大起重重量为 80 kN,最大起重高度为 11.5 mm,起重装置可连续回转。

二、起重机的组成

图 6-4 所示为汽车起重机的结构原理图。
它主要由以下五个部分构成:

(1) 支腿装置。起重作业时使汽车轮胎离开地面,架起整车,不使载荷压在轮胎上,并可调节整车的水平度。

(2) 吊臂回转机构。使吊臂实现 360°任意回转,并在任何位置能够锁定停止。

(3) 吊臂伸缩机构。使吊臂在一定尺寸范围内可调,并能够定位,用以改变吊臂的工作长度,一般为 3 节或 4 节套筒伸缩结构。

(4) 吊臂变幅机构。使吊臂在一定角度范围内任意可调,用以改变吊臂的倾角。

(5) 吊钩起降机构。使重物在起吊范围内任意升降,并在任意位置负重停止,起吊和下降速度在一定范围内无级可调。

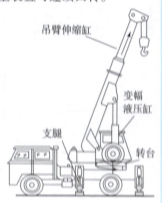

图 6-4　汽车起重机的结构原理图

三、起重机的工作原理

汽车起重机液压系统的工作原理如图 6-5 所示,该系统为中高压系统,动力源采用轴向柱塞泵,由汽车发动机通过汽车底盘变速箱上的取力箱驱动。液压泵的工作压力为 21 MPa,排量为 40 mL,转速为 1 500 r/min。

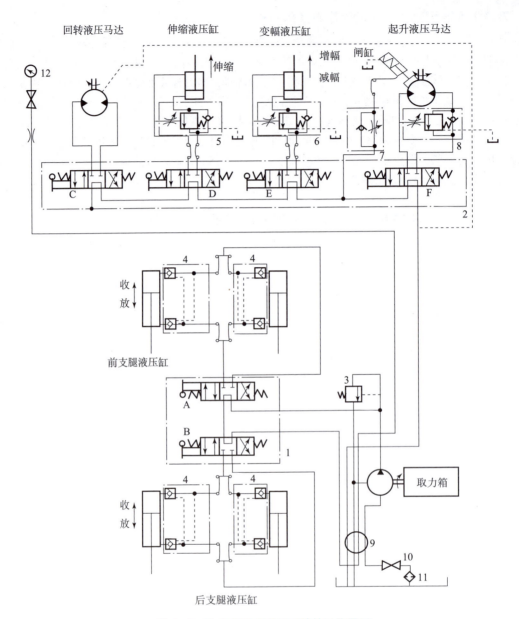

图 6-5 汽车起重机液压系统的工作原理

1，2—多路换向阀；3—溢流阀；4—双向液压锁；5，6，8—平衡阀；7—节流阀；
9—中心回转接头；10—开关；11—过滤器；12—压力表；A，B，C，D，E，F—手动换向阀

起重机液压系统的工作情况如表 6-3 所示。

表 6-3　起重机液压系统的工作情况

手动阀位置						系统工作情况						
阀1	阀2	阀3	阀4	阀5	阀6	前支腿液压缸	后支腿液压缸	回转液压马达	伸缩液压缸	变幅液压缸	起升液压马达	制动液压缸
左位	中位	中位	中位	中位	中位	伸出	不动	不动	不动	不动	不动	制动
右位	中位	中位	中位	中位	中位	缩回	不动	不动	不动	不动	不动	制动
中位	左位	中位	中位	中位	中位	不动	伸出	不动	不动	不动	不动	制动
中位	右位	中位	中位	中位	中位	不动	缩回	不动	不动	不动	不动	制动
中位	中位	左位	中位	中位	中位	不动	不动	正转	不动	不动	不动	制动
中位	中位	右位	中位	中位	中位	不动	不动	反转	不动	不动	不动	制动
中位	中位	中位	左位	中位	中位	不动	不动	不动	缩回	不动	不动	制动
中位	中位	中位	右位	中位	中位	不动	不动	不动	伸出	不动	不动	制动
中位	中位	中位	中位	左位	中位	不动	不动	不动	不动	减幅	不动	制动
中位	中位	中位	中位	右位	中位	不动	不动	不动	不动	增幅	不动	制动
中位	中位	中位	中位	中位	左位	不动	不动	不动	不动	不动	正转	松开
中位	中位	中位	中位	中位	右位	不动	不动	不动	不动	不动	反转	松开

当起重机不工作时，液压系统处于卸荷状态。系统工作的具体情况如下：

1. 支腿液压缸收放回路

1）前支腿

进油路：取力箱→液压泵→多路换向阀1中的阀A（左位或右位）→两个前支腿液压缸进油腔（阀A左位进油，前支腿放下；阀A右位进油，前支腿收回）。

回油路：两个前支腿液压缸回油腔→多路换向阀1中的阀A（左位或右位）→阀B（中位）→中心回转接头9→多路换向阀2中阀C、D、E、F的中位→中心回转接头9→油箱。

2）后支腿

进油路：取力箱→液压泵→多路换向阀1中的阀A（中位）→阀B（左位或右位）→两个后支腿液压缸进油腔（阀B左位进油，后支腿放下；阀B右位进油，后支腿收回）。

回油路：两个后支腿液压缸回油腔→多路换向阀1中的阀B（左位或右位）→阀A（中位）→中心回转接头9→多路换向阀2中阀C、D、E、F的中位→中心回转接头9→油箱。

2. 吊臂回转回路

进油路：取力箱→液压泵→多路换向阀1中的阀A、阀B中位→中心回转接头9→多路换向阀2中的阀C（左位或右位）→回转液压马达进油腔。

回油路：回转液压马达回油腔→多路换向阀2中的阀C（左位或右位）→多路换向阀2中的阀D、E、F的中位→中心回转接头9→油箱。

3. 伸缩回路

进油路：取力箱→液压泵→多路换向阀1中的阀A、阀B中位→中心回转接头9→多路换向阀2中的阀C中位→换向阀D（左位或右位）→伸缩液压缸进油腔。

回油路：伸缩液压缸回油腔→多路换向阀2中的阀D（左位或右位）→多路换向阀2中的阀

E、F 的中位→中心回转接头 9→油箱。

4. 变幅回路

进油路：取力箱→液压泵→多路换向阀 1 中的阀 A、阀 B 中位→中心回转接头 9→阀 C 中位→阀 D 中位→阀 E（左位或右位）→变幅液压缸进油腔。

回油路：变幅液压缸回油腔→阀 E（左位或右位）→阀 F 中位→中心回转接头 9→油箱。

5. 起降回路

进油路：取力箱→液压泵→多路换向阀 1 中的阀 A、阀 B 中位→中心回转接头 9→阀 C 中位→阀 D 中位→阀 E 中位→阀 F（左位或右位）→卷扬机液压马达进油腔。

回油路：卷扬机液压马达回油腔→阀 F（左位或右位）→中心回转接头 9→油箱。

6. 特点

Q2-8 型汽车起重机的液压系统有以下几个特点：

该系统为单泵、开式、串联系统，采用了换向阀串联组合，不仅各机构的动作可以独立进行，而且在轻载作业时，可实现起升和回转复合动作，以提高工作效率。

系统中采用了平衡回路、锁紧回路和制动回路，保证了起重机的工作可靠，操作安全。

采用了三位四通手动换向阀换向，不仅可以灵活方便地控制换向动作，还可通过手柄操纵来控制流量，实现节流调速。在起升工作中，将此节流调速方法与控制发动机转速的方法结合使用，可以实现各工作部件微速动作。

各三位四通手动换向阀均采用了 M 型中位机能，使换向阀处于中位时能使系统卸荷，可减少系统的功率损失，适用于起重机进行间歇性工作。

操作训练　液压回转刀架回路装接

工程应用案例　液化天然气储气罐焊缝检测平台回转臂液压系统

模块七　气动元件的识别与选用

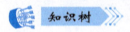

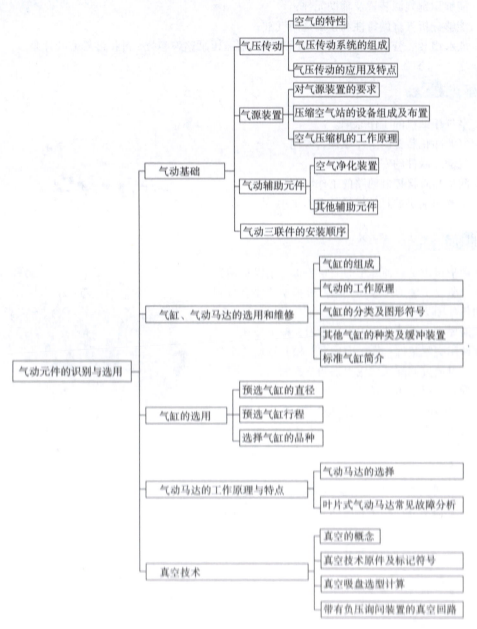

任务7.1　气动平口钳控制回路搭建

学习目标

- ✓ 能够描述气压传动的工作过程、系统组成及应用；
- ✓ 能够说明气压传动系统图形符号；
- ✓ 能够描述气缸、气动马达的工作过程；
- ✓ 能够分析气压系统的组成及工作过程；
- ✓ 能够识别气源装置及辅助元件；
- ✓ 能够分析气缸的特性和正确选用气缸；
- ✓ 能够组装、分析各种气动基本回路，识别液压泵铭牌参数，并拆装维修叶片泵。

理论知识

- ➢ 空气压缩机的工作原理。
- ➢ 气源净化装置的工作原理与应用。
- ➢ 气动三联件的安装。
- ➢ 间接与直接控制回路的工作原理与区别。
- ➢ 空气压缩机的日常维护及保养事项。

任务描述

气动平口钳是一种常用的夹紧装置，用以自动夹紧工件，所以工件的尺寸和夹紧力可根据需要进行调整，如任务图7-1所示。

功能要求：当工件放入平口钳内，按下按钮，夹紧气缸伸出夹紧工件，加工完成后，松开按钮，工件可取出，可通过调整气缸压力来调整夹紧力。

根据功能要求实施任务：

(1) 用 FluidSIM 仿真软件搭建气动平口钳原理图。要求用单作用气缸和双作用缸完成相应的功能。

任务图7-1　气动平口钳

(2) 选定需要的元器件，在操作台上合理布局，连接出正确的控制系统，检验气缸的动作是否符合送料装置的动作要求。

(3) 分析该气动平口钳的工作原理。

(4) 完成引导问题中相应信息的查询与分析。

任务 7.1.1 气动基础

一、气压传动

气动技术是"气压传动与控制"技术的简称,是以压缩空气作为动力源驱动气动执行元件完成一定的运动规律的应用技术,是实现各种生产控制、自动化控制的重要手段之一。

1. 空气的特性

1) 空气的组成及物理性能

空气是一种混合物质,它由氮气、氧气和一定量的水蒸气等组成;

空气的密度小,黏度较液体小很多且随着温度的升高而升高;

空气的压缩性和膨胀性远大于固体和液体的压缩性和膨胀性;

压缩空气一旦冷却下来,相对湿度将增加,到温度降到露点以后,水蒸气就会凝析出来。

2) 气体状态的变化

和所有气体一样,空气没有特定的形状。极小的阻力就可以使空气的形状改变。如图 7-1 所示,气体的状态是通过它的三个参数:压力、体积和温度来决定的,盖-吕萨克(Gay-Lussac)和玻义耳-马略特(Boyle-Mariotte)定律描述了理想气体的三个参数之间的关系。

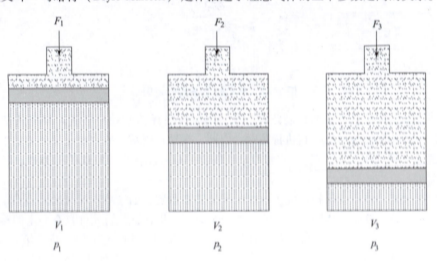

图 7-1 玻义耳-马略特定律示意图

玻义耳-马略特定律:空气被压缩后变得极易扩展,在温度恒定的条件下,一定质量气体的体积与它的绝对压强成反比,也就是说对一定质量的气体,绝对压强与体积的乘积是恒定的。

$$p_1 \cdot V_1 = p_2 \cdot V_2 = p_3 \cdot V_3 = 恒值 \tag{7-1}$$

式中:p_1、p_2、p_3——气体压强,单位 Pa;

V_1、V_2、V_3——气体体积,单位 m^3。

2. 气压传动系统的组成

气动技术长期以来都在机械和自动化系统中发挥着非常重要的作用。在气动应用中,气动技术具有下列功能:通过信号元件指示状态(传感器);对控制信号进行处理(处理器);通过最终控制元件驱动执行器；通过执行元件完成工作（执行器）。为了控制系统工作，需要建立复杂的逻辑结构并满足转换条件，这就需要气动或部分气动系统中的处理器、传感器、控制元件和执行元件相互协作。气动控制系统示意图如图 7-2 所示。

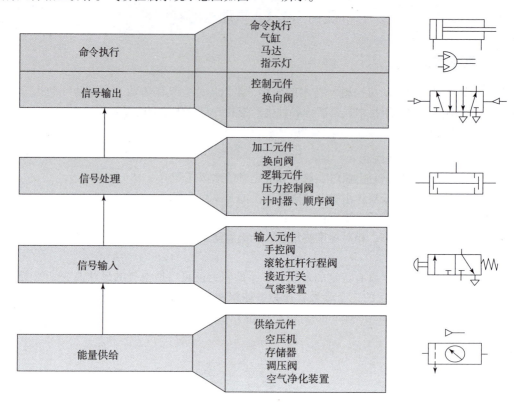

图 7-2　气动控制系统示意图

上述各元素组成了信号流的控制路径，从信号输入开始直到执行装置。根据从信号处理装置获得的信号，控制元件可以控制执行装置。因此，气动控制系统的主要元件分类如下：

气源装置（即气压发生装置）：它将原动机输出的机械能转变为空气的压力能，其主要设备是空气压缩机。

气动执行装置：将压力能转换成机械能的能量转换装置，如气缸、气马达。

气动控制装置：控制气体的压力、流量及流动方向，以保证执行元件具有一定的输出力和速度并按设计的程序正常工作的元件，如各种压力阀、流量阀、逻辑阀和方向阀等。

气动辅助装置：辅助保证空气系统正常工作的一些装置，主要作用是使压缩空气净化、润滑、消声以及用于元件间连接等，如过滤器、油雾器、消声器、管道和管接头等。

3. 气压传动的应用及特点

气动技术发展很快，它被广泛应用于机械、电子、轻工、纺织、食品、医药、包装、冶金、石化、航空、交通运输等各个工业部门。气动机械手、组合机床、加工中心、自动生产线、自动检测和实验装置等大量涌现，它们在包装、进给、计量、材料的输送、工件分类、机械加工（车铣钻锯等）过程中，在提高生产效率、自动化程度、产品质量、工作可靠性和实现特殊工艺方面显示着极大的优越性。

1）气压传动的优点

（1）气动装置结构简单、安装维护方便、成本低、投资回收快。

(2) 工作环境适应性好，能在温度变化范围宽、温度高、多灰尘、振动等环境中可靠地工作。

(3) 工作介质是空气，来源方便，取之不尽，使用后直接排入大气而无污染，不需要设置专门的回气装置，处理方便，无火灾爆炸危险，使用安全。

(4) 工作寿命长，电磁阀寿命可达 3 000 万~5 000 万次。

(5) 气动系统反应快，动作迅速，输出压力及工作速度的调节也非常容易。执行元件输出速度高，直线运动一般为 50~500 mm/s，适合快速运动。

(6) 排气时气体因膨胀而温度降低，因而气动设备可以自动降温，长期运行也不会发生过热现象。

(7) 有过载保护能力，执行元件在过载时会自动停止，无损坏危险，功率不够时会在负载作用下保持不动。

2) 气压传动的缺点

(1) 工作压力较低（一般为 0.4~0.8 MPa），又因结构尺寸小，因而输出力小，一般不大于 10~40 kN。

(2) 由于空气具有可压缩性，使得工作部件运动速度稳定性差。

(3) 气信号传递的速度比光、电子速度慢，故不宜用于要求高传递速度的复杂回路中，但对一般机械设备，气动信号的传递速度是能够满足要求的。

(4) 排气噪声大，需加消声器。

二、气源装置

气压传动系统中的气源装置可为气动系统提供满足一定质量要求的压缩空气，它是气压传动系统的重要组成部分。由空气压缩机产生的压缩空气，必须经过降温、净化、稳压等一系列处理后，才能供给控制元件、执行元件使用。当用过的压缩空气排向大气时，会产生噪声，应采取措施降低噪声，改善劳动条件和环境质量。

1. 对气源装置的要求

(1) 要求压缩空气具有一定的压力和足够的流量。

(2) 满足供气的质量要求，有一定的清洁度和干燥度；因此气源装置必须设置一些除油、除水、除尘并使压缩空气干燥，提高压缩空气质量，进行气源净化处理的辅助设备。

2. 压缩空气站的设备组成及布置

压缩空气站的设备一般包括产生压缩空气的空气压缩机和使气源净化的辅助设备。图 7-3 所示为压缩空气站的设备组成及布置示意图。

在图 7-3 中，空气压缩机 1 用以产生压缩空气，由电动机作动力源。其吸气口装有空气过滤器以净化进入空气压缩机的空气。后冷却器 2 用以降温冷却压缩空气，使净化的水凝结出来。油水分离器 3 用以分离并排出降温冷却的水滴、油滴、杂质等。储气罐 4 用以储存压缩空气，稳定压缩空气的压力并除去部分油分和水分。干燥器 5 用以进一步吸收或排除压缩空气中的水分和油分，使之成为干燥空气。过滤器 6 用以进一步过滤压缩空气中的灰尘、杂质颗粒。储气罐 7 可用于要求较高的气动系统。气动三大组成及布置由用气设备确定，图 7-3 中未画出。

3. 空气压缩机的工作原理

空气压缩机是将电动机输出的机械能转换成满足气动设备对压力（p）和流量（q）要求的压缩空气，供给气动系统使用。分容积型和速度型。按结构不同，容积型空压机又可分往复式（活塞式、膜片式等）和旋转式（滑片式、螺杆式等）；速度型空压机主要有离心式、轴流式、混流式。气压系统最常使用的机型为活塞式压缩机。压缩机的类型如图 7-4 所示。

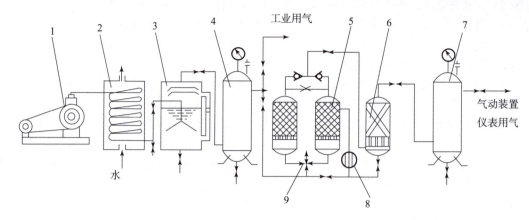

图7-3 压缩空气站的设备组成及布置示意图

1—空气压缩机；2—后冷却器；3—油水分离器；4、7—储气罐；5—干燥器；
6—过滤器；8—加热器；9—四通阀

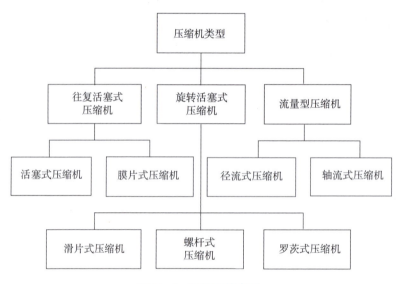

图7-4 压缩机的类型

图7-5所示为往复活塞式空气压缩机的工作原理图及图形符号，当活塞3向右运动时，气缸2内活塞左腔的压力低于大气压力，吸气阀9被打开，空气在大气压力作用下进入气缸2内，这个过程称为"吸气过程"。当活塞向左移动时，吸气阀9在缸内压缩气体的作用下关闭，缸内气体被压缩，这个过程称为压缩过程。当气缸内空气压力增高到略高于输气管内压力后，排气阀1被打开，压缩空气进入输气管道，这个过程称为"排气过程"。活塞3的往复运动是由电动机带动曲柄转动，通过连杆、滑块、活塞杆转化为直线运动而产生的。

选用空气压缩机的根据是气压传动系统所需要的工作压力和流量两个参数。选择空压机的依据是：气动系统所需的工作压力和流量两个主要参数。空气压缩机的额定压力应等于或略高于气动系统所需的工作压力，一般气动系统的工作压力为0.4~0.8 MPa，故常选用低压空压机，特殊需要亦可选用中、高压或超高压空压机。实践表明，使压缩空气产生和元件运行效率都得到满足且最经济的系统压力：动力部分为600 kPa；控制部分为300~400 kPa。

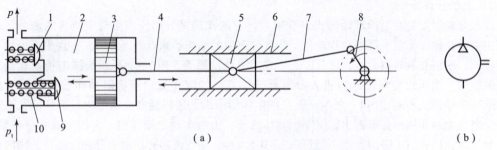

图 7-5 往复活塞式空气压缩机的工作原理图及图形符号
(a) 工作原理图；(b) 图形符号
1—排气阀；2—气缸；3—活塞；4—活塞杆；5,6—十字头与滑道；7—连杆；
8—曲柄；9—吸气阀；10—弹簧

输出流量的选择，要根据整个气动系统对压缩空气的需要再加一定的备用余量，作为选择空气压缩机的流量依据。

三、气动辅助元件

气动辅助元件分为空气净化装置和其他辅助元件两大类。

1. 空气净化装置

空气净化装置一般包括后冷却器、油水分离器、储气罐、干燥器等。

1）后冷却器

后冷却器安装在空气压缩机出口处的管道上。它的作用是将空气压缩机排出的压缩空气温度由 140~170 ℃ 降至 40~50 ℃，以便油雾和水汽经油水分离器排出。其结构形式有：蛇形管式、列管式、散热片式、管套式。蛇形管式后冷却器的结构及图形符号如图 7-6 所示。

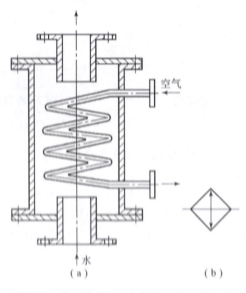

图 7-6 蛇形管式后冷却器的结构及图形符号
(a) 结构；(b) 图形符号

模块七　气动元件的识别与选用　119

2）油水分离器

油水分离器安装在后冷却器的出口管道上，它的作用是分离压缩空气中所含的油分、水分和灰尘杂质，使压缩空气得到初步净化。油水分离器的结构形式有环形回转式、撞击折回式、离心旋转式、水浴并旋转离心式，以及以上形式的组合使用等。图7-7所示为撞击折回式油水分离器的结构。当压缩空气由入口进入分离器壳体后，气流先受到隔板阻挡而被撞击折回向下（见图7-7中箭头所示流向）；之后又上升产生环形回转，这样凝聚在压缩空气的油滴、水滴等杂质受惯性力的作用而分离析出，沉降于壳体底部，由放水阀定期排出。为提高油水分离效果，应控制气流在回转后上升的速度不超过0.3~0.5 m/s，使气流回转后的上升速度缓慢，同时保证其有足够的上升空间。

3）储气罐

储气罐的作用是储存一定数量的压缩空气，以备发生故障或临时需要时应急使用；消除空气压缩机断续排气而对系统引起的压力波动，保证输出气流的连续性和平稳性；进一步分离压缩空气中的水分和油分。储气罐一般采用焊接结构，以立式居多，其结构及图形符号如图7-8所示。储气罐上应配置安全阀、压力计、排水阀。容积较大的储气罐应有入孔或清洗孔，以便检查和清洗。

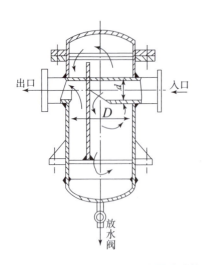

图7-7 撞击折回式油水分离器的结构

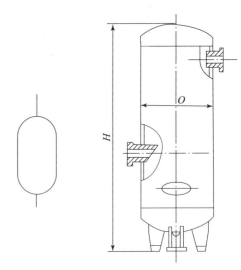

图7-8 储气罐的结构及图形符号

4）干燥器

经过后冷却器、油水分离器和储气罐后得到初步净化压缩空气，以满足一般气压传动的需要。但压缩空气中仍含有一定量的油、水以及少量的粉尘。如果用于精密的气动装置、气动仪器等，上述压缩空气还必须进行干燥处理，以便除去压缩空气中的水分，得到干燥空气。

压缩空气干燥方法主要采用吸附法和冷却法。吸附法是利用具有吸附性能的吸附剂（如硅胶、铝胶或分子筛等）来吸附压缩空气中含有的水分，而使其干燥；冷却法是利用制冷设备使空气冷却到一定的露点温度，析出空气中超过饱和水蒸气的多余水分。吸附法是干燥处理中应用最为普遍的一种方法，其结构及图形符号如图7-9所示。湿空气从管1进入干燥器，通过吸附剂层21、钢丝过滤网20、上栅板19和下部吸附剂层16，水分被吸附干燥后，再经钢丝过滤网15、下栅板14和钢丝过滤网12，干燥、清洁的压缩空气从干燥空气输出管8排出。

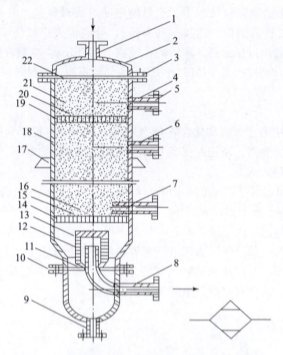

图 7-9 吸附式干燥器的结构及图形符号

1—湿空气进气管；2—顶盖；3，5，10—法兰盘；4，6—再生空气排气管；7—再生空气进气管；
8—干燥空气输出管；9—排水管；11，22—密封座；12，15，20—钢丝过滤网；13—毛毡；
14—下栅板；16，21—吸附剂层；17—支撑板；18—筒体；19—上栅板

2. 其他辅助元件

1) 过滤器

冷凝水、污染物以及过量的油会导致气动元件运动部件和密封装置的磨损，如发生渗漏，这些物质会溢出。如果不使用过滤器，如食品工业、制药或化学工业中的原料就会受到污染而不能使用。

过滤器的作用是进一步滤除压缩空气中的杂质。正确选择过滤器决定了使用压缩空气的执行系统的质量与性能。压缩空气过滤器的一个特性是它的孔径大小，过滤器孔径的大小表示可以从压缩空气被滤出的最小颗粒的大小。空气过滤器视工作条件可以单独安装，也可和油雾器、调压阀联合使用，使用时宜安装在用气设备的附近。

图 7-10 所示为普通分水过滤器的结构及图形符号，其工作原理为压缩空气由过滤器的输入口流向输出口，被引进旋风叶片 1，气流由切线方向进入筒内，较重的尘埃颗粒和小水滴由于离心力的作用被甩到过滤器杯的内壁上，然后流下集中到存水杯 3 的下部，以这种方法预净化过的

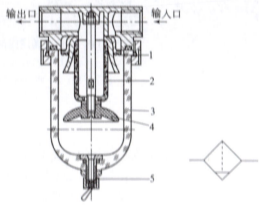

图 7-10 普通分水过滤器的结构及图形符号

1—旋风叶片；2—滤芯；3—存水杯；
4—挡水板；5—自动排水器

空气随后流过滤芯 2，小尘埃颗粒被滤出。这里使用的过滤材料是一种多孔高渗水的烧结材料（一次性过滤器的过滤材料为钢板、硅胶、焦炭等），分离度大小取决于过滤材料的孔径大小。过滤器可以安装不同孔径的过滤材料，常用的孔径在 5~40 μm。冷凝液经常会大量积聚，可以考虑在手动排水点安装自动排水器 5 排出。为确定应何时更换过滤材料，需要观察过滤器或测量过滤器进出口的压力差。

2) 调压阀

空气压缩机产生的压缩空气通常储存在储气罐内，再由管路输送到系统各处，储气罐的压力通常比实际使用的压力要高，使用时必须根据实际使用条件而减压。调压阀按调节压力方式不同可分为直动式和先导式两类。

直动式调压阀的工作原理、实物图及图形符号如图 7-11 所示。当顺时针方向旋转调节手柄 1 时，调压弹簧 2 被压缩，推动膜片 3、阀芯 4 和下弹簧座 6 下移，使阀口 8 开启，减压阀输出口、输入口导通，产生输出。由于阀口 8 具有节流作用，气流流经阀口后压力降低，并从右侧输出口输出。与此同时，有一部分气流通过阻尼管 7 进入膜片下方产生向上的推力。当这个推力和调压弹簧的作用力相平衡时，调压阀就获得了稳定的压力输出。通过旋紧或旋松调节手柄就可以得到不同的阀口大小，也就可以得到不同的输出压力。

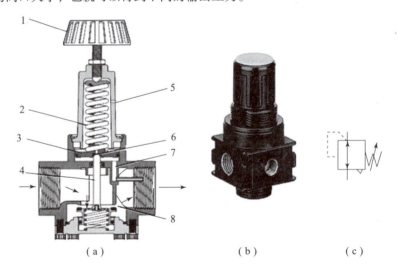

图 7-11　直动式调压阀的工作原理、实物图及图形符号
(a) 工作原理；(b) 实物图；(c) 图形符号
1—调节手柄；2—调压弹簧；3—膜片；4—阀芯；5—溢流孔；
6—下弹簧座；7—阻尼管；8—阀口

3) 油雾器

气动系统中动力元件在某些情况下是需要油雾润滑的。对于需要油雾润滑的设备，要严格限制油雾润滑剂的用量。为达到这个目的，油雾润滑器（简称为油雾器）使用了特定的润滑油为压缩空气润滑，经油雾润滑的压缩空气不适用于系统的控制元件。图 7-12 所示为油雾器的结构及图形符号。当压缩空气由输入口进入后，将特定的润滑油喷射成雾状混合于压缩空气中，并随压缩空气进入需要润滑的部位，达到润滑的目的。

油雾器的选择主要是根据气压传动系统所需额定流量及油雾粒径大小来进行，所需油雾粒径在 50 μm 左右选择一次油雾器。若需油雾粒径很小，可选择二次油雾器。油雾器一般应配置在过滤器和减压阀之后，用气设备之前较近处。

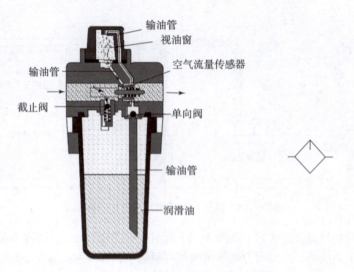

图 7-12　油雾器的结构及图形符号

4）消声器

在气压传动系统中，气缸、气阀等元件工作时，排气速度较高，气体体积急剧膨胀，会产生刺耳的噪声。噪声的强弱随排气的速度、排量和空气通道的形状而变化。排气的速度和功率越大，噪声也越大，一般可达 100~120 dB，为了降低噪声可以在排气口装消声器。消声器就是通过阻尼或增加排气面积来降低排气速度和功率，从而降低噪声的。气动元件使用的消声器一般有三种类型：吸收型消声器、膨胀干涉型消声器和膨胀干涉吸收型消声器。吸收型消声器结构简单，通过铜珠烧结的消声罩使通过的气流受阻，吸收声能量，从而降低噪声强度。

5）管道连接

为确保空气分配的可靠及无故障，需要遵守以下几点：为系统选择合适的管线型号、管线材质、流阻、管线布局以及维护。由于流阻的存在，所有管线都会有压降，这些压降需要由压缩机来补偿。整个供气网的压降要尽可能小，管线材料要按照现代压缩空气网络的要求选择合适的管线材料：铜、钢或铁管采购成本低，但必须焊接或使用螺纹连接器连接。如果操作不当，金属屑、锈、焊接颗粒或密封材料就可能进入系统中，这将会造成较大的故障。中小管径中，塑料气管的价格、安装、维护以及扩展的方便性要优于其他材料的气管。网络中存在压力波动，这就要求管线连接牢固以避免螺纹或焊接连接处的渗漏。

供气系统管道的设计要满足以下四个原则：

（1）满足供气压力和流量要求；

（2）满足供气的质量要求；

（3）满足供气的可靠性、经济性要求；

（4）防止管路中沉积的水分对设备造成污染。

如图 7-13 所示，主管线常使用环路供气。这种压力管线的安装方式可以保证高用气量情况下管线中的供气量。供气管线须按照气流方向安装且保持 1%~2% 的斜度，这对分支管线尤为重要。冷凝液体可由管线中的最低点排出。

四、气动三联件的安装顺序

气动网络中的每个控制系统都安装有空气处理单元，以保证执行每一任务所用压缩空气的质量。油雾器、空气过滤器和调压阀组合在一起构成的气源调节装置，通常被称为气动三联件，

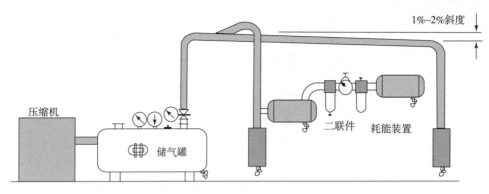

图 7-13 供气系统管道布局系统示意图

是气动系统中常用的气源处理装置,如图 7-14 所示。联合使用时,其顺序应为空气过滤器→调压阀→油雾器,不能颠倒。这是因为减压阀内部有阻尼小孔和喷嘴,这些小孔容易被杂质堵塞而造成调压阀失灵;油雾器中产生的油雾为避免被过滤,应安装在调压阀的后面;无油润滑的回路中不需要油雾器。

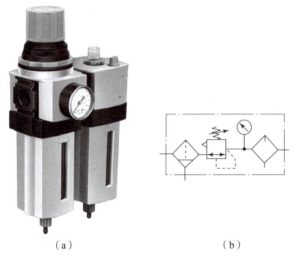

图 7-14 气动三联件的实物图及图形符号　　　　　一次过滤器的工作原理
(a) 实物图;(b) 图形符号

压缩空气过滤器的作用是把经过的压缩空气中的所有污染物以及水分,通过过滤器滤除。即使主管线压力(主压力)有波动或有其他元件使用压缩空气,压缩空气调压阀也可以保持系统最终操作压力(副压力)的稳定。当气动系统操作需要时,压缩空气油雾器会向气体分送系统中充入定量的油雾。

任务 7.1.2　气缸、气动马达的选用和维修

一、气缸的组成

气缸由缸筒、前后端盖、带密封(双侧均有)的活塞、活塞杆、轴承衬、刮擦环、连接件

以及密封圈组成,如图 7-15 所示。

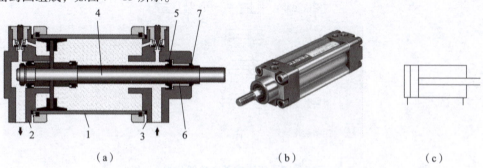

(a)　　　　　　　　　　(b)　　　　　　　　(c)

图 7-15　气缸的结构图、实物图及图形符号
(a) 结构图；(b) 实物图；(c) 图形符号
1—缸筒；2—后端盖；3—前端盖；4—活塞杆；5—密封圈；6—轴承衬；7—刮擦环

缸筒 1 通常由冷拔无缝钢管制成。为提高密封元件的寿命,缸筒的内承载面制造精度要求较高。特殊应用中,缸筒可以用铝、铜或有硬铬合金内承载面的铁管制成,这种特殊设计用于运动方式不常见或有腐蚀性的场合中。后端盖 2 和前端盖 3 多数情况下用铸造材料(铝或可锻铸铁)制造。两个端盖可以用连杆、螺栓或法兰和缸筒相连。活塞杆 4 更适宜用热处理钢制造。钢铁中加入一定百分比的铬可以防止生锈。通常活塞杆上的螺纹为滚压而成,以降低断裂的危险。密封圈 5 安装在前端盖上,以密封活塞杆。轴承衬 6 为活塞杆起导向作用,可以用烧结铜或有塑料涂层的金属制成。轴承衬前面是刮擦环 7,它可以防止灰尘颗粒或污物进入气缸。

二、气缸的工作原理

以双作用气缸为例,其工作原理如图 7-16 所示。当按钮按下时,压缩空气的压力作用于活塞上,双作用气缸的活塞杆伸出；当按钮松开后,活塞杆回到初始位置,完成一个往复运动,双作用气缸的出程和回程均可以做功。

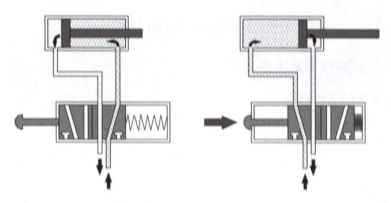

图 7-16　双作用气缸的工作原理

三、气缸的分类及图形符号

气缸按基本功能分类,如图 7-17 所示。
按基本结构不同,气缸可分为活塞式、膜片式等,具体分类如图 7-18 所示。

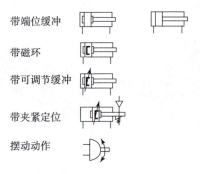

图 7-17 气缸按基本功能分类

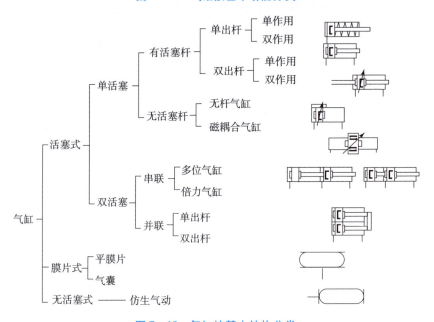

图 7-18 气缸按基本结构分类

四、其他气缸的种类及缓冲装置

1. 大多数气缸的工作原理

大多数气缸与液压缸相同,以下介绍几种具有特殊用途的气缸。

1）冲击气缸

气缸的输出压力是有限的。可以输出高动能的气缸称为冲击气缸,这种高动能是通过提高气缸活塞杆的运动速度得到的,冲击气缸速度可达 7.5~10 m/s。然而如果行程过长,气缸速度会骤降,因此冲击气缸不适用于长行程。

如图 7-19 所示,阀换向使气室 A 内压力增高,作用在活塞的 C 截面上。如果气缸朝 Z 方向运动,在气缸刚移动后,压缩空气会立刻作用在整个活塞表面上,气

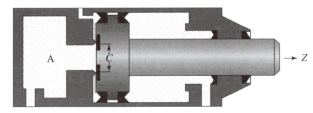

图 7-19 冲击气缸的结构

缸杆会迅速加速。

2）摆动气缸

图7-20所示为摆动气缸，它通过驱动叶片将力传送给驱动轴，其转角从0°~180°任意可调，输出力矩小于10 N·m。摆动气缸的结构特点：体积小、输出大；可以使用非接触式传感器；摆动角度可调；安装方便。

摆动气缸可以将压缩空气的压力能转变成气缸输出轴的有限角度的回转机械能，用在夹具的回转、阀门的开启等场合。

图7-20 摆动气缸

3）磁耦合气缸

图7-21所示为磁耦合气缸的结构及图形符号，这种双作用直线型气缸（无杆缸）由圆柱形缸筒、活塞和两个滑轨组成。气缸内的活塞在压缩空气作用下可以自由移动，但实际上并没有和气缸外部相连。气缸和外部滑块是通过一组环形永磁铁相连的。因此，外部滑块和活塞间产生了磁耦合。压缩空气驱动活塞时，滑块同时随之移动，由于没有机械连接，缸筒与外界是完全密封隔绝的，因此不存在渗漏问题。

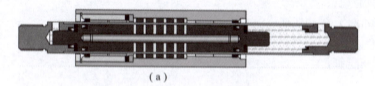
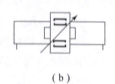

（a）　　　　　　　　　　　　　　　　（b）

图7-21 磁耦合气缸的结构及图形符号

（a）结构；（b）图形符号

2. 气缸的缓冲装置

为缓解气缸动作过程中活塞与前后端盖的碰撞而设计的内部缓冲结构，分两种：弹性缓冲（P）和可调气缓冲（PPV）。气缸的缓冲装置通常由缓冲密封、缓冲密封垫和缓冲针阀等组成，如图7-22所示。

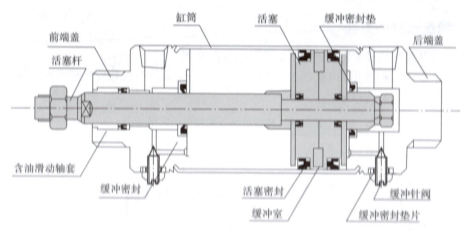

图7-22 气缸的缓冲装置

当活塞向右运动时，使活塞右侧形成一个封闭的气室，称为缓冲室。此缓冲室内的气体只能通过缓冲针阀排出。当缓冲针阀开度很小时，缓冲室向外排气很少，使室内压力较快上升。此压力对活塞产生反作用力，从而活塞减速直至停止，避免活塞对端盖的撞击，达到缓冲的目的。

五、标准气缸简介

标准气缸是指气缸的功能和规格是普遍使用的、结构容易制造的气缸，这种气缸从结构到参数都已标准化、系列化。

1. 标准气缸的主要参数

标准气缸的主要参数是缸径 D 和行程 L。在一定的气源压力下，缸径 D 标记气缸活塞杆的理论输出力，行程 L 标记气缸的作用范围。

2. 标准气缸的标记和系列

标准气缸使用的标记符号"QG"表示气缸，符号"A、B、C、D、H"表示5种系列。具体标记方法是：

5种标准化气缸系列为：

(1) QGA——无缓冲普通气缸；
(2) QCB——细杆（标准杆）缓冲气缸；
(3) QGC——粗杆缓冲气缸；
(4) QGD——气-液阻尼气缸；
(5) QGH——回转气缸。

例如，气缸标记为 QGA100×125，表示缸径为 100 mm，行程为 125 mm 的无缓冲普通气缸。

标准化气缸系列有 11 种规格：

缸径 D/mm：40、50、63、80、100、125、160、200、250、320、400；

行程 L/mm：无缓冲气缸：$L=(0.5\sim2)D$；有缓冲气缸 $L=(1\sim10)D$。

任务 7.1.3　气缸的选用

一、预选气缸的直径

(1) 根据气缸的负载状态，确定气缸的轴向负载力 F。

负载力是选择气缸的主要因素。负载状况不同，作用在活塞杆轴向的负载力也不同。负载状态与负载力的关系如表 7–1 所示。

表 7–1　负载状态与负载力的关系

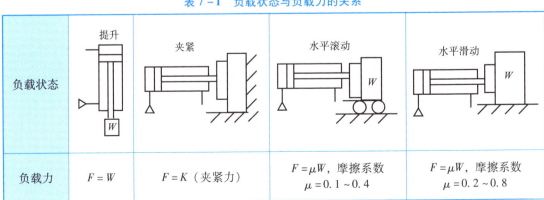

负载状态	提升	夹紧	水平滚动	水平滑动
负载力	$F=W$	$F=K$（夹紧力）	$F=\mu W$，摩擦系数 $\mu=0.1\sim0.4$	$F=\mu W$，摩擦系数 $\mu=0.2\sim0.8$

(2) 根据负载的运动状态，预选气缸的负载率 η。

气缸的负载率 η 是指气缸活塞杆受到的轴向负载 F 与气缸的理论输出力 F_0 之比。

$$\eta = \frac{F}{F_0} \times 100\% \tag{7-2}$$

气缸的负载率 η 跟负载运动状态有关，可参考表 7-2 选取。

表 7-2 负载率与负载的运动状态

负载的运动状态	静载荷	动载荷	
		气缸速度 = 50～500 mm/s	气缸速度 > 500 mm/s
负载率 η/%	≤70	≤50	≤30

(3) 根据气源供气条件，确定气缸的使用压力 p。

p 应小于减压阀进口压力 85%。

(4) 选定缸径 D。

已知 F、η 和 p，对单作用气缸，预设杆径与缸径之比 $d/D = 0.5$，根据气缸理论输出力的计算公式和负载率计算公式，选定缸径 D；对双作用气缸预设杆径与缸径之比 $d/D = 0.3～0.4$，同样使用气缸理论输出力的计算公式和负载率计算公式，选定缸径 D。缸径 D 的尺寸应标准化，如表 7-3 所示。

表 7-3 缸径的圆整值   mm

8	10	12	16	20	25	32	40	50	63	80	(90)	100	(110)
125	(140)	160	(180)	200	(220)	250	(280)	320	(360)	400	(450)	500	

备注：圆括号内尺寸为非优先选用值。

气缸的理论输出力是指气缸处于静止状态时，空气压力作用在活塞有效面积上产生的推力或拉力，气缸的理论输出力如表 7-4 所示。

表 7-4 气缸的理论输出力

气缸类型	理论输出力 F_0		备注
	杆伸出	杆缩回	
单杆单作用气缸 弹簧压回型	推力 $F_0 = \frac{\pi}{4} D^2 p - F_2$	拉力 $F_0 = F_1$	D—缸径；d—活塞杆直径；F_1—安装状态时的弹簧力；F_2—压缩空气进入气缸后，弹簧处于被压缩状态时的弹簧力；p—气缸的工作压力
单杆单作用气缸 弹簧压出型	拉力 $F_0 = \frac{\pi}{4}(D^2 - d^2) p - F_2$	推力 $F_0 = F_1$	
单杆双作用气缸	推力 $F_0 = \frac{\pi}{4}(D^2 - d^2) p$	拉力 $F_0 = \frac{\pi}{4} D^2 p$	
双杆双作用气缸	推力 $F_0 = \frac{\pi}{4}(D^2 - d^2) p$	拉力 $F_0 = \frac{\pi}{4}(D^2 - d^2) p$	

(5) 选定活塞杆直径。

对单作用气缸，预设杆径与缸径之比 $d/D = 0.5$；对双作用气缸，预设杆径与缸径之比 $d/D = 0.3～0.4$。活塞杆直径 d 应圆整，其圆整值如表 7-5 所示。

表7-5 活塞杆直径圆整值　　　　　　　　　　　　　mm

4	5	6	8	10	12	14	16	18	20	22	25
28	32	36	40	45	50	56	63	70	80	90	100
110	125	140	160	180	200	220	250	280	320	360	

二、预选气缸行程

根据气缸的操作距离及传动机构的行程比来预选气缸的行程。为便于安装调试，对计算出的行程要留有适当余量，应尽量选为标准行程，降低成本。

三、选择气缸的品种

根据气缸承担任务的要求来选择类型。例如，要求气缸到达行程终端无冲击现象和撞击噪声，应选缓冲气缸；要求安装空间窄且行程短，可选薄型气缸；有横向负载，可选带导杆气缸；要求制动精度高，应选择锁紧气缸；除活塞杆做直线往复运动外，还需缸体做摆动，可选耳轴式或耳环式气缸等。

选好气缸类型和尺寸后，还要验算是否有横向负载超过活塞杆的承受能力，确定气缸的安装形式（图7-23），选择接头、配管以及元件等。

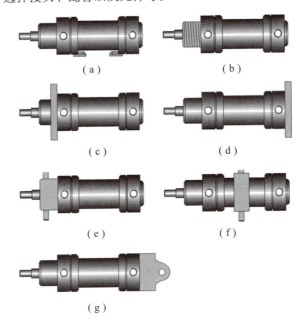

图7-23 气缸的安装形式
(a) 底部脚架式；(b) 螺纹式；(c) 前法兰式；(d) 后法兰式；(e) 前摆动法兰式；
(f) 中位摆动法兰式；(g) 耳环式

气缸的安装形式取决于其以何种方式固定在机器或固定物上。如果任何时候都不需要改变安装方式，气缸可以设计成带有永久固定装置的形式。气缸也可以装配可调节的固定装置，以备日后组成模块化元件时可以添加适当的附件，这使得存储，尤其是存放大量气缸时变得很简便，因为只需存放标准气缸以及不同的固定装置即可。气缸的安装与活塞杆的配合必须根据应用仔细地调校，因为气缸只能承受轴向负载。

例2 用双作用气缸水平推动台车,负载质量 $m = 150$ kg,台车与床面间摩擦系数为 0.3,气缸行程 $L = 300$ mm,要求气缸的动作时间 $t = 0.8$ s,工作压力 $p = 0.5$ MPa,试选定缸径。

解:轴向负载力 $F = \mu mg = 0.3 \times 150 \times 9.8 \approx 450$ (N)

气缸的平均速度 $v = \dfrac{L}{t} = \dfrac{300}{0.8} = 375$ (mm/s)

理论输出力 $F_0 = \dfrac{F}{\eta} = \dfrac{450}{0.5} = 900$ (N)

双作用气缸 $D = \sqrt{\dfrac{4F_0}{\pi p}} = \sqrt{\dfrac{4 \times 900}{\pi \times 0.5}} \approx 47.9$ (mm)

故选取双作用气缸缸径为 50 mm。

任务 7.1.4 气动马达的工作原理与特点

将气动能转换为机械可持续旋转运动的设备称为气动马达。

不限转角的气动马达已成为最广泛应用的气动工作元件之一。气动马达因结构不同,分为容积型和速度型,容积型气动马达是利用压缩空气的压力能量,如叶片式、活塞式、齿轮式等类型,使用在一般机械上;速度型气动马达是利用压缩空气的压力和速度的能量,一般用在超高速回转装置上。气压传动中使用最广泛的是叶片式马达和活塞式马达。

气动马达按结构分为活塞式气动马达、叶片式气动马达、齿轮式气动马达等。

活塞式气动马达结构上还可细分为径向和轴向活塞气动马达,如图 7-24 所示。压缩空气使活塞和连杆交替运动来驱动马达的曲轴,为保证转动平稳,需要若干个缸。输入压力、活塞数、活塞面积、行程以及活塞速度决定了马达的输出功率。

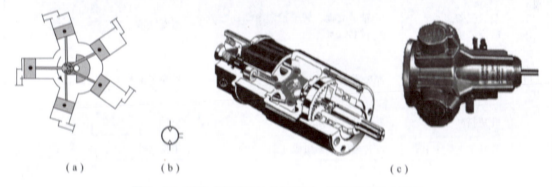

图 7-24 活塞式气动马达的结构图、图形符号及实物图
(a) 结构图;(b) 图形符号;(c) 实物图

轴向活塞式马达的工作原理与径向活塞式马达的工作原理相似。5 个轴向排列气缸的输出力通过旋转斜盘转化为旋转运动。压缩空气同时作用在两个气缸上,平衡的扭矩使马达平稳地运行,这些气动马达可以顺时针或逆时针旋转,最大速度可达 5 000 r/min,正常压力下输出功率可达 1.5~19 kW。

1. 气动马达的选择

不同类型的气动马达有不同的特点和适用范围,主要根据负载的状态要求来选择适用的气动马达。常用气动马达的特点和适用范围如表 7-6 所示。

表7-6 常用气动马达的特点和适用范围

类型	转矩	速度	功率	适用范围
叶片式	低转矩	高速度	小	适用于低转矩、高速度的场合,如手提工具、传送带、升降机等中小功率的机械
齿轮式	中高转矩	低速和中速	大	适用于中高转矩和中低速场合
活塞式	中高转矩	低速和中速	大	适用于中高转矩和中低速场合,例如起重机、绞架、绞盘、拉管机等载荷较大且启动要求高的机械
涡轮式	低转矩	高速度	小	适用于高速、低转矩的场合

2. 叶片式气动马达常见故障分析

叶片式气动马达常使用在一般机械上,具有结构简单、价格低廉等优点,适用于中容量高速的场合,其常见故障分析如表7-7所示。

表7-7 叶片式气动马达常见故障分析

现象		故障原因分析	对策
输出功率明显下降	叶片严重磨损	1. 断油或供油不足; 2. 空气不干净; 3. 长期使用	1. 检查供油器,保证润滑; 2. 净化空气; 3. 更换叶片
	前后气盖磨损严重	1. 轴承磨损,转子轴向窜动; 2. 衬套选择不当	更换轴承
	定子内孔纵向波浪槽	泥砂进入定子	更换定子
	叶片折断	转子叶片槽喇叭口太大	更换转子
	叶片卡死	叶片槽间隙不当或变形	更换叶片

任务7.2　回转臂工装真空回路的搭建

学习目标

- ✓ 能够描述真空回路的工作过程、系统组成及应用;
- ✓ 能够描述真空发生器、真空吸盘、真空压力开关的工作过程;
- ✓ 能够分析并计算吸附力并选用真空吸盘。

理论知识

- 真空技术的应用及工作原理；
- 真空发生器、真空压力开关的工作原理与应用；
- 真空回路的日常维护及保养事项。

任务描述

用 FluidSIM 仿真软件搭建图 7-25 所示回转臂工装的真空回路系统，实验完成回路中摆动缸吸附工件→移动到工位→松开工件的动作，同时完成如下调试实验：

（1）对系统进行仿真，设置真空调压开关数值。
（2）分析回转臂工装真空回路，完成该工装操作步骤说明。

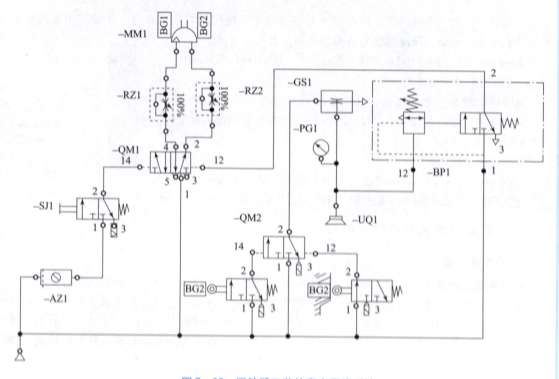

图 7-25 回转臂工装的真空回路系统

任务知识

在搬运输送技术领域中，真空技术扮演着将气动技术（流体力学）应用范围大幅度扩展的重要角色。采用真空技术可输送各种不同材质的零件（例如金属、塑料、木材、纸等），无论工件表面光滑还是粗糙，平面造型还是曲面造型。

真空系统由吸盘、过滤器、相应的固定零件和成套软管，以及真空发生器组成。过滤器保护整个单元，压力开关和负压测量组件为真空系统提供安全保障，如图 7-26 所示。

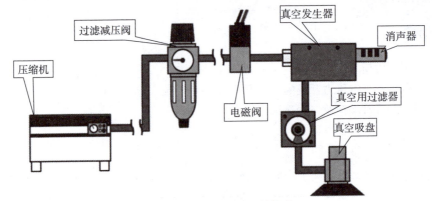

图 7-26 真空系统组件构成

一、真空的概念

所谓真空，即一个封闭的空间内的压力明显低于环境压力时称为真空。环境压力在海平面高度达到 1 013 mbar，海拔高度每升高 100 m，大气压力减少约 12.5 mbar，所以，达到 2 000 m 海拔高度时，大气压力只有 763 mbar（$1\text{ bar}=10^5\text{ Pa}$，$1\text{ Pa}=1\text{ N/m}^2$）。

真空标出的是一个相对值，这个负压是参照环境压力标出的。真空压力值前始终有一个负号，因为我们把参考环境压力标为 0 mbar，如图 7-27 所示。

真空常见的应用范围：

达到 -0.6 ~ -0.8 bar 的密封面（用于搬运金属、塑料等）；

达到 -0.2 ~ -0.4 bar 的孔隙材料（用于搬运压板、硬纸板等）。

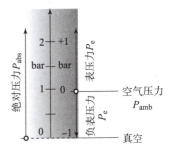

图 7-27 真空度的相对压力

二、真空技术元件及标记符号

1. 真空发生器

喷射泵是一种真空发生器，如图 7-28 所示。压缩空气冲入文氏管，从喷嘴喷出时，膨胀的空气进入消声器，并在狭窄处产生负压，由此产生的负压用于抽吸空气。如果接通真空发生器接头处的吸盘，吸盘内部的空气被抽走，形成了压力为 P_2 的真空状态。此时，吸盘内部的空气压力低于吸盘外部的大气压力 P_1，工件在外部压力的作用下被吸起。吸盘内部的真空度越高，吸盘与工件之间贴得越紧，如图 7-29 所示。

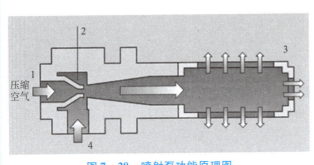

图 7-28 喷射泵功能原理图

1—进气喷嘴；2—文氏管；3—消声器；4—接吸盘

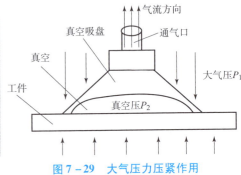

图 7-29 大气压力压紧作用

伯努力定律描述这种关系，根据该定律，文氏管狭窄处气流速度的上升与压力的下降相关。

真空发生器的图形符号及连接如图 7-30 所示。

真空发生器根据喷射器原理产生真空。当压缩空气从进气口 1 流向排气口 3 时，在真空口 1V 上就会产生真空。吸盘与真空口 1V 连接。如果在进气口 1 无压缩空气，则抽空过程就会停止。

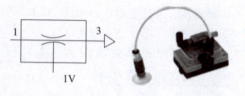

图 7-30 真空发生器的图形符号及连接

2. 真空吸盘

真空吸盘是真空设备执行器之一，吸盘材料采用丁腈橡胶制造，具有较大的扯断力，因而广泛应用于各种真空吸持设备上，如在建筑、造纸工业及印刷、玻璃等行业，实现吸持与搬送玻璃、纸张等薄而轻的物品的任务。真空吸盘品种多样，橡胶制成的吸盘可在高温下进行操作，由硅橡胶制成的吸盘非常适于抓住表面粗糙的制品；由聚氨酯制成的吸盘则很耐用。另外，在实际生产中，如果要求吸盘具有耐油性，则可以考虑使用聚氨酯、丁腈橡胶或含乙烯基的聚合物等材料来制造吸盘。通常，为避免制品的表面被划伤，最好选择由丁腈橡胶或硅橡胶制成的带有波纹管的吸盘。

吸盘部件由吸盘和一个连接件构成。吸盘按结构可分为平面式和波纹管式。平面式吸盘因为其内部空间小，可以迅速抽真空，所以常用于平面或轻度曲面的工件表面。波纹管式适用于非平面。

吸盘与真空发生器连接，可用来抓取物体。吸盘的图形符号如图 7-31 所示。

3. 真空控制阀

真空控制阀由减压阀和二位三通换向阀构成。通过变化真空信号可使用真空控制阀。只要控制口 1V 上的真空达到设定值，二位三通换向阀就动作，1 口与 2 口气路接通。

真空控制阀图形符号及实物如图 7-32 所示。

图 7-31 吸盘的图形符号

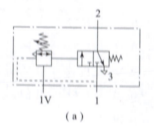

图 7-32 真空控制阀的图形符号及实物
（a）图形符号；（b）实物

三、真空吸盘选型

1. 吸附力的计算

计算吸附力时必须考虑工件位置。水平位置的工件计算其垂直吸附力 F_V，垂直位置的工件计算其水平吸附力 F_H，如图 7-33 所示。摩擦系数 μ 涉及工作表面。

下列摩擦系数标准值可用于经验计算：

玻璃、石材、塑料（干的）：$\mu \approx 0.5$；

砂纸：$\mu = 1.1$；

潮湿的、油性表面：$\mu \approx 0.1 \sim 0.4$。

$$F_V = AP_e$$

式中，F_V 为理论垂直吸附力（N）；A 为面积（cm^2）；P_e 为负压（N/cm^2）。

$$F_H = F_V \mu$$

式中，F_H 为理论水平吸附力（N）；μ 为摩擦系数。

举例：一个喷射泵产生负压（真空度）$P_e = -0.6$ bar，问喷射泵的吸盘可产生多大的理论水平吸附力？吸盘面积 $A = 32$ cm^2，工件材料是表面光滑的玻璃。

解 $F_H = F_V \mu = AP_e \mu = -96$ N。

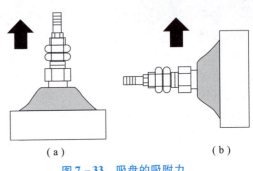

图 7-33 吸盘的吸附力
（a）水平吸取；（b）垂直吸取
（尽量避免这种使用方式）

2. 真空吸盘选型计算

$$D \geqslant \sqrt{\frac{4Wt}{\pi n P}}$$

式中，D 为吸盘直径（mm）；W 为吸吊物的重量（N）；t 为安全系数，水平 $t \geqslant 4$，垂直 $t \geqslant 8$；n 为吸盘个数；P 为吸盘的真空度（MPa）（吸盘内的真空度 P 应在真空发生器的最大真空度 P_e 的 60%～95% 范围内选择，以提高真空吸着的能力）。

通过真空吸盘直径计算，可依据表 7-8 进行吸盘尺寸选择。

表 7-8 理论吸附力

吸盘尺寸/mm		φ1.5	φ2	φ3.5	φ4	φ6	φ8	φ10	φ13	φ16
吸盘面积/cm^2		0.02	0.03	0.10	0.13	0.28	0.50	0.79	1.33	2.01
真空压力/kPa	-85	0.15	0.27	0.82	1.07	2.4	4.2	6.6	11.3	17.1
	-80	0.14	0.25	0.77	1.00	2.2	4.0	6.2	10.6	16.1
	-75	0.13	0.24	0.72	0.94	2.1	3.7	5.8	10.0	15.1
	-70	0.12	0.22	0.67	0.88	1.9	3.5	5.5	9.3	14.1
	-65	0.11	0.20	0.63	0.82	1.8	3.2	5.1	8.6	13.1
	-60	0.11	0.19	0.58	0.75	1.7	3.0	4.7	8.0	12.1
	-55	0.10	0.17	0.53	0.69	1.5	2.7	4.3	7.3	11.1
	-50	0.09	0.16	0.48	0.63	1.4	2.5	3.9	6.7	10.0
	-45	0.08	0.14	0.43	0.57	1.2	2.2	3.5	6.0	9.0
	-40	0.07	0.13	0.38	0.50	1.1	2.0	3.1	5.3	8.0

四、带有负压询问装置的真空回路

真空回路中需要询问其负压。图 7-34 所示为装有真空调压开关的回转臂工装回路。回转臂装有吸盘 -UQ1 和真空发生器 -GS1，按下二位三通手控换向阀 -SJ1，摆动缸 -MM1 回转至右位，BG2 行程阀左位接通，-GS1 工作产生真空，吸附工件。当负压值（真空压力表 -PG1 显示）达到真空控制阀 -BP1 的开启压力时，二位五通换向阀 -QM1 右位接通，回转手臂的摆动缸吸附工件移动到加工工位。

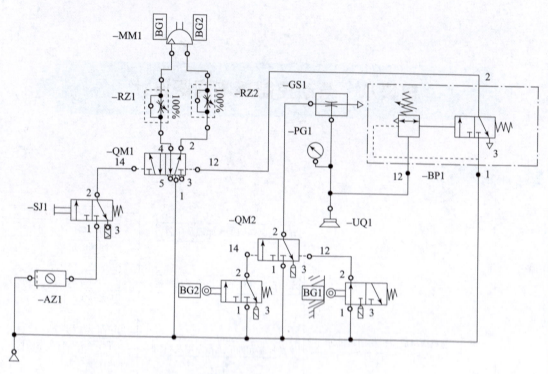

图 7-34 装有真空调压开关的回转臂工装回路
（气路图中各部件名称参考标准 DIN EN81346-2 命名）

操作训练 气动平口钳气动
回路设计与组建

模块八　气动控制基本回路设计

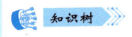

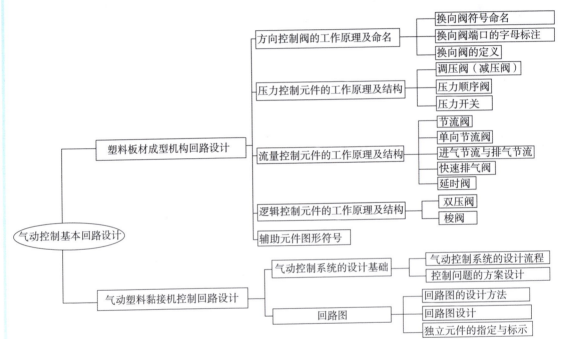

任务 8.1　塑料板材成型机构回路设计

学习目标

✓ 能够识读气压传动元件的图形符号；

✓ 能够识读气动系统原理图，掌握单向阀、双压阀、梭阀等气动元件的功用、结构、应用范围；

✓ 能够描述气动单向型、换向型控制阀，流量控制阀的工作过程；

✓ 能够选用相应气动元件，正确组建、调试换向、延时、流量控制等回路。

> 理论知识

- 压力、方向控制阀的原理及其图形符号。
- 基本换向、延时、减压、流量控制等回路的搭建及工作原理特点应用。
- 单向阀、双压阀、梭阀等气动元件的功用、结构、应用。

> 任务描述

(1) 现有一套采用气动控制的塑料板材成型设备，如任务图 8-1 所示，利用一个气缸对塑料板材进行成型加工。气缸活塞杆在按下按钮 1S1 或踏下踏板 1S2（图中未画）均可伸出，带动曲柄连杆机构对塑料板进行压制，达到设定压力后气缸活塞杆缩回。

(2) 请设计手和脚均可操作的压力控制回路，以达到方便操作的目的。

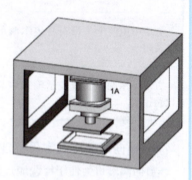

任务图 8-1 塑料板材成型设备示意图

> 任务知识

气动技术实现功能是通过对控制信号进行处理，通过最终控制元件驱动执行器完成工作。为了控制系统工作，需要建立复杂的逻辑结构并满足转换条件，使系统中的控制元件和执行元件相互协作。

按控制对象不同气动控制元件分为：方向控制元件，如单向阀、换向阀等；压力控制元件，如减压阀、增压器等；流量控制元件，如节流阀、快排阀等；逻辑控制元件，如与阀、或阀、延时阀等。

一、方向控制阀的工作原理及命名

方向控制阀通过产生、截止或改变气体信号方向来控制气体流向，用以下参数来描述一个阀：

(1) 通路或开路数（"通"）：2 通阀、3 通阀等。
(2) 阀芯位置数：2 位、3 位等。
(3) 阀的驱动方式：手动驱动、机械驱动、气动驱动、电力驱动。
(4) 阀的复位方式：弹簧复位、气动复位等。

1. 换向阀符号命名

气动回路图中的元件应按照国家标准 GB/T 786.1—2021 进行绘制。换向阀符号的命名如表 8-1 所示。

换向阀的通路与位置数（位）的命名，用以下几点来描述：所控制的连接数、阀芯位置数以及气流路径。为防止错误的连接，阀的输入、输出口都要做明确标识，如 2/2 阀读作二位二通换向阀，5/3 阀读作三位五通换向阀。

表 8-1　换向阀符号的命名

气动元件符号含义描述	符号	换向阀：通路与位置数（位）的命名	
用方块表示阀的切换位置	□	2/2—换向阀，常开	
方块的数量表示阀有多少个切换位置	□□	3/2—换向阀，常闭	
直线表示气流路径，箭头表示流动方向		3/2—换向阀，常开	
方块中用两个T形符号表示阀的通口被关闭		4/2—换向阀 路径1—2和4—3	
方块中用两个直线表示输入口与输出口路径		5/2—换向阀 路径1—2和4—5	
		5/3—换向阀 中封式	

端口号 / 位置数量

2. 换向阀端口的字母标注

换向阀端口为便于接线应进行标号，标号应符合一定的规则，端口可以用字母来标注，也可以按照 DIN ISO 5599-3 标准（本书采用）用数字来标注，如表 8-2 所示。换向阀端口标号示例如图 8-1 所示。

表 8-2　换向阀端口标注

	DIN ISO 5599-3 （源自德国相关标准）	字母编制体系	端口或连接
工作端口	1	P	进气端口
	2, 4	A, B	工作端口
	3, 5	R, S	排气口
控制端口	10	Z	有气信号时使端口1和端口2不连通
	12	Y, Z	有气信号时使端口1和端口2连通
	14	Z	有气信号时使端口1和端口4连通
	81, 91	Pz	辅助导向气路

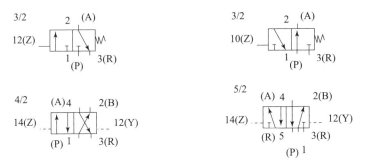

图 8-1　换向阀端口标号示例
ISO 标准：1—进气口；4，2—工作口；5，3—排气口；14，12—气控口

3. 换向阀的定义

图 8-2 所示为换向阀的定义。

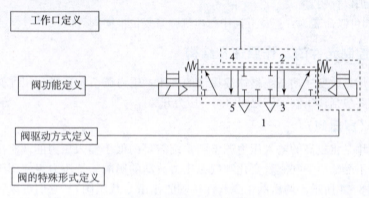

图 8-2 换向阀的定义

阀驱动方式定义：

气动换向阀的驱动方式取决于要完成任务的要求。

驱动方式很多，如人力驱动、机械驱动、气动驱动、电气驱动、组合驱动等。
换向阀的驱动方式定义如图 8-3 所示。

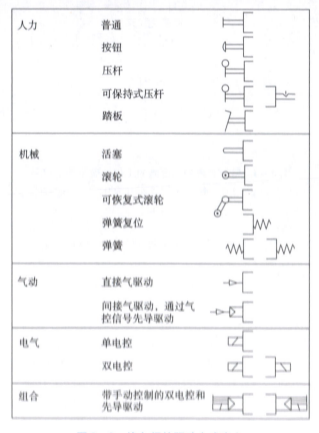

图 8-3 换向阀的驱动方式定义

当应用换向阀时，需要注意阀的主要驱动方式以及复位驱动方式，通常是两种不同的驱动方式，它们应标示在表示阀芯位置符号的方框两旁。也许还会有其他的阀驱动方式，如踏板驱动，需要附带地加以标明。

图 8-2 的阀可以命名为：三位五通中封电气弹簧复位换向阀。

二、压力控制元件的工作原理及结构

压力阀的作用是改变气动系统整体或局部的气压。压力调节阀通常利用弹簧的恢复力进行压力调节，其主要包括调压阀、压力顺序阀、压力开关。

1. 调压阀（减压阀）

调压阀的作用是将较高的输入压力调整到系统需要的低于输入压力的调定压力，并能保持输出压力稳定，不受输出空气流量变化和气源压力波动的影响。带压力表的调压阀的工作原理及图形符号如图 8-4 所示。调压阀主要起保护阀的作用（减压阀）。它们可以防止系统压力超出最大允许压力。如果在阀的输入口达到最大压力值，阀的输出口打开，过量的气体通过排气口排出。阀将保护打开，直到预设的内置弹簧达到系统压力值。

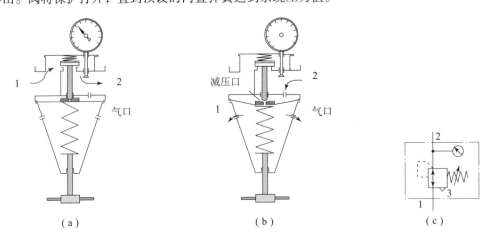

图 8-4　带压力表的调压阀的工作原理及图形符号
（a）未超调定压力时；（b）超调定压力时；（c）图形符号

2. 压力顺序阀

压力顺序阀是依靠气压系统中压力的变化来控制气动回路中各执行元件按顺序动作的压力阀，其工作原理与液压顺序阀基本相同。

如图 8-5 所示，压力顺序阀由两部分组合而成，左侧主阀为一个单气控的二位三通换向阀，右侧为一个通过外部输入压力和弹簧力平衡来控制主阀是否换向的导阀。

被检测压力信号由导阀 12 口输入，此时如果压力超过设定的弹簧的开启压力，就能克服弹簧力使导阀的阀芯抬起，主阀输入口 1 的压缩空气就能进入主阀阀芯右侧，推动阀芯左移实现换向，使主阀输出口 2 与输入口 1 导通，产生输出信号。由于调节弹簧的弹簧力可以通过调节旋钮进行预先设定，所以压力顺序阀只有在 12 口的输入气压达到设定压力时，才会产生输出信号。

如图 8-6 所示，压力顺序阀安装在控制系统中，尤其是要求有转换操作的系统。按下 1 s 后，液压缸 1A 左腔流入高压气体，活塞右移到缸底或遇到挡块，压力增加，当超过压力顺序阀的调定压力时，顺序阀开启，1V2 右位接通，压缩气体由液压缸右腔流入，活塞换向左移。

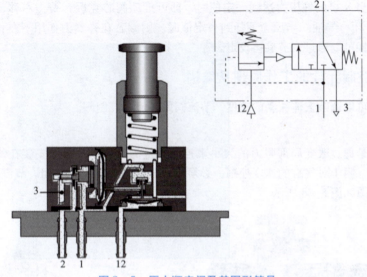

图 8-5 压力顺序阀及其图形符号

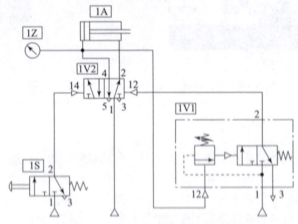

图 8-6 压力顺序阀在控制回路中的应用

3. 压力开关

压力开关是一种当输入压力达到设定值时，电气触点接通，发出电信号；输入压力低于设定值时，电气触点断开的元件，也称为气电转换器。压力开关的工作原理、图形符号及实物图如图 8-7 所示。

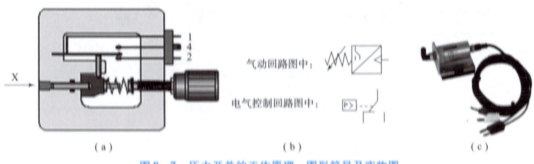

图 8-7 压力开关的工作原理、图形符号及实物图
(a) 工作原理；(b) 图形符号；(c) 实物图

模块八 气动控制基本回路设计 143

工作原理：当 X 口的气压力达到一定值时，即可推动阀芯克服弹簧力右移，而使电气触点 1、2 断开，1、4 闭合导通。当压力下降到一定值时，则阀芯在弹簧力作用下左移，电气触点复位。给定压力同样可以通过调节旋钮设定。

三、流量控制元件的工作原理及结构

流量控制阀可以调节气体流动的速度，节流阀属于流量控制阀。

1. 节流阀

流量控制就是通过改变局部阻力的大小来控制流量的大小。节流阀安装在气动回路中，通过调节阀的开度，用于对气缸的速度控制，必须注意节流阀不能完全关闭。节流阀的工作原理、图形符号及实物图如图 8-8 所示。

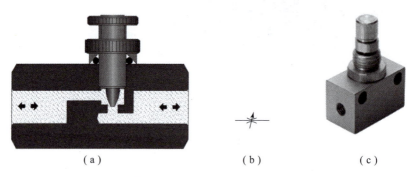

(a)　　　　　　　　　　(b)　　　　　　(c)

图 8-8　节流阀的工作原理、图形符号及实物图
(a) 工作原理；(b) 图形符号；(c) 实物图

2. 单向节流阀

在单向节流阀中，气体只能在一个方向上流动。气体从单向阀反向流动时被截断，气体只能通过节流阀截面流动，这种阀可以直接安装在气缸上，用来控制气缸运动速度。如图 8-9 所示，压缩空气从单向节流阀的左腔进入时，单向密封圈 3 被压在阀体上，空气只能从调节螺母 1 调整大小的节流口 2 通过，再由右腔输出。当压缩空气从右腔进入时，单向密封圈在空气压力的作用下向上翘起，使得气体不必通过节流阀可以直接流至左腔，此时单向节流阀不起节流作用。

(a)　　　　　　　　　　　(b)　　　　　　　　(c)

图 8-9　单向节流阀的工作原理、实物图及图形符号
(a) 工作原理；(b) 实物图；(c) 图形符号
1—调节螺母；2—节流口；3—单向密封圈

3. 进气节流与排气节流

根据单向节流阀在气动回路中连接方式的不同，可以将速度控制方式分为进气节流速度控制和排气节流速度控制。图 8-10 所示为节流气动回路图。

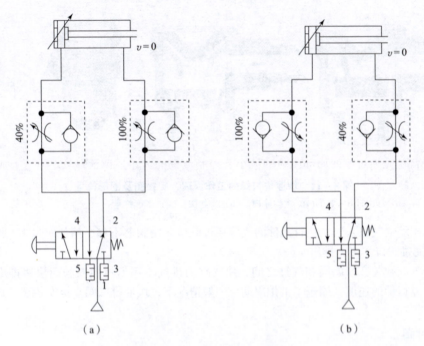

图 8-10 节流气动回路图
(a) 进气节流；(b) 排气节流

进气节流指的是压缩空气经节流阀调速后进入气缸，推动活塞缓慢运动，气缸排出的气体不经过节流阀，通过单向阀自由排出。而排气节流指的是压缩空气经单向阀直接进入气缸，推动活塞运动，而气缸排出的气体则必须通过节流阀受到节流调速后才能排出，从而使气缸活塞运动速度得到控制。

（1）采用进气节流：活塞上微小的负载波动都会导致气缸活塞速度的明显变化，使活塞运动速度稳定性差。

①当负载的方向与活塞运动方向相同时（负值负载）可能会出现活塞不受节流阀控制的前冲现象。

②当活塞杆碰到阻挡或达到极限位置而停止后，其工作腔由于受到节流作用，压力逐渐上升到系统最高压力，利用这个过程可以很方便地实现压力顺序控制。

（2）采用排气节流：采用排气节流进行速度控制，气缸排气腔由于排气受阻形成背压。排气腔形成的这种背压，减少了负载波动对速度的影响，提高了运动的平稳性，使排气节流成为最常用的调速方式。

①在出现负值时，排气节流由于有背压的存在，可以阻止活塞的前冲。

②气缸活塞运动停止后，气缸进气腔由于没有节流，压力迅速上升；排气腔压力在节流阀作用下逐渐下降到零。

4. 快速排气阀

当入口压力下降至一定值时，出口有压力的气体自动从排气口迅速排出的阀，称为快速排气阀。它通过降低气缸排气腔的阻力，达到将气体迅速排出以提高气缸活塞运动速度的目的。其工作原理、实物图及图形符号如图 8-11 所示。

如图 8-11 所示，快速排气阀有三个阀口 1、2、3。阀口 1 接气源，阀口 2 接执行元件，阀口 3 通大气。当阀口 1 有压缩空气输入时，推动阀芯上移，阀口 1 与 2 相通，给执行元件供气；

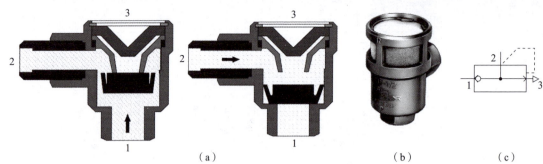

图 8-11　快速排气阀的工作原理、实物图及图形符号
（a）工作原理；（b）实物图；（c）图形符号

当阀口 1 无压缩空气输入时，执行元件的气体通过阀口 2 使阀芯下移，堵住阀口 1，同时打开阀口 3，气体通过阀口 3 快速排出。

快速排气阀常装在换向阀和气缸之间，使气缸的排气不用通过换向阀而快速排出，从而加快了气缸往复运动的速度，缩短了工作周期。一般情况下，快速排气阀直接安装在气缸上或靠近气缸的位置。

5. 延时阀

延时阀用于信号的延迟，在气动系统中是一种时间控制元件。如图 8-12 所示，延时阀有一个 3/2 换向阀、一个单向节流阀和一个储气罐。3/2 换向阀可以是常开或常闭类型，两种类型均可产生 0~30 s 的延时。

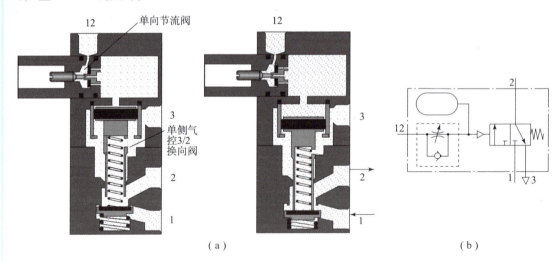

图 8-12　延时阀的工作原理及图形符号
（a）工作原理；（b）图形符号

如图 8-12 所示，常开型延时阀的工作原理：压缩气体（控制信号）通过气口 12 进入单向节流阀，随后气体进入储气罐中。当储气罐内的压力达到 3/2 换向阀的先导口压力值时，3/2 换向阀开启，输入口 1 和输出口 2 导通，产生输出信号，延时阀的延时时间就是储气罐建立先导口压力的时间。

如果延时阀切换到初始位置，压缩气体从储气罐中经单向节流阀的单向支路排出。换向阀弹簧复位回到初始位置，输入口 1 和输出口 2 之间断开，如图 8-13 所示。

延时阀在延时回路中的应用：如图 8-14 所示，回路中使用了两个延时阀 1V2 和 1V1。当按下按钮 1S1 时，延时阀 1V1 产生一个信号，控制元件 1V3 的先导口 14 收到该信号后，驱动气缸（1A）伸出，延时阀 1V1 的延时设定时间为 0.5 s。当气缸运动到极限位置 1S2 时，延时阀 1V2 收到一个气信号，当延时时间达到后，换向阀切换，气缸缩回。再次按下 1S1 的启动按钮后，将开启新的运动循环。

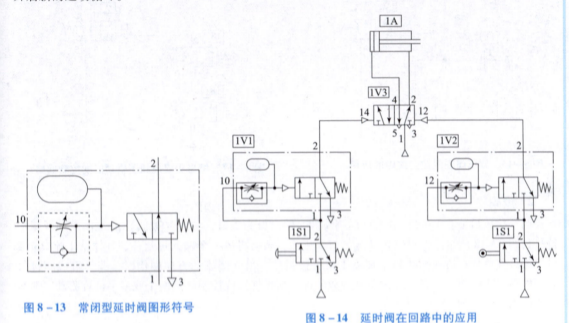

图 8-13 常闭型延时阀图形符号

图 8-14 延时阀在回路中的应用

四、逻辑控制元件的工作原理及结构

1. 双压阀

双压阀有两个输入口 1 和 1（3）以及一个输出口 2，如图 8-15 所示。气体必须同时通过两个输入口进入阀中。如果两个输入口气压不一致，阀就会被锁住。如果两端输入压力一致，在输出口会产生气信号。如果两端压力不同且相差得越大，输出口 2 的输出压力就越小。双压阀主要用于互锁控制、安全控制和逻辑与功能控制。

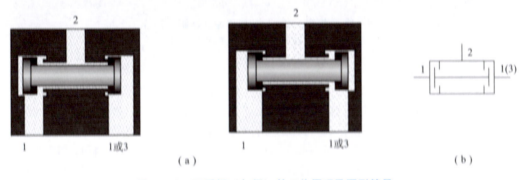

图 8-15 双压阀（与阀）的工作原理及图形符号
(a) 工作原理；(b) 图形符号

双压阀的应用：
如图 8-16 所示，双压阀回路相当于两个串联的输入信号，即两个阀串联使用（3/2 阀，常闭),如图 8-17 所示。如果两个输入压力一致,会在输出口上产生气压。

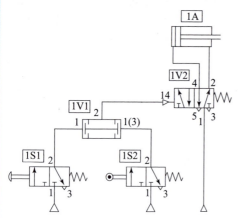

图 8-16 双压阀在气控回路中的应用

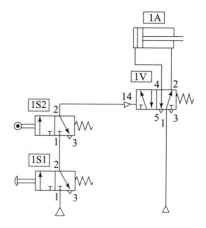

图 8-17 相当于双压阀逻辑功能的控制回路

2. 梭阀

两个输入口 1 和 1 (3) 具有单向阀特性,输出口为 2 口,梭阀(或阀)的工作原理及图形符号如图 8-18 所示。如果气体从输入口 1 流入,阀会将另一个输入口封住,气体从 1 流口至 2 口。如果气体从 3 口流至 2 口,那么 1 口将被封住。当气体流动方向颠倒时,即气缸或阀排气时,梭阀处于先前的状态,梭阀也称为或元件。如果气缸或控制阀从两个或多个位置驱动,那么需要使用多个梭阀。

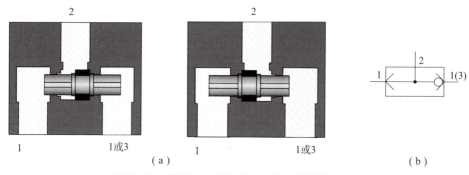

图 8-18 梭阀(或阀)的工作原理及图形符号
(a) 工作原理;(b) 图形符号

梭阀的应用:

如图 8-19 所示的控制回路,可实现由压缩空气控制气缸活塞杆的缩回,当按下 1S3 柄,1V4 梭阀右侧口通压缩空气控制 5/2 换向阀右位接通,活塞杆伸出,气缸停止伸出与缩回的往复循环。而同时按下 1S1、1S2 按钮,双压阀 1V1 两侧通压缩空气,5/2 换向阀 1V2 换左位,压缩空气经 1V3 延时阀延时,控制 5/2 换向阀 1V5 左位,气缸右腔进气,延时缩回,因接近开关 1B1、1B2 的行程控制,开始缩回、伸出的往复动作循环。回路中通过 1V6、1V7 两个单向节流阀,实现伸出与缩回的排气节流调速。

五、辅助元件图形符号

如图 8-20 所示,还有一些重要的附件符号,这些符号用于气动元件间的连接。

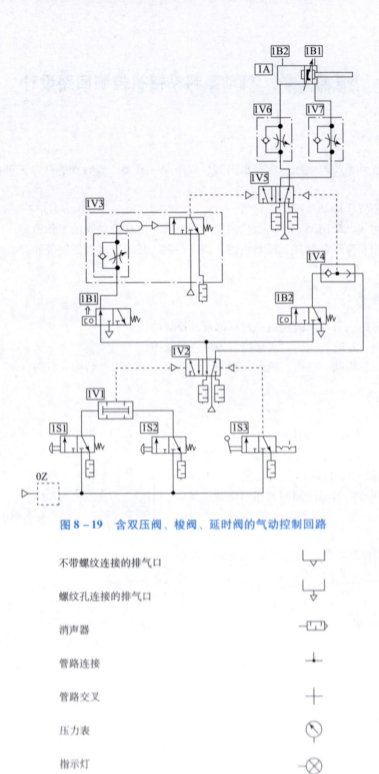

图 8-19 含双压阀、梭阀、延时阀的气动控制回路

不带螺纹连接的排气口	▽
螺纹孔连接的排气口	▽
消声器	
管路连接	•|—
管路交叉	+
压力表	⊘
指示灯	⊗

图 8-20 气动回路中的辅助元件图形符号

任务 8.2　气动塑料粘接机控制回路设计

学习目标

✓ 能够识气动系统原理图，掌握单向阀、双压阀、或阀、延时阀等气动元件的功用、结构、应用范围。
✓ 能够说明气压传动系统图形符号。
✓ 能够描述气动单向型、换向型控制阀、延时阀、流量控制阀的工作原理。
✓ 能够选用相应气动元件，正确组建、调试换向、延时、流量控制等回路。

理论知识

➢ 延时、方向、行程控制阀的原理掌握及其符号的认识。
➢ 基本换向、延时、减压、流量控制等回路的认识。
➢ 单向阀、双压阀、或阀、机控行程阀等气动元件的功用、结构、应用。

任务描述

如任务图 8-2 所示，利用作用气缸将两个涂有黏合剂的元件压到一起。按下按钮时，夹紧气缸伸出，当到达完全伸出位置后，气缸保持一段设定值 $T=6$ s 的时间，然后迅速缩回到初始位置，要求气缸的缩回速度可调。当气缸完全缩回后，才可以开始一个新的工作循环。

请设计延时控制回路，要求采用排气节流调速回路，以达到方便操作的目的。

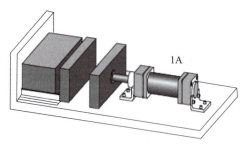

任务图 8-2　塑料板材粘接装置示意图

任务知识

一、气动控制系统的设计基础

1. 气动控制系统的设计流程

气动控制系统的设计取决于有条理的规划，其设计流程图如图 8-21 所示，可将其分为两个阶段：

第一阶段是硬件和控制方式的系统设计，即明确系统的硬件和采用控制手段。在这一阶段需要对不同的方案进行对比判断，确定最优化方案。

第二阶段主要根据第一阶段的方案完成以下几方面的工作：

（1）硬件的系统设计。
（2）说明文件的制定，初始资料的收集准备。
（3）确定进一步的要求。

(4) 制订项目进度表。
(5) 查阅产品目录及其说明。
(6) 成本核算。

具体实施应按设计的技术要求来完成,首先要订购系统硬件,并准备好构造整个系统的其他部件。要根据工程进度要求估计必要的交货日期,同时制订好工程进度表。在系统安装前,必须先检测控制系统的性能,这对保证现场工作顺利进行是非常重要的。安装工作包括控制部分、执行机构、传感器等的安装和调试。控制系统安装之前必须将所有的安装工件全部完成。安装一旦结束,就可以进行移交工作。先对所选用元器件进行性能测试,然后对整个系统进行测试。必须保证顺序动作正确,机器能够遵照所要求的运行条件运行,方可移交使用。移交工作完成后,要对系统的使用效果进行评价,与原始技术规定相比较。为了减少气动系统的故障率,设备的保养和维护是必不可少的。平时有规律地对设备进行保养和维护,可以增加系统的可靠性,减少生产运行费用。

系统运行一阶段后,某些元件可能会出现磨损现象,这可能是由于产品选择不当或运行条件发生了变化所引起的。按规定的时间间隔进行防护性的维护检查,有助于诊断这类故障,以免因系统故障而停止工作。系统使用一段时间后,可换掉旧的元器件或对控制系统加以改进,必要时可修改并升级系统以满足新要求。

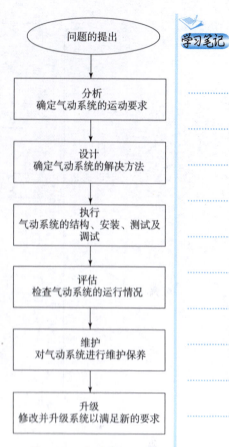

图 8-21 气动控制系统设计流程

2. 控制问题的方案设计

在控制问题的最终解决方案中,系统文件起着很重要的作用,而且它对控制系统的最终实现也是非常重要的。在绘制回路图时应该用标准的符号和标准的字母标记符号进行标识绘制,其所需的技术文件需要包含下列大部分内容:原理图、位移-步骤图或运动图、功能图、回路图(线路图)、元件的技术数据、系统操作的描述(系统操作使用说明书)。

辅助文件包括:系统中所有元件的列表、维护与排障信息(维修和故障检测指南)、备件列表。

二、回路图

1. 回路图的设计方法

控制链是控制系统的一种分类化表示方法。通过绘制控制链流程图,可以判断出信号的传递方向,以控制信号相应的设备组成分类及关系顺序。如图 8-22 所示,控制系统可以大致分为信号输入、信号处理、信号输出和命令执行几部分。而在回路图设计中,需要相应的设备依据信号流程设置,显示由信号输入至命令执行的过程路径。如信号输入元件可与气动元件中的开关、按钮、限位开关相对应,以完成相应的信号输入过程;信号处理可由处理元件中的换向阀、单向阀、调压阀、流量控制阀等气动元件完成;信号输出由换向阀这一气动元件完成最终控制;命令执行由执行元件的气缸、马达等气动元件完成回路图的最终功能要求。

应当根据控制链流程图来画回路图,也就是回路图中的信号流向也是从下向上的。一个控制系统中,能量供给是重要的,应当包括在回路图中。供气系统所需的元件应当画在回路图的下

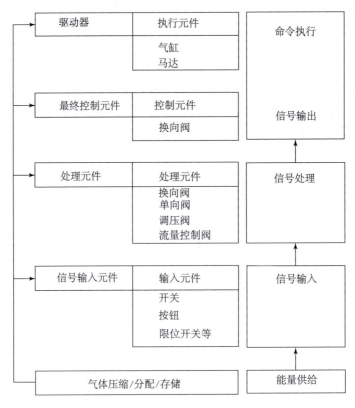

图 8-22 气动控制链图示意

面,可以采用简化符号或画出全部元器件的符号。回路图应该与控制流程相对应,因此信号流是由下向上的。简化或详细的符号都可用来表示回路图。在更多大型的回路图中,将能源供给部分(三联件、截止阀、气体分送接头)单独绘制在另一页图纸上,以此来简化图纸。

如果线路表示为这种示意性的形式,就可以称其为回路图。无论实际上管线怎样连接,回路图的结构都是一样的。也就是说,回路图的布局意味着在画回路图时,不必考虑系统每个元件的实际位置,而是根据原理的需要来进行布局。一般来说,在回路图中将所有的气缸和方向控制阀水平布置,且气缸运动的方向均从左向右,这样的回路图更容易被理解,方便分析研究。

2. 回路图设计

设计要求:按下手动按钮或踩下踏板,双作用气缸的活塞杆都会伸出。在活塞杆全部伸出后,若此时手动按钮或脚踏板开关也已释放,则气动活塞杆自动返回初始位置。如图 8-23 所示,清晰地表示出依据控制链结构进行回路图的设计布局。

(1) 输入元件是手动驱动阀 1S1、1S2(脚踏控制阀)以及机械驱动阀 1S3(滚轮杠杆阀)。

(2) 处理元件(处理器)是梭阀 1V1。

(3) 控制元件是换向阀 1V2。

(4) 动力元件是气缸 1A。

图 8-23 中 1S3 行程阀安装在气缸完全伸出时 PVC 活塞杆凸轮头所能碰到的位置。这个控制元件在回路图中画在信号输入处,不直接反映行程阀的真实安装位置。而在图 8-23 中气缸伸出时所能碰到的位置处使用软件中的标尺,加上一个标签(此例中,标签为 1S3),同时在行程阀的滚轮处也加上相应的标签使其并联,这样就能在软件中进行仿真(以 FESTO FluidSIM 模拟

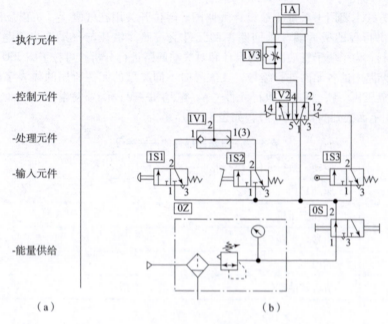

图 8-23 控制链结构与回路图
(a) 控制链结构示意；(b) 回路图

仿真软件为例）模拟了。

如果控制系统很复杂且包含若干个工作元件，则应当把控制系统分成若干条控制链，每个气缸形成一条控制链。只要可能，应该按照实际运行顺序绘制各控制链。

3. 独立元件的指定与标示

1) 初始位置标示

信号元件在回路图中应表示为常态位置，也就是回路图中所画的每个元器件应处于初始位置。如果用阀在初始位置已被驱动来作为启动条件，如图 8-24 所示，行程阀的初始位置是处于被开通的状态，此时应当表示出来。该阀的静止位置是常开，此时由于凸轮头将其压下，所以初始位置处于被接通的状态。

2) 元件的数字标示

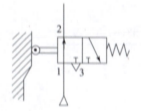

图 8-24 初始状态时已驱动

在这类标示法中，元件被分成若干组。0 组中包含能源供给元件，1、2、…组中包含独立的控制链，通常每个气缸分配一个编码，如表 8-3 所示。

表 8-3 元件的数字标示

0Z1、0Z2 等	能源供给单元
1A、2A 等	动力元件
1V1、1V2 等	控制元件
1S1、1S2 等	输入元件（手动和机械驱动阀）

3）元件字母标示

这种标示方式主要用于系统化地设计气路图。限位开关用在气缸上，可以反映活塞杆所在位置。气缸伸出行程的最远端气动回路图的元件应按照《液压与气动图形符号》(GB 786—2021)进行绘制。为了便于气动回路的设计和对气动回路进行分析，可按 DIN ISO 1219-2 标准的规定对气动回路中的各元件进行编号，在编号时不同类型的元件所用的代表字母也应遵循以下规则：泵和空压机—P；驱动、执行元件—A；电动机—M；信号发生器—S；阀门—V；其他元件—Z（或用上面提到的其他字母），如表 8-4 所示。

表 8-4 气路图部件的识别字母

A	驱动、执行元件（气动缸……）
M	驱动马达（电动机）
P	泵和空压机
S	信号发生器
V	阀门
Z	所有其他部件

表 8-5 所示为气路图中部件标示名称举例。

表 8-5 气路图中部件标示名称举例

名称	气路图号	部件类型	计数号	备 注
2A1	2	气动缸	1	气路图中只有一个缸可消除
1V1	1	阀门	1	
2S1	2	信号发生器	1	"1"表示活塞的后终端位置
2S2	2	信号发生器	2	"2"表示活塞的前终端位置
0Z1	(0)	维护单元	1	"0"表示本开关气路之前的部件

工程应用案例　板料折弯机气动系统

操作训练　推料机构排气节流调速回路的组建与调试

模块九　电气液控制系统的安调与控制回路分析

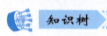

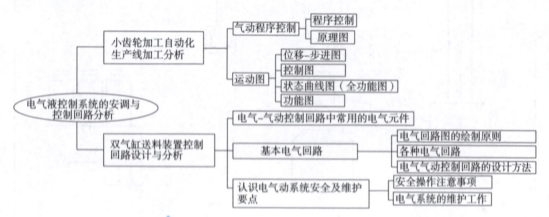

任务9.1　小齿轮加工自动化生产线加工分析

学习目标

✓ 能够识读气动系统、继电控制系统图形符号原理图，掌握各气动元件的功用、结构、应用范围以及继电控制元件的工作原理。
✓ 能够描述气控功能图、位移步骤图对执行气动元件动作顺序的表示。
✓ 能够描述气动单向型、换向型控制阀、流量控制阀的工作过程，分析换向、速度回路的气动、继电控制原理。
✓ 能够正确组建、搭接电气控制的各类回路。

理论知识

➤ 气动程序控制回路中气控回路和电控回路设计，动作顺序应用的功能图原理。
➤ 换向、速度回路的原理，排气节流调速回路速度的调试。

任务描述

任务图9-1所示为小齿轮生产线流程简图，其工作流程为：工作时，将已预车削的毛坯件（工件）通过套筒压入带端面的驱动顶尖的固定套中，达到夹紧压力后工件和铣刀旋转起来。铣削开始,加工一个小齿轮。铣刀经钢球丝杠产生进给运动。铣完后套筒退回,回转臂旋转+90°,然后向下走。抓手1抓铣好的小齿轮,抓手2抓起料包中的一个坯件。然后回转臂向上走,旋转-180°,再次向下走。回转臂通过这一系列动作将小齿轮送入料包,将坯件送入固定套。两个抓手打开,回转臂向上走,接着旋转+90°,退回到中间位置。套筒夹住新坯件,铣削过程从头开始。任务图9-2所示为小齿轮自动生产线液压回路图。

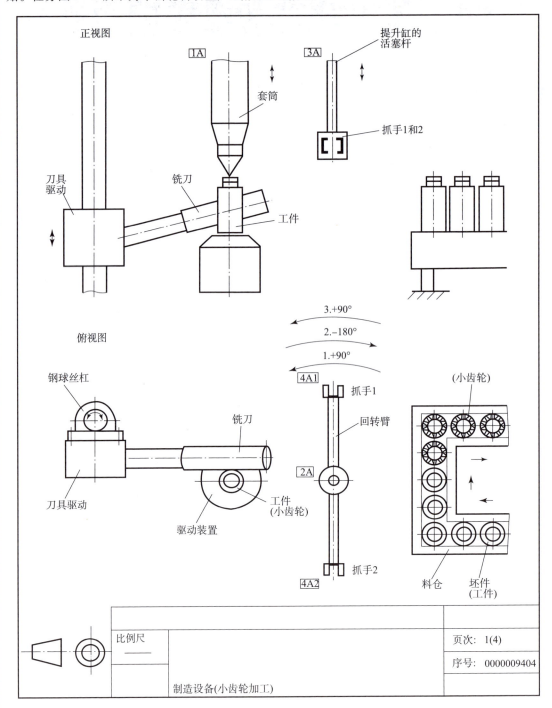

任务图9-1 小齿轮生产线流程简图

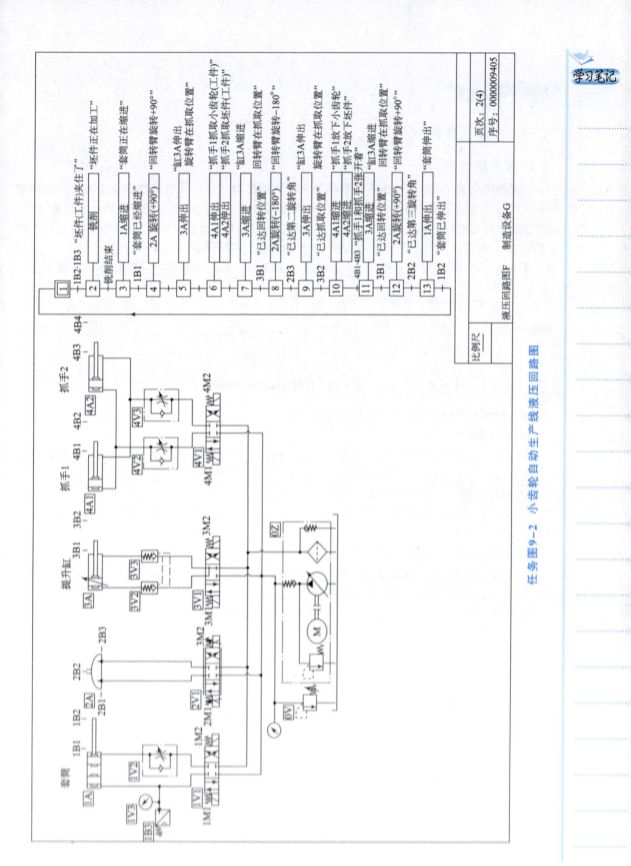

任务图9-2 小齿轮自动生产线液压回路图

一、气动程序控制

1. 程序控制

所谓程序控制,就是根据生产过程的要求,使被控制的执行元件按预先规定的顺序协调动作的一种自动控制方式。如图9-1所示,外部输入启动信号经逻辑控制回路进行逻辑运算后,通过主控元件发出一个执行信号,推动第一个执行元件动作。动作完成后,执行元件在其行程终端触发第一个行程信号器,发出新的信号,再经逻辑控制回路完成。依此不断地循环运行,直至控制任务完成,切断启动指令为止。这是一个闭环控制系统,是自动化设备上使用最多的一种方法。

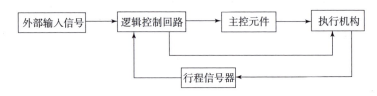

图9-1 行程程序控制流程图

根据控制方式的不同,程序控制可分为三种:

1)步进图控制

在步进图控制中,程序产生一个参考变量,程序的输出变量根据被控系统的行程路径或移动位置产生。

2)顺序控制

顺序控制是根据被控系统所处的状态一步一步执行命令。该程序可以是永久保存的,也可以从记忆卡中读取。

3)时间(进度)控制

在时间(进度)控制中,程序产生一个命令值。因此,时间控制的特性在于根据时间顺序执行命令,命令的输入装置可以是凸轮杆、凸轮、穿孔卡片、穿孔带、电子记忆的程序等。

在实际系统设计中,为了分析执行元件随着控制步骤或控制时间的变化规律,常绘出系统的原理图、位移-步进图、控制图、功能图等来加以分析,以便清楚、直观地了解执行元件和控制元件之间的关系,有利于回路设计。

2. 原理图

如图9-2所示,表明了执行器和其他机械元件之间的关系。执行器要以正确位置画出,位置图不需要非常具体。位置图用于辅助描述机械操作原理和运动图。

二、运动图

1. 位移-步进图

位移-步进图用于描述运动顺序。如图9-3所示,位移-步进图表明了执行器1A、2A气缸的运动顺序,位移根据步进顺序而记录。

如果控制系统中有多个执行器,它们以同样的方式画在一张图上。它们之间的关系可以通过比较步进关系而得出。

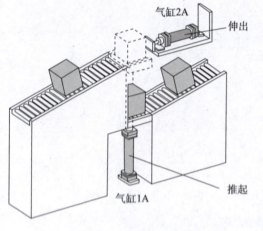

图 9-2 原理图示例

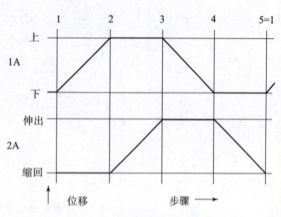

图 9-3 位移-步进图

在图 9-3 中共有两个气缸 1A 和 2A，在第 1 步中，气缸 1A 伸出，然后气缸 2A 在第 2 步伸出。在第 3 步中，气缸 1A 缩回，第 4 步气缸 2A 缩回。步进编号 5 等于第 1 步。

2. 控制图

在控制图中，控制元件的转换状态与步进或时间有关，转换时间不需要考虑。如图 9-4 所示控制图，表明了控制元件的转换状态（气缸 1A 的 1V 和气缸 2A 的 2V）和在气缸 1A 末端位置之前的行程开关 1S1 的状态。

3. 状态曲线图（全功能图）

状态曲线图是将运行过程和控制图结合为一体，线段代表了元件每步的状态，被称为状态曲线图，如图 9-5 所示。

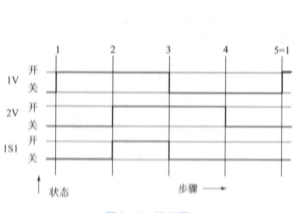

图 9-4 控制图

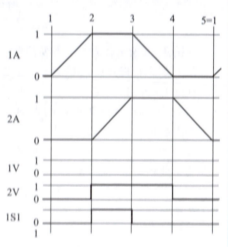

图 9-5 状态曲线图

除了功能线，还可以将信号线画在全功能图中，如图 9-6 所示。信号线的方向是当信号状态改变时所发生的变化，信号线上的箭头表明信号流方向。

信号分支由信号线上的原点表示出来，由信号输出表示元件状态的改变。在"或"条件中，原点处于两信号线的结合处，多个信号独立地影响同一个对象的变化。在"与"条件中，不同信号的结合点处用斜线表示。只有当所有信号的状态都改变时，信号输出才发生变化。

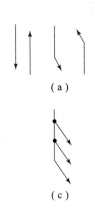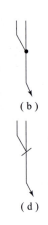

图 9-6 信号线示意图

(a) 信号线；(b) 或条件；(c) 信号分支；(d) 与条件

如图 9-7 所示，每个输入元件的符号在各自的信号线中画出。

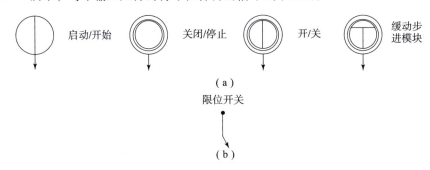

图 9-7 输入元件示意图

(a) 输入元件，手动操作；(b) 输入元件，机械操作

如图 9-8 所示，表明了下列信息：

（1）如果行程开关 2S1 被触发且按下 1S1 按钮后，气缸 1A 伸出。

（2）当气缸 1A 达到前进的末端位置时，行程开关 1S3 被触发，气缸 2A 伸出。

（3）当气缸 2A 达到前进的末端位置时，行程开关 2S2 被触发，气缸 1A 缩回。

（4）当气缸 1A 达到缩回末端位置时，行程开关 1S2 被触发，气缸 2A 缩回。

（5）当气缸 2A 达到缩回末端位置时，行程开关 2S1 被触发，再次回到初始状态。

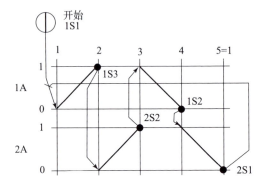

图 9-8 带有信号线的步进-位移图

符号说明是另外一种表明运动顺序的方式。在这种表示方式中，气缸符号说明为 1A 和 2A。前进信号用"＋"表示，缩回信号用"－"表示。

顺序 1A＋、2A＋、2A－、1A－按照下列顺序执行：

气缸 1A 前进，气缸 2A 前进，气缸 2A 缩回，气缸 1A 缩回。

顺序 1A＋、2A＋、1A－、2A－按照下列顺序执行：

气缸 1A 前进，气缸 2A 前进，气缸 1A 缩回，气缸 2A 缩回。

4. 功能图

功能图清楚地说明了运动和传感顺序，可以一目了然地表达以过程为主的控制流程。如图 9-9 所示，它包含各个步骤、输入信号的逻辑连接以及转换到下一步的条件。但功能图并没有表达出结构和所使用装置的安装地点或导线走向。

从控制信号来说，气动程序控制回路有气控回路和电控回路两种。设计方法以气控回路为例说明，同样也适用于目前工厂中仍广泛使用的继电器电控回路的设计。

功能图由几个标准化图形符号编制而成，除表示步骤、转变、作用方向和指令符号外，若要使功能图更易理解，需使用逻辑连接符号，如图 9-10 所示。

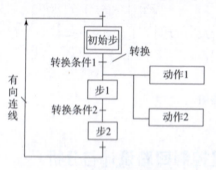

图 9-9　功能图结构示意

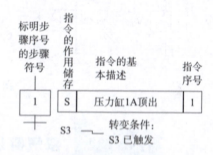

图 9-10　功能图标准化图形符号组成

步骤符号：每一个控制步骤都用一个矩形方框表示，框内标明控制步骤的序号。

转变条件：两个步骤之间，标明转变到下一步骤的条件。

作用连接：作用线将各个步骤彼此连接起来。只有当作用方向不是自上至下时，才标出箭头，以示方向。

指令符号：在分为三个部分的指令符号中，应标明如下内容：

指令类型，如"S"表明储存。

指令描述，如"液压缸 1A 顶出"。

指令序号，如"1"。

功能图应用案例分析：如图 9-11 所示，功能图清楚地说明了运动和传感顺序。图标描述了下列的顺序：

（1）气缸 1A 伸出（1A+），行程开关 1S2 被触发。

（2）行程开关 1S2 触发使气缸 2A（2A+）伸出。

（3）气缸 2A 伸出并触发 2S2。行程开关 2S2 触发，气缸 2A 缩回（2A-）。

（4）随后行程开关 2S1 被触发，使气缸 1A 缩回（1A-）。

（5）气缸 1A 完全缩回后触发 1S1，可以开始下一个循环。

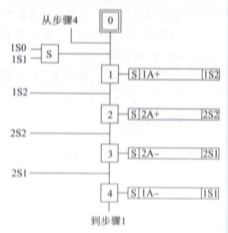

图 9-11　应用案例功能图

如图 9-12 所示，回路图说明了信号流以及各元件连接间的关系，回路图中不涉及机械位置的内容。回路中信号启动由顶部的行程开关控制。回路中包括了能源供给单元、信号输入单元、信号处理单元、控制元件和执行器。行程开关的位置标志在执行器上。元件和线路通过系统编号和通路连接编号而区分。

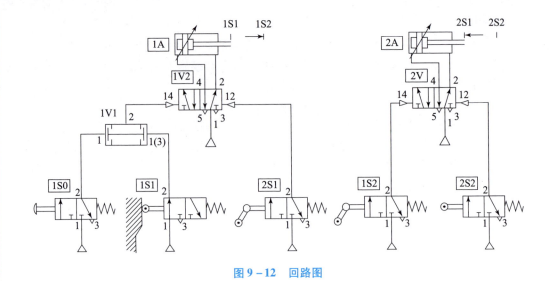

图 9-12　回路图

任务 9.2　双气缸送料装置控制回路设计与分析

学习目标

✓ 能够识读气动系统、继电控制系统图形符号原理图,掌握各气动元件的功用、结构、应用范围以及继电控制元件的工作原理。

✓ 能够描述气控功能图、位移步骤图对执行气动元件动作顺序的表示。

✓ 能够描述气动单向型、换向型控制阀、流量控制阀的工作过程,分析换向、速度回路的气动、继电控制原理。

✓ 能够正确组建、搭接纯气动控制的双气缸行程控制回路。

理论知识

➢ 电气动程序控制回路中气控回路和电控回路设计,动作顺序的功能图原理及应用。

➢ 换向、速度回路的原理,排气节流调速回路速度的调试。

任务描述

车间进行工业生产线自动化送料应用装置改造,现需要依据客户对功能要求,设计如任务图 9-3 所示的送料装置,并安装调试,具体要求如下:

工业应用装置中的送料机构:用 A、B 两个气缸将工件从料仓中传递到滑槽。按下按

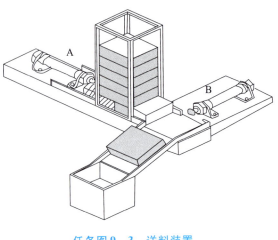

任务图 9-3　送料装置

钮，气缸 A 伸出，将工件从料仓推出，等待气缸 B 将其推入输送滑槽，工件传递到位后，A 缸缩回，接着 B 缸缩回。

两个气缸的运动速度可以调节，同时需要检测伸出或缩回是否已经到工业应用装置中的送料机构：用 A、B 两个气缸将工件从料仓中传递到滑槽。按下按钮，气缸 A 伸出，将工件从料仓推出，等待气缸 B 将其推入输送滑槽。工件传递到位后，A 缸缩回，接着 B 缸缩回。

依据功能要求实施任务：

（1）选定需要的元器件，在操作台上合理布局，连接出正确的控制系统，检验气缸的动作是否符合推料机械的动作要求。

（2）分析该推料机构的工作原理。

（3）采用纯气路控制设计该推料机构回路。

（4）采用双侧电控制换向阀，设计继电控制回路，完成同样的动作。

9.2.1　电气-气动控制回路中常用的电气元件

电气-气动控制回路由控制按钮、行程开关、继电器及其触点、电磁线圈等组成，简称电气回路。电气回路通过按钮或行程开关使电磁铁通电或断电，控制触点接通或断开被控制的主回路，这种回路也称为继电器控制回路。电路中的触点有常开触点和常闭触点。

电气-气动控制回路中常用的电气图形符号如表 9-1 所示。

表 9-1　电气-气动控制回路中常用的电气图形符号（GB/T 4728—2018）

名称	图形符号	名称	图形符号
动合（常开）触点		旋钮开关	
动断（常闭）触点		位置开关	
延时闭合的动合（常开）触点	或	磁控接近开关	
延时断开的动断（常闭）触点	或	继电器线圈 电磁铁线圈	或
手动开关的一般符号		缓吸继电器线圈	5
按钮开关（动合）	或	缓放继电器线圈	5

任务9.2.2　基本电气回路

一、电气回路图的绘制原则

电气回路图通常以一层次分明的梯形法表示，称为梯形回路图，简称梯形图。这是利用电气元件符号进行顺序控制系统设计的最常用的一种方法。梯形回路图可分为水平梯形回路图及垂直梯形回路图两种。

图9-13所示为水平梯形回路图，图形上下两条平行线代表控制回路图的电源线，称为母线。

梯形回路图的绘制原则：

(1) 图形上端为火线，下端为接地线。

(2) 回路图的构成是由左而右进行。为便于读图，接线上要加上线号。

(3) 控制元件的连接线接于电源母线之间，且应尽可能使用直线。

(4) 连接线与实际的元器件配置无关，其由上而下，依照动作的顺序来决定。

(5) 连接线所连接的元器件均以电气符号表示，且均为未操作时的状态。

(6) 在连接线上，所有的开关、继电器等的触点位置由水平电路上侧的电源母线开始连接。

(7) 一个梯形回路图网线由多个梯级组成，每个输出元素（继电器线圈）可构成一个梯级。

(8) 在连接线上，各种负载如继电器、电磁线圈、指示灯等的位置通常是输出元素，要放在水平线的下侧。

(9) 在以上的各元器件的电气符号旁注上文字符号。

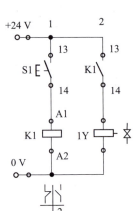

图9-13　水平梯形回路图

二、各种电气回路

1. 是门电路（YES）

是门电路是一种简单的通断电路，能实现是门逻辑。图9-14所示为是门电路，按下按钮A，电路1导通，继电器线圈K励磁，其常开触点闭合，电路2导通，指示灯亮；若放开按钮，则指示灯熄灭。是门电路的逻辑方程是 $S = A$。

2. 或门电路（OR）

图9-15所示为或门电路，也称为并联电路。只要按下三个手动按钮中的任何一个开关，都能使电路1导通，继电器线圈K励磁，其常开触点闭合，电路4导通，指示灯亮。例如，要求在一条自动生产线上的多个操作点可以进行操作作业，就可采用这个电路。或门电路的逻辑方程为 $S = A + B + C$。

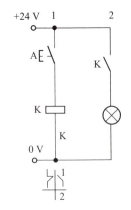

图9-14　是门电路

3. 与门电路（AND）

图9-16所示为与门电路，也称为串联电路。只有将按钮A、B、C同时按下，才能使电路1导通，继电器线圈K励磁，其常开触点闭合，电路2导通，指示灯亮。例如，一台设备为防止误

操作，保证安全生产，安装了两个不同的启动按钮，只有操作者双手操作，将两个操作按钮同时按下时，设备才能开始运行。与门电路的逻辑方程式为 $S = A \cdot B \cdot C$。

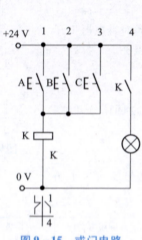

图 9-15　或门电路

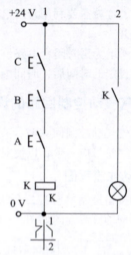

图 9-16　与门电路

4. 自保持电路

自保持电路又称为记忆电路，在各种液压、气压装置的控制电路中常用，尤其是使用单电控电磁换向阀控制液压缸、气压缸的运动时，必须采用自保持回路，如图 9-17 所示。使用了这种回路，还需要具有使其断开的装置，方能使回路完整。

从图 9-17 可看出，当按下按钮 SB1，电路 1 导通，继电器线圈 K 励磁，其常开触点闭合，电路 2 导通；放开 SB1 后，电路 1 继续导通（回路自保持），同时电路 3 也导通，指示灯亮。若按下按钮 SB2，继电器线圈 K 失电，则指示灯熄灭。

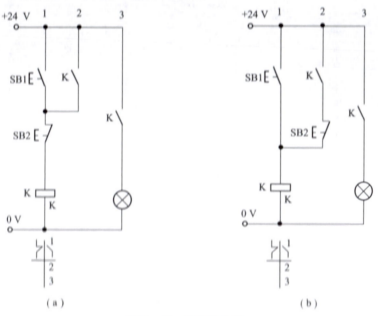

图 9-17　自保持电路
(a) 停止优先自保持回路；(b) 启动优先自保持回路

5. 延时电路

随着自动化设备的功能和工序越来越复杂,需严格按照规定的时间和动作完成操作,这就需要利用延时电路来实现。延时控制分为两种,延时闭合和延时断开。

图9-18所示为延时闭合电路,当按下开关SB1后,延时继电器T开始计时,经过设定的时间后,时间继电器触点闭合,灯光点亮。

三、电气气动控制回路的设计方法

在设计电气气动控制回路时,应将电气控制回路和气动回路分开画,两个图上的文字符号应一致,以便对照。

1. 绘制动作流程图

利用手动按钮控制单电控二位五通电磁阀来操纵单气缸实现单个循环,单气缸运动动作流程图如图9-19所示。

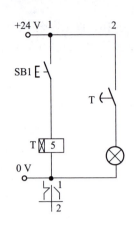

图9-18 延时闭合电路

图9-19 单气缸运动动作流程图

2. 设计步骤（见图9-20）

(1) 将启动按钮SB1及继电器K1置于3号线,继电器的常开触点K1及电磁阀线圈Y1置于5号线上。这样当SB1按下,电磁阀线圈Y1得电时,电磁阀换向,活塞杆前进,完成流程图中流程1、2的要求,如图9-20(b)所示的3号线。

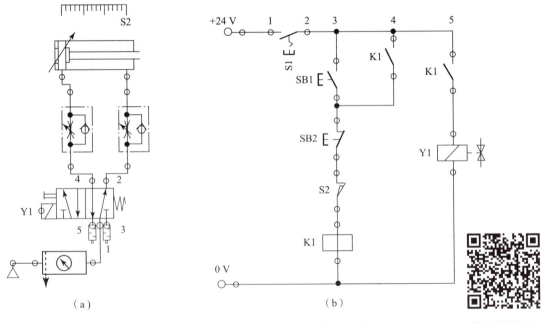

(a)　　　　　　　　　　　　　　　(b)

图9-20 推料装置气动回路与电气回路参考示意图
(a) 气动回路；(b) 电气回路

推料装置电气与气动回路

(2) 由于 SB1 为一点动按钮，手放开电磁阀线圈 Y1 就会断电，将使活塞杆后退。为使活塞杆保持前进状态，必须将继电器 K1 所控制的常开触点接于 4 号线，形成一个自保电路，完成流程图中流程 3 的要求，如图 9-20（b）所示的 4 号线。

(3) 将行程开关 S2 的常闭触点接于 3 号线上，当活塞杆压下 S2 时，切断自保电路，电磁阀线圈 Y1 断电，电磁阀在弹簧作用下复位，活塞杆退回，完成流程图中流程 5 的要求。

(4) 图 9-20（b）中的 SB2 为停止按钮。在活塞杆前进过程中，只要按下 SB2，将使继电器 K1 失电，切断自保电路，电磁阀线圈 Y1 断电，活塞杆都将退回到初始位置。

任务 9.2.3　认识电气动系统安全及维护要点

一、安全操作注意事项

(1) 因实验元器件结构和材料的特殊性，在实验的过程中务必注意稳拿轻放，防止碰撞；在回路实验过程中确认安装稳妥无误后才能进行加压实验。

(2) 做实验之前必须熟悉元器件的工作原理和动作条件，掌握快速组合的方法，绝对禁止强行拆卸，不能强行旋扭各种元件的手柄，以免造成人为损坏。

(3) 液压回路启动时，要注意采用"软"启动方式，即将溢流阀旋松，启动液压泵，然后再旋紧溢流阀，达到回路要求压力。液压回路系统加压严禁带负载启动，以免造成安全事故；完成实验项目后，要注意先将溢流阀旋松，使液压回路系统中的油液回油箱，然后先关闭电磁控制开关，最后关闭液压泵。

(4) 学生做实验时，气动系统压力不得超过额定压力 6 bar，必须使用电源变压器。

(5) 学生做实验之前一定要了解本实验系统的操作规程，在实验老师的指导下进行，切勿盲目进行实验。

(6) 学生实验过程中，发现回路中任何一处有问题时，应立即切断电源、泵站气源，并向指导老师汇报情况，只有当回路释压后才能重新进行实验。

(7) 关闭气源总阀门，待系统中无高压气流后，方可拆除气管。切忌将未切断高压气源的气管对准他人。

(8) 气动实训平台启动时要先启动空气压缩机，然后旋紧减压阀，进行压力加载，打开电磁阀控制开关；实训项目结束时，要先旋松减压阀，使回路中气压降低，同时关闭电磁阀控制开关，最后关闭空气压缩机。

(9) 检修电气动系统时，须切断电源及气源方可进行检修。

(10) 实验完毕后，要清理好元器件，注意做好元器件的保养和实验台的清洁。

二、电气动系统的维护工作

电气动系统的维护工作可分为日常性的维护工作及定期的维护工作。通过管理系统点检与气动元件的定检来保证。

1. 管路系统点检

主要内容是对冷凝水和润滑油的管理。冷凝水的排放，一般应当在气动装置运行之前进行。但是当夜间温度低于 0℃ 时，为防止冷凝水冻结，气动装置运行结束后，应开启放水阀门排放冷凝水。补充润滑油时，要检查油雾器中油的质量和滴油量是否符合要求。此外，点检还应包括检查供气压力是否正常，有无漏气现象等。气动系统点检要点如表 9-2 所示。

表 9-2 气动系统点检要点

气动系统维护项目	故障原因分析	处置
保证供给洁净的压缩空气	水分、油分和粉尘等杂质使管道、阀和气缸腐蚀,密封材料变质,阀体动作失灵	选用合适的过滤器
保证空气中含有适量的润滑油	润滑不良造成气缸推力不足;密封材料的磨损造成空气泄漏;生锈造成元件的损伤及动作失灵	油雾器进行喷雾润滑,安装在过滤器和减压阀之后。供油量通常每 10 m³ 的空气供 1 mL 的油量(即 40~50 滴油)。检查方法:将清洁白纸放在换向阀排气口附近,3~4 个循环后,白纸上有很轻的斑点即可
保持气动系统的密封性	漏气增加了能量的消耗;导致供气压力的下降、产生噪声	停止气动系统运行,并检查。检查方法:轻微的漏气可利用仪表或涂抹肥皂水检查
保证气动元件中运动零件的灵敏性	120~220℃ 高温下油粒氧化,黏性增大,形成油泥,附着在阀芯,降低灵敏度	在过滤器后,安装油雾分离器。定期清洗阀也可以保证阀的灵敏度
保证气动装置有合适的工作压力和运动速度	压力表工作可靠与否,影响读数准确	减压阀与节流阀调节好后,必须紧固调压阀盖或锁紧螺母,防止松动

2. 气动元件的定检

主要内容是彻底处理系统的漏气现象。例如更换密封元件,处理管接头或连接螺钉松动,定期检验测量仪表、安全阀和压力继电器等。气动元件的定检要点如表 9-3 所示。

表 9-3 气动元件的定检要点

元件名称	定检内容
气缸	(1) 活塞杆与端面之间是否漏气; (2) 活塞杆是否划伤、变形; (3) 管接头、配管是否划伤、损坏; (4) 气缸动作时有无异常声音; (5) 缓冲效果是否合乎要求
电磁阀	(1) 电磁阀外壳温度是否过高; (2) 电磁阀动作时,工作是否正常; (3) 气缸行程到末端时,通过检查阀的排气口是否有漏气来确诊电磁阀是否漏气; (4) 紧固螺栓及管接头是否松动; (5) 电压是否正常,电线是否有损伤; (6) 通过检查排气口是否被油润湿,或排气是否会在白纸上留下油雾斑点来判断润滑是否正常
油雾器	(1) 油杯内油量是否足够,润滑油是否变色、混浊,油杯底部是否沉积有灰尘和水; (2) 滴油量是否合适

续表

元件名称	定检内容
调压阀	（1）压力表读数是否在规定范围内； （2）调压阀盖或锁紧螺母是否锁紧； （3）有无漏气
过滤器	（1）储水杯中是否积存冷凝水； （2）滤芯是否应该清洗或更换； （3）冷凝水排放阀动作是否可靠
安全阀及压力继电器	（1）在调定压力下动作是否可靠； （2）校验合格后，是否有铅封或锁紧； （3）电线是否损伤，绝缘是否可靠

三、找出故障点和故障源

找出故障点和故障源的简易方法（以数控车床为例）：
（1）对规定部位进行抽检，例如被夹住的切屑、污损的触点等。
（2）注意不正常的机器噪声，并立即找出原因。
（3）用手小心地触摸某些部位，例如轴承座，检查是否温度过高。
（4）检查液压系统的工作压力。
（5）检查电源部分，主要是触点和插接式连接点。

这些简单检查的目的是尽可能缩小故障点的发生范围，例如电气或电子系统、液压系统或机床某个部件等。图9-21所示为故障查找流程示意图。

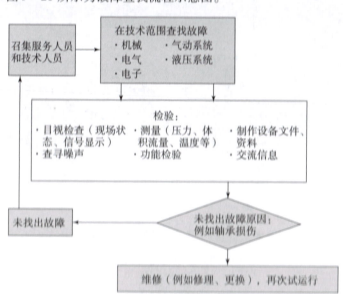

图9-21 故障查找流程示意图

如果无法查出故障原因并且设备已自动关机，那么故障点的查找也将困难重重。这种情况要求维修人员拥有丰富的经验，对故障机器以及整个系统具备精良的专业知识。

完整的设备资料对机床的学习了解颇有助益，如附有故障点查找指南的设备操作说明书，带有零部件明细表或电路图和功能流程图的总图纸。此外，在现场仔细观察并与操作人员和机床维修人员进行相关信息的交谈，同样具有重要意义。

应系统地进行故障的查找和排除工作，如图 9-22 所示数控（CNC）车床的气动回路，压力监视器（S25）确定三爪卡盘的夹紧压力不够，它将立即关机。与此同时，机床的压力表上显示出这个故障。机床上内置了两个测量接头，以便获取液压系统的实际状态。通过这两个测量接头可测量压力和体积流量。在通向夹紧液压缸的供液管道上，应测量调压阀之前（P1）和之后（P3）的压力。现测出输出端（P3）的压力过小，由此可推断出该调压阀有故障的结论。更换调压阀时必须注意，应将液压蓄能器的压力降为零。

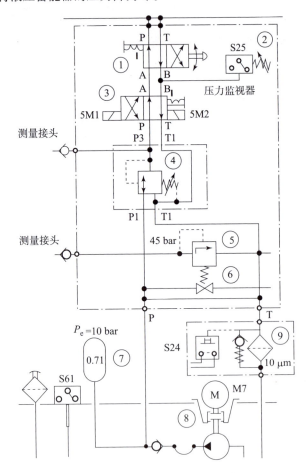

图 9-22 数控车床的气动回路

找出并排除故障原因后，例如更换了阀门，必须将该故障记录在案。

工程应用案例　零件压入装置
继电器顺序控制气动系统

附录1　流体传动系统及元件图形符号和回路图（部分）（2009）

一、液压图形符号（2009）			
控制机械			
图形	描述	图形	描述
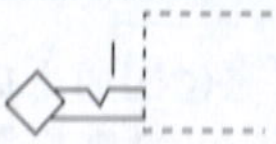	带有分离把手和定位销的控制机构	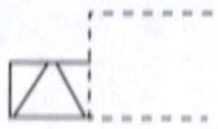	双作用电气控制机构，动作指向或背离阀芯
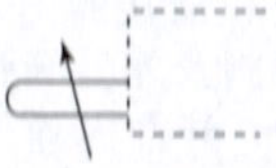	带有可调行程限制装置的顶杆	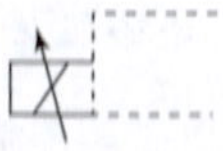	单作用电磁铁，动作指向阀芯，连续控制
	带有定位装置的推和拉控制机构	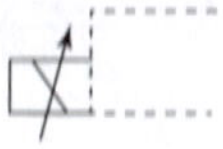	单作用电磁铁，动作背离阀芯，连续控制
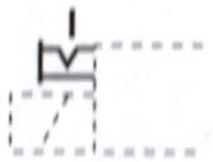	手动锁定控制机构		双作用电气控制机构，动作指向或背离阀芯，连续控制
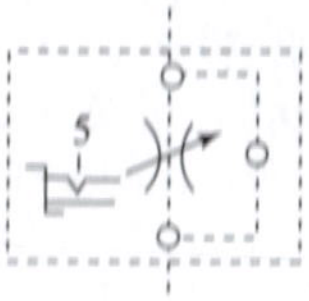	带有5个锁定位置的调节控制机构		电气操纵的气动先导控制机构
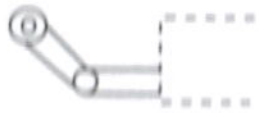	用作单方向行程操纵的滚轮杠杆	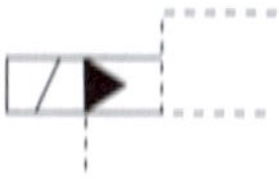	电气操纵的带有外部供油的液压先导控制机构
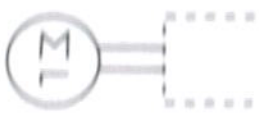	使用步进电动机的控制机构	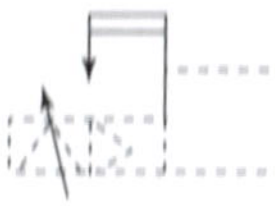	机械反馈
	单作用电磁铁，动作指向阀芯	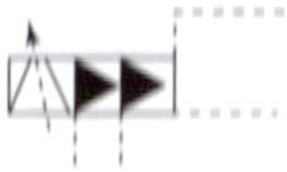	具有外部先导供油，双比例电磁铁，双向操作，集成在同一组件，连续工作的双先导装置的液压控制机构
	单作用电磁铁，动作背离阀芯		

续表

一、液压图形符号（2009）			
方向控制阀			
图形	描述	图形	描述
	二位二通方向控制阀，两通，两位，推压控制机构，弹簧复位，常闭		二位四通方向控制阀，双电磁铁操纵，定位销式（脉冲阀）
	二位二通方向控制阀，两通，两位，电磁铁操纵，弹簧复位，常开		二位四通方向控制阀，电磁铁操纵液压先导控制，弹簧复位
	二位四通方向控制阀，电磁铁操纵，弹簧复位		三位四通方向控制阀，电磁铁操纵先导级和液压操作主阀，主阀及先导级弹簧对中，外部先导供油和先导回油
	二位三通锁定阀		三位四通方向控制阀，弹簧对中，双电磁铁直接操纵，不同中位机能的类别
	二位三通方向控制阀，滚轮杠杆控制，弹簧复位		二位四通方向控制阀，液压控制，弹簧复位
	二位三通方向控制阀，电磁铁操纵，弹簧复位，常闭		三位四通方向控制阀，液压控制，弹簧对中
	二位三通方向控制阀，单电磁铁操纵，弹簧复位，定位销式手动定位		二位五通方向控制阀，踏板控制

续表

一、液压图形符号（2009）			
方向控制阀			
图形	描述	图形	描述
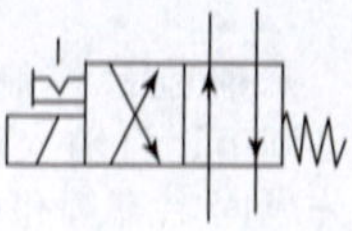	二位四通方向控制阀，单电磁铁操纵，弹簧复位，定位销式手动定位	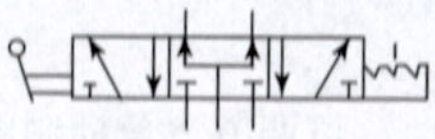	三位五通方向控制阀，定位销式各位置杠杆控制
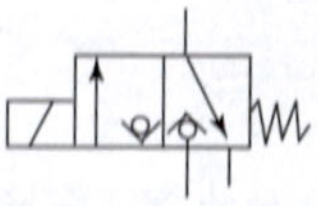	二位三通液压电磁换向座阀	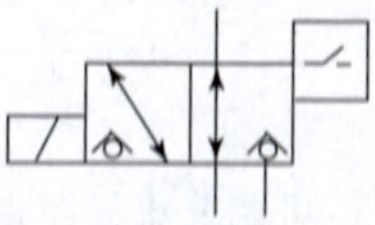	二位三通液压电磁换向座阀，带行程开关
压力控制阀			
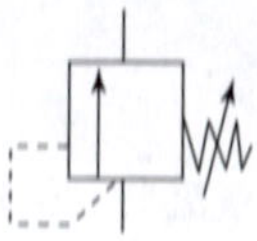	溢流阀，直动式，开启压力由弹簧调节	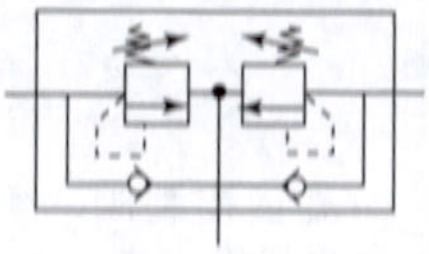	防气蚀溢流阀，用来保护两条供给管道
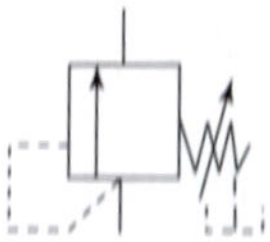	顺序阀，手动调节设定值	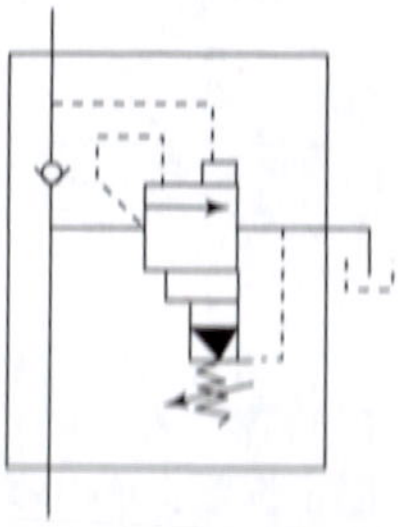	蓄能器充液阀，带有固定开关压差
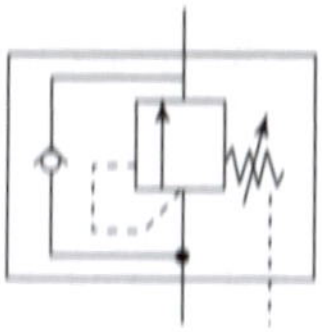	顺序阀，带有旁通阀	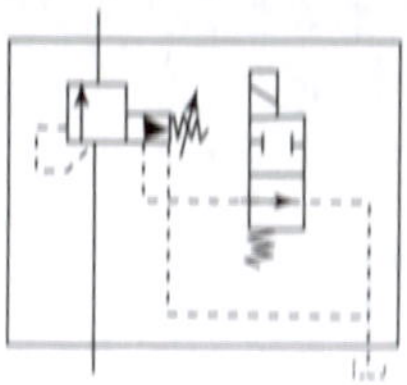	电磁溢流阀，先导式，电气操纵预设定压力
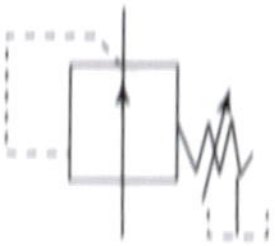	二通减压阀，直动式，外泄型	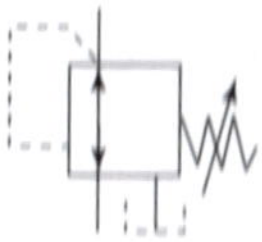	三通减压阀（液压）
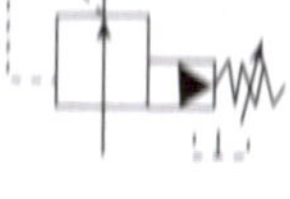	二通减压阀，先导式，外泄型		

一、液压图形符号（2009）			
流量控制阀			
图形	描述	图形	描述
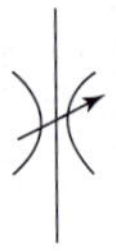	可调节流量控制阀	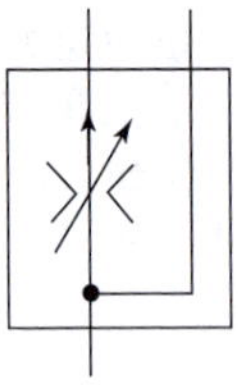	三通流量控制阀，可调节，将输入流量分成固定流量和剩余流量
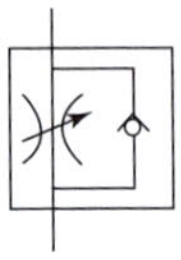	可调节流量控制阀，单向自由流动	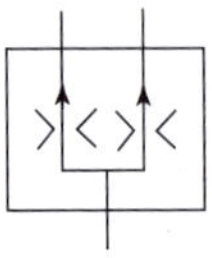	分流器，将输入流量分成两路输出
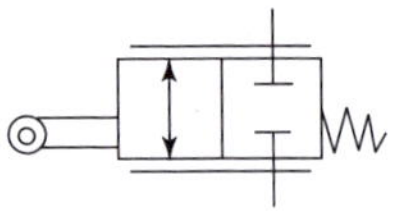	流量控制阀，滚轮杠杆操纵，弹簧复位	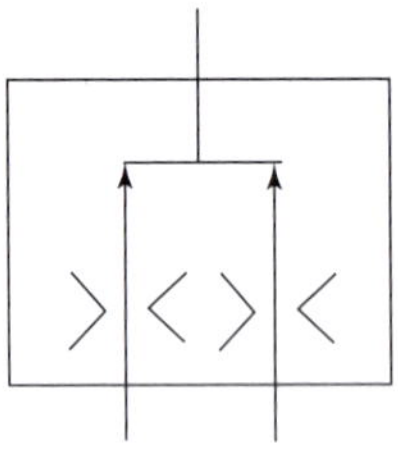	集流阀，保持两路输入流量相互恒定
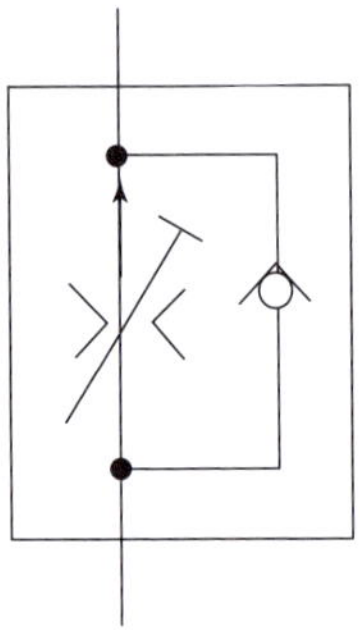	二通流量控制阀，可调节，带旁通阀，固定设置，单向流动，基本与黏度和压力差无关		
单向阀和梭阀			
	单向阀，只能在一个方向自由流动	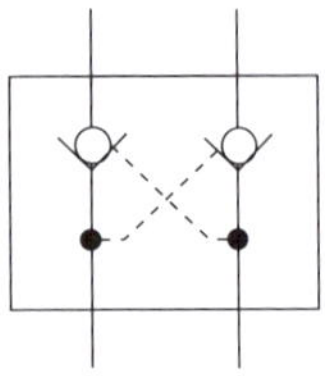	双单向阀，先导式
	单向阀，带有复位弹簧，只能在一个方向流动，常闭	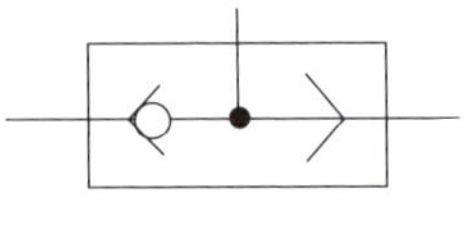	梭阀（"或"逻辑），压力高的入口自动与出口接通

一、液压图形符号（2009）			
单向阀和梭阀			
图形	描述	图形	描述
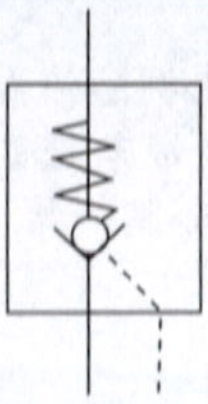	先导式液控单向阀，带有复位弹簧，先导压力允许在两个方向自由流动		
比例方向控制阀			
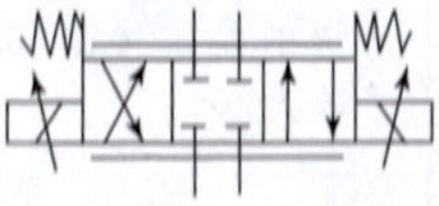	直动式比例方向控制阀	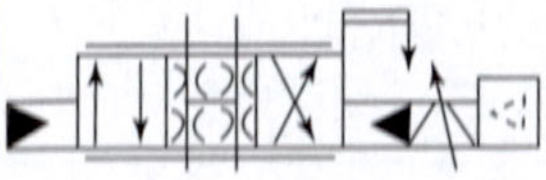	先导式伺服阀，先导级带双线圈电气控制机构，双向连续控制，阀芯位置机械反馈到先导位置，集成电子器件
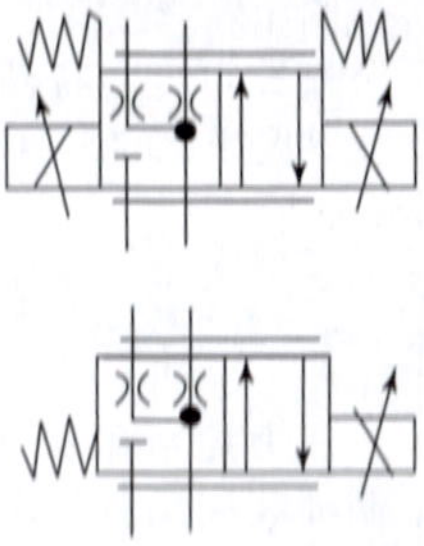	比例方向控制阀，直接控制	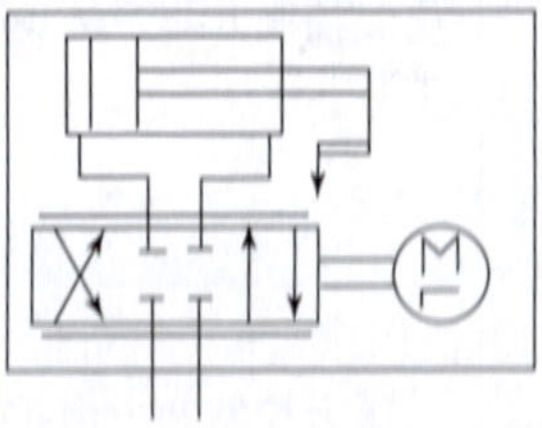	电液线性执行器，带由步进电动机驱动的伺服阀和油缸位置机械反馈
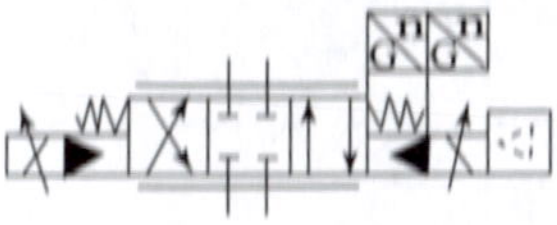	先导式比例方向控制阀，带主级和先导级的闭环位置控制，集成电子器件	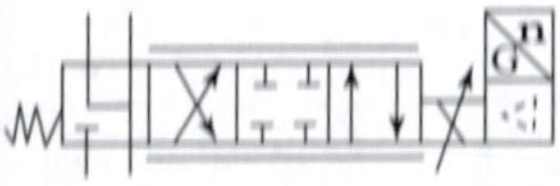	伺服阀，内置电反馈和集成电子器件，带预设动力故障位置
	先导式伺服阀，带主级和先导级的闭环位置控制，集成电子器件，外部先导供油和回油		
比例压力控制阀			
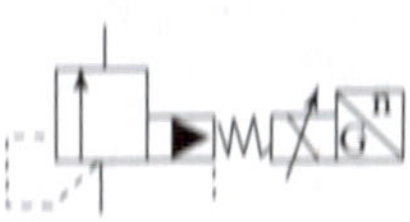	比例溢流阀，先导控制，带电磁铁位置反馈	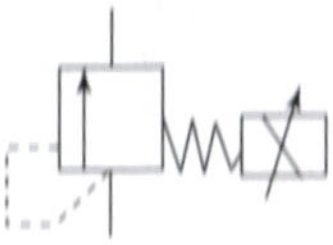	比例溢流阀，直控式，通过电磁铁控制弹簧工作长度来控制液压电磁铁换向座阀
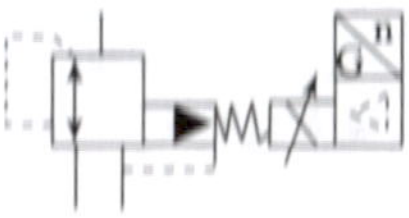	三通比例减压阀，带电磁铁闭环位置控制和集成式电子放大器	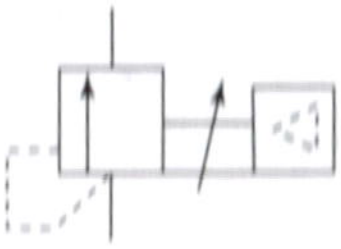	比例溢流阀，直控式，电磁力直接作用在阀芯上，集成电子器件

一、液压图形符号（2009）

	比例压力控制阀		
图形	描述	图形	描述
	比例溢流阀，先导式，带电子放大器和附加先导级，以实现手动压力调节或最高压力溢流功能		比例溢流阀，直控式，带电磁铁位置闭环控制，集成电子器件

	比例流量控制阀		
	比例流量控制阀，直控式		比例流量控制阀，先导式，带主级和先导级的位置控制和电子放大器
	比例流量控制，直控式，带电磁铁闭环位置控制和集成式电子放大器		流量控制阀，用双线圈比例电磁铁控制，节流孔可变，特性不受黏度变化的影响

	二通盖板式插装阀		
	压力控制和方向控制插装阀插件，座阀结构，面积比1:1		压力控制和方向控制插装阀插件，座阀结构，常开，面积比1:1
	方向控制插装阀插件，带节流端的座阀结构，面积比例≤0.7		方向控制插装阀插件，带节流端的座阀结构，面积比例＞0.7
	方向控制插装阀插件，座阀结构，面积比例≤0.7		方向控制插装阀插件，座阀结构，面积比例＞0.7
	主动控制的方向控制插装阀插件，座阀结构，由先导压力打开		主动控制插件，B端无面积差

一、液压图形符号（2009）

二通盖板式插装阀

图形	描述	图形	描述
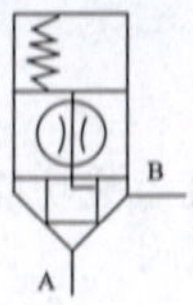	方向控制阀插件，单向流动，座阀结构，内部先导供油，带可替换的节流孔（节流器）	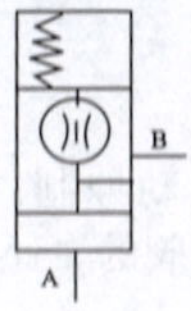	带溢流和限制保护功能的阀芯插件，滑阀结构，常闭
	减压插装阀插件，滑阀结构，常闭，带集成的单向阀	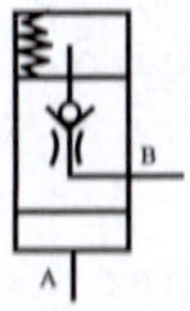	减压插装阀插件，滑阀结构，常开，带集成的单向阀
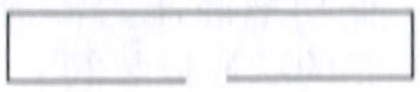	无端口控制盖	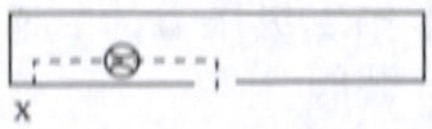	带先导端口的控制盖
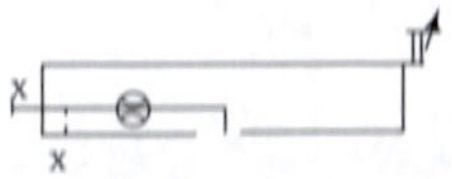	带先导端口的控制盖，带可调行程限位器和遥控端口	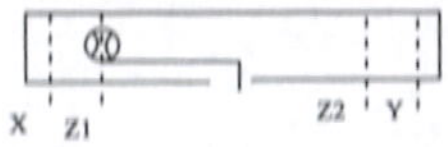	可安装附加元件的控制盖
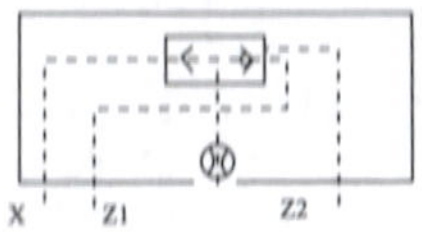	带液压控制梭阀的控制盖	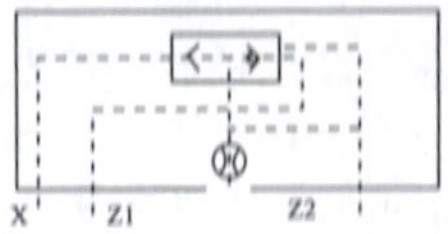	带梭阀的控制盖
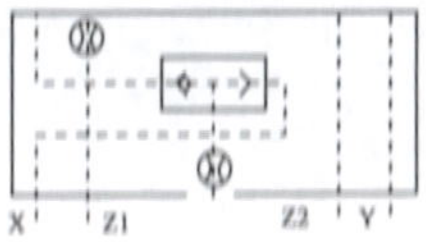	可安装附加元件，带梭阀的控制盖	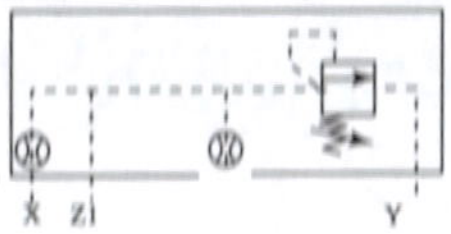	带溢流功能的控制盖
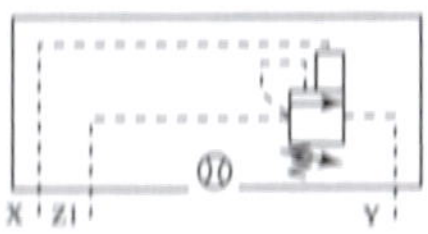	带溢流功能和液压卸载的控制盖	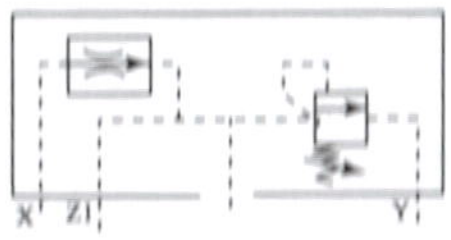	带溢流功能的控制盖，用流量控制阀来限制先导级流量
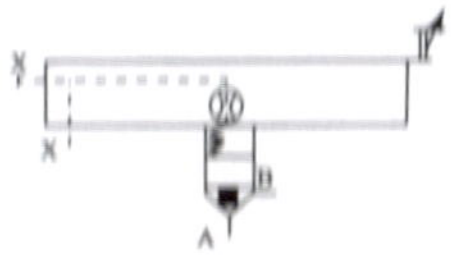	带行程限制器的二通插装阀	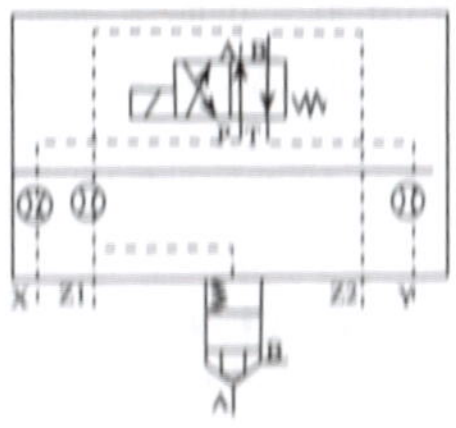	带方向控制阀的二通插装阀

一、液压图形符号（2009）			
二通盖板式插装阀			
图形	描述	图形	描述
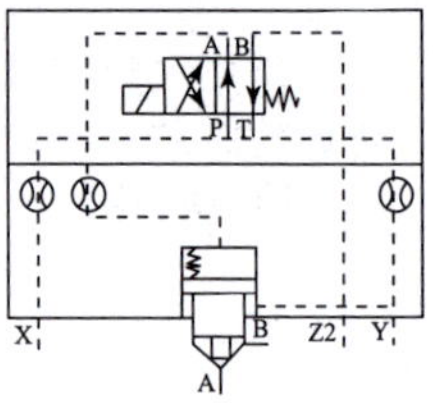	主动控制，带方向控制阀的二通插装阀	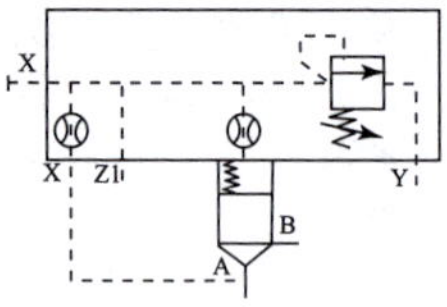	带溢流功能的二通插装阀
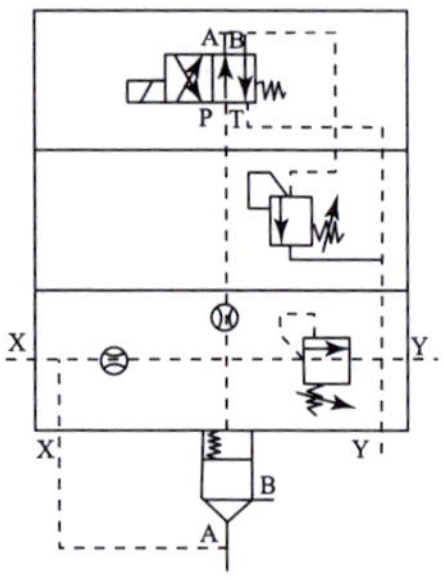	带溢流功能的可选第二级压力的二通插装阀	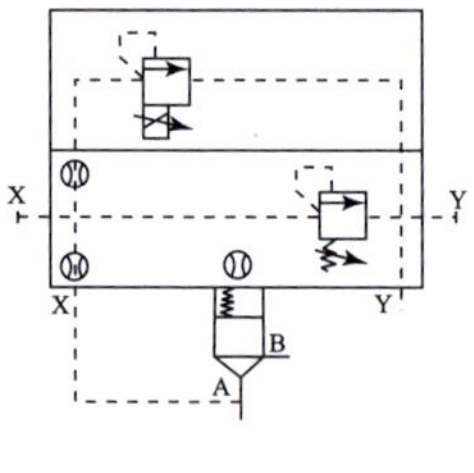	带比例压力调节和手动最高压力溢流功能的二通插装阀
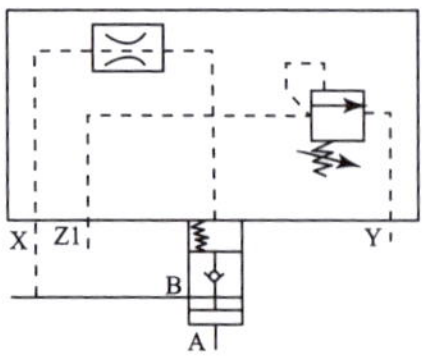	高压控制、带先导流量控制阀的减压功能的二通插装阀	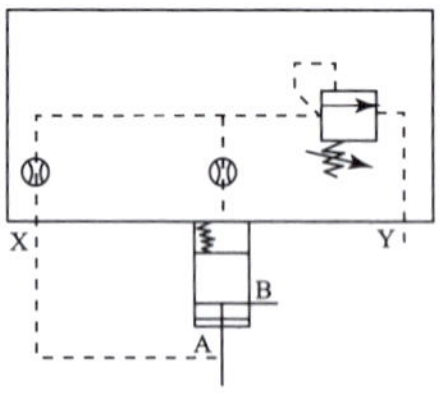	低压控制、减压功能的二通插装阀
泵和马达			
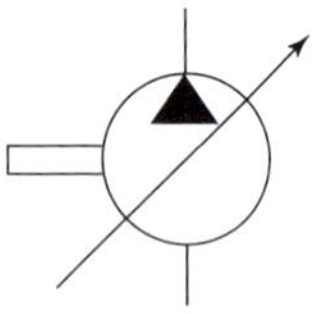	变量泵	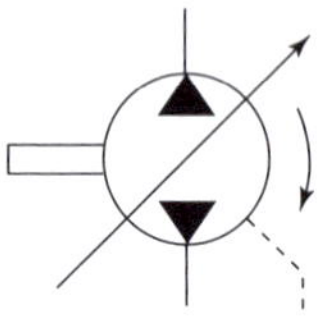	双向流动，带外泄油路单向旋转的变量泵
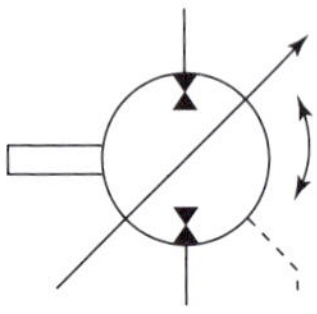	双向变量泵或马达单元，双向流动，带外泄油路，双向旋转	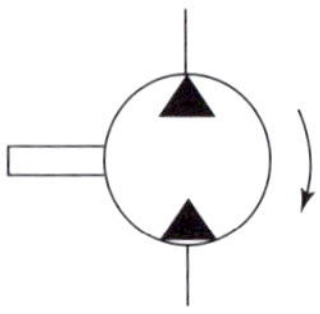	单向旋转的定量泵或马达
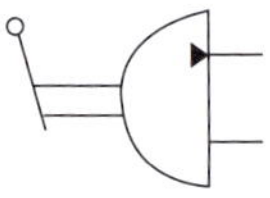	操纵杆控制，限制转盘角度的泵	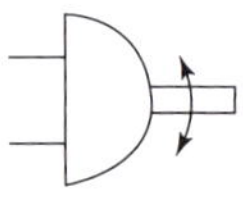	限制摆动角度，双向流动的摆动执行器或旋转驱动

一、液压图形符号（2009）

泵和马达

图形	描述	图形	描述
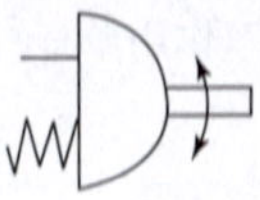	单作用的半摆动执行器或旋转驱动	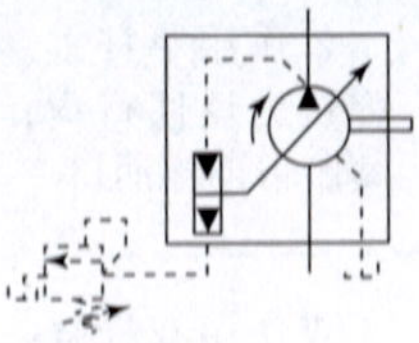	变量泵，先导控制，带压力补偿，单向旋转，带外泄油路
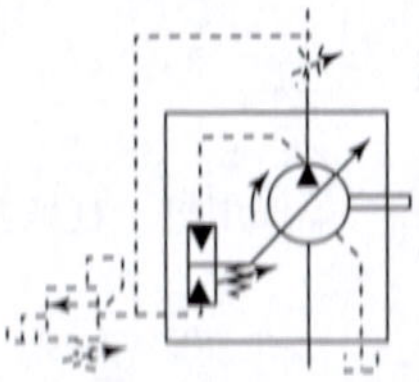	带复合压力或流量控制（负载敏感型）变量泵，单向驱动，带外泄油路	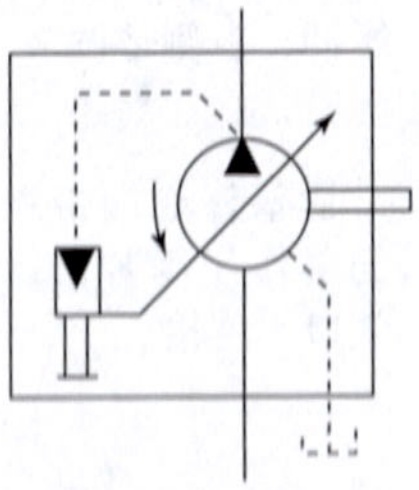	机械或液压伺服控制的变量泵
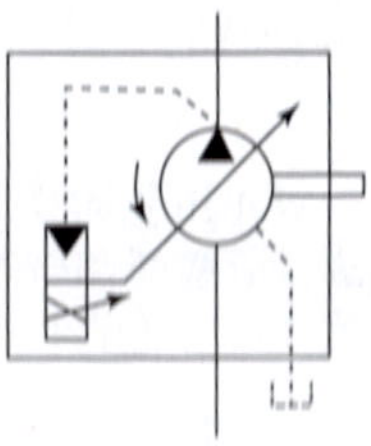	电液伺服控制的变量液压泵	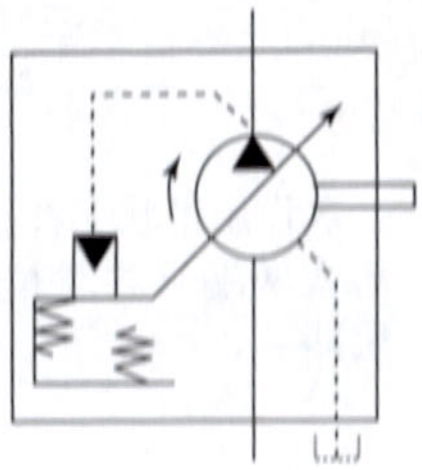	恒功率控制的变量泵
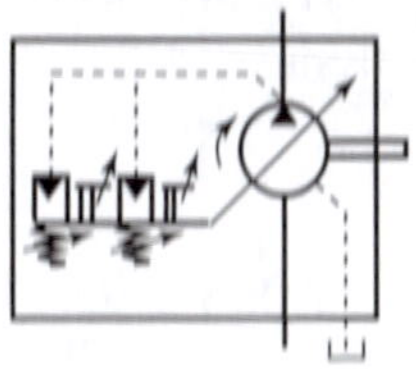	带两级压力或流量控制的变量泵，内部先导操纵	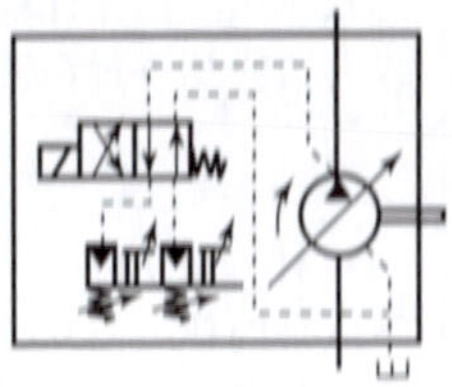	带两级压力控制元件的变量泵，电气转换
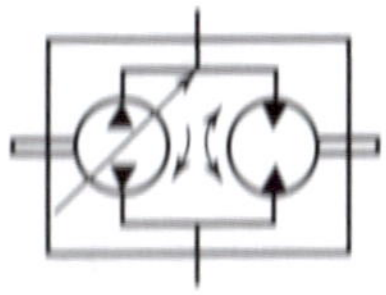	静液传动（简化表达）驱动单元，由一个能反转、带单输入旋转方向的变量泵和一个带双输出旋转方向的定量马达组成	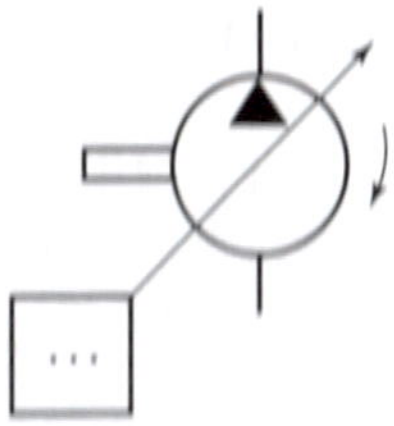	表现出控制和调节元件的变量泵，箭头表示调节能力可扩展，控制机构和元件可以在箭头任意一边连接。没有指定复杂控制器
	连续增压器，将气体压力 p_1 转换为较高的液体压力 p_2		

续表

一、液压图形符号（2009）			
缸			
图形	描述	图形	描述
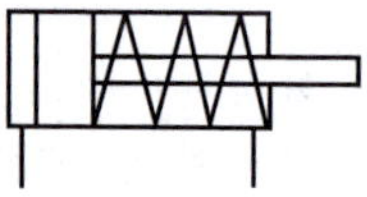	单作用单杆缸，靠弹簧力返回行程，弹簧腔带连接油口	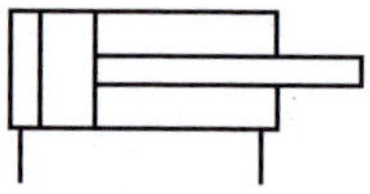	双作用单杆缸
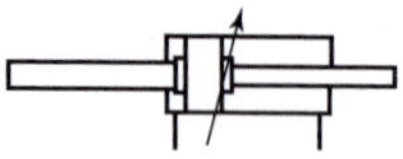	双作用双杆缸，活塞杆直径不同，双侧缓冲，右侧带调节	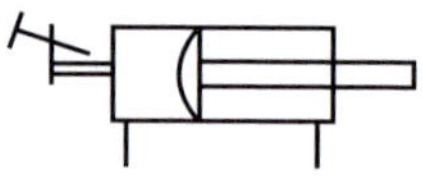	带行程限制器的双作用膜片缸
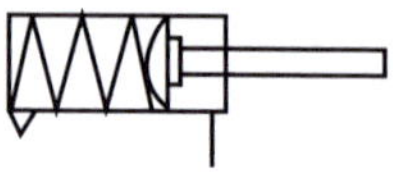	活塞杆终端带缓冲的单作用膜片缸，排气口不连接	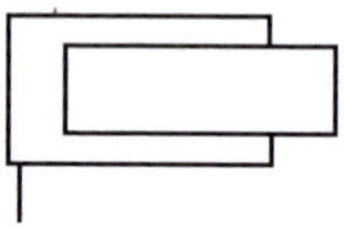	单作用缸，柱塞缸
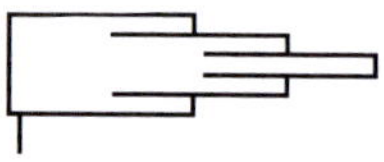	单作用伸缩缸	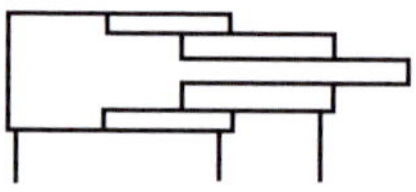	双作用伸缩缸
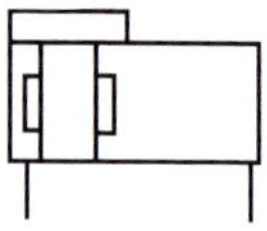	双作用带状无杆缸，活塞两端带终点位置缓冲	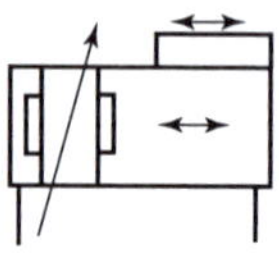	双作用缆绳式无杆缸，活塞两端带可调节终点位置缓冲
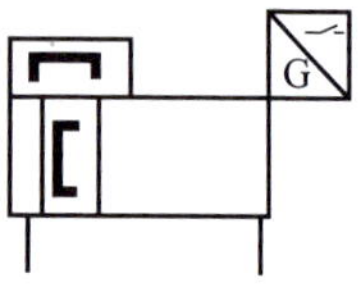	双作用磁性无杆缸，仅右边终端位置切换	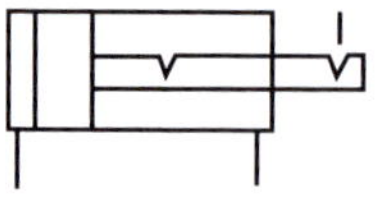	行程两端定位的双作用缸
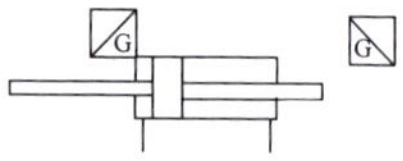	双杆双作用缸，左终点带内部限位开关，内部机械控制，右终点有外部限位开关，由活塞杆触发	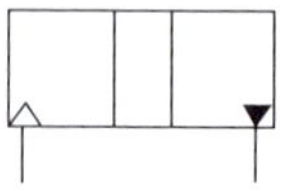	单作用压力介质转换器，将气体压力转换为等值的液体压力，反之亦然
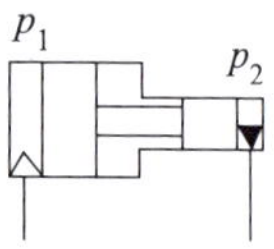 p_1 p_2	单作用增压器，将气体压力 p_1 转换为更高的液体压力 p_2		
二、气动图形符号（2009）			
阀控制机构			
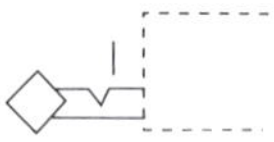	带有分离把手和定位销的控制机构	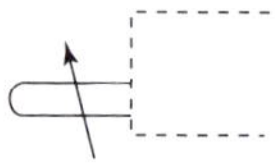	带有可调行程限制装置的柱塞

续表

二、气动图形符号（2009）			
阀控制机构			
图形	描述	图形	描述
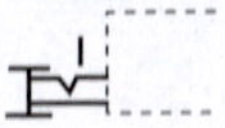	带有定位装置的推或拉控制机构	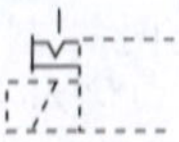	手动锁定控制机构
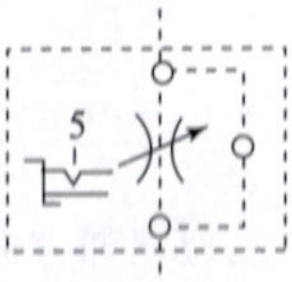	具有5个锁定位置的调节控制机构	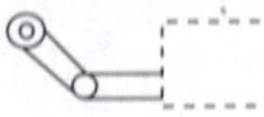	单方向行程操纵的滚轮手柄
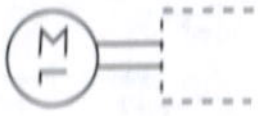	用步进电动机的控制机构	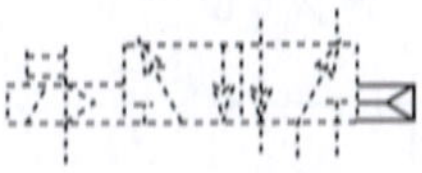	气压复位，从阀进气口提供内部压力
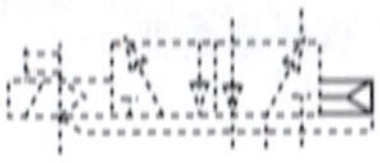	气压复位，从先导口提供内部压力，注：为更易理解，图中标识出外部先导线	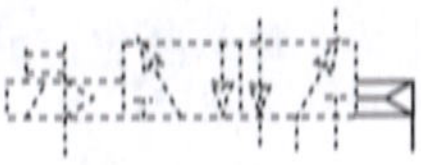	气压复位，外部压力源
	单作用电磁铁，动作指向阀芯		单作用电磁铁，动作背离阀芯
	双作用电气控制机构，动作指向或背离阀芯		单作用电磁铁，动作指向阀芯，连续控制
	单作用电磁铁，动作背离阀芯，连续控制		双作用电气控制机构，动作指向或背离阀芯，连续控制
	电气操纵的气动先导控制机构		
方向控制阀			
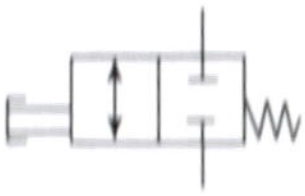	二位二通方向控制阀，两通，两位，推压控制机构，弹簧复位，常闭	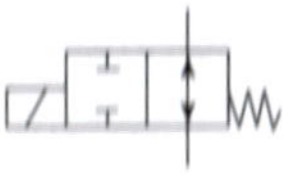	二位二通方向控制阀，两通，两位，电磁铁操纵，弹簧复位，常开
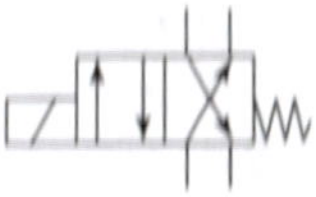	二位四通方向控制阀，电磁铁操纵，弹簧复位	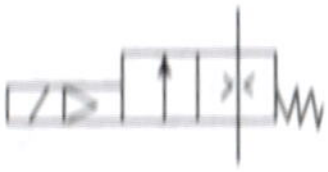	气动软启动阀，电磁铁操纵内部先导控制

二、气动图形符号（2009）				
方向控制阀				
图形	描述		图形	描述
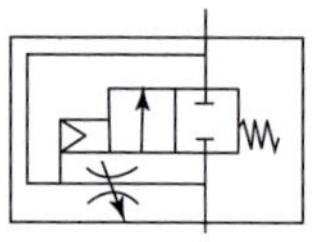	延时控制气动阀，其入口接入一个系统，使得气体低速注入直至达到预设压力才使阀口全开			二位三通锁定阀
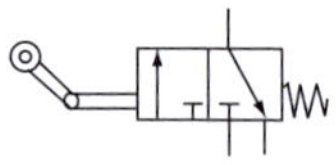	二位三通方向控制阀，滚轮杠杆控制，弹簧复位			二位三通方向控制阀，电磁铁操纵，弹簧复位，常闭
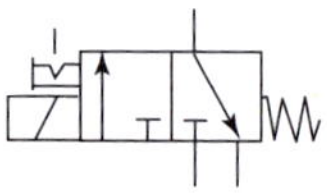	二位三通方向控制阀，单作业电磁铁操纵，弹簧复位，定位销式手动定位			带气动输出信号的脉冲计数器
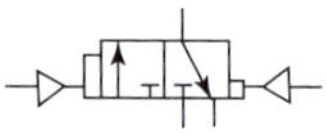	二位三通方向控制阀，差动先导控制			二位四通方向控制阀，单作用电磁铁操纵，弹簧复位，定位销式手动定位
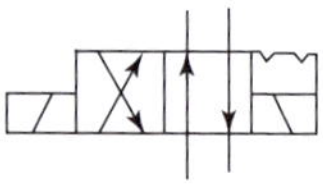	二位四通方向控制阀，双作用电磁铁操纵，定位销式（脉冲阀）			二位三通方向控制阀，气动先导式控制和扭力杆，弹簧复位
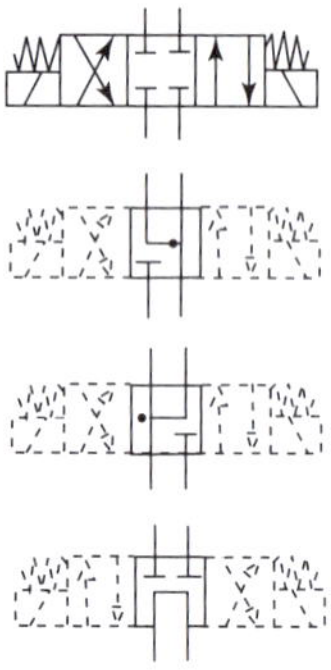	三位四通方向控制阀，弹簧对中，双作用电磁铁直接操纵，不同中位机能的类别			二位五通方向控制阀，踏板控制
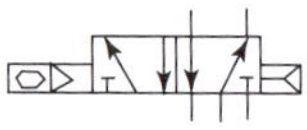	二位五通气动方向控制阀，先导式压电控制，气压复位			二位五通方向控制阀，手动拉杆控制，位置锁定

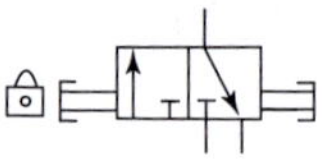

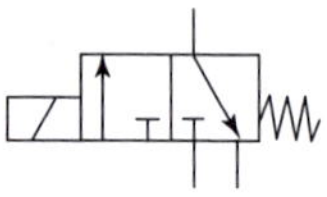

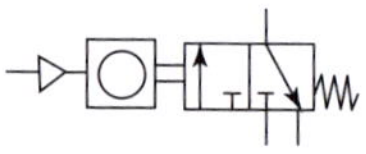

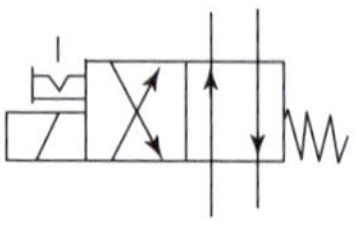

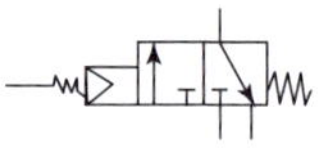

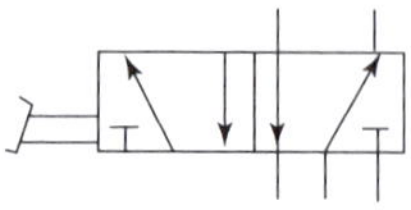

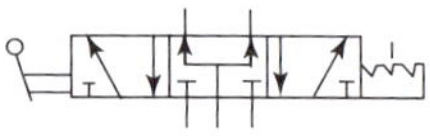

续表

二、气动图形符号（2009）			
方向控制阀			
图形	描述	图形	描述
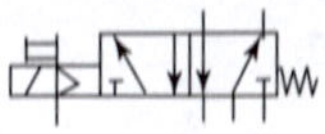	二位五通气动方向控制阀，单作用电磁铁，外部先导供气，手动操纵，弹簧复位	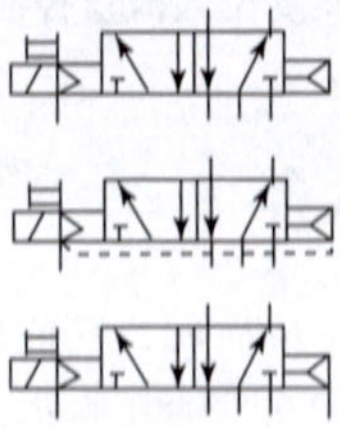	二位五通气动方向控制阀，电磁铁先导控制，外部先导供气，气压复位，手动辅助控制。气压复位供压具有如下功能： 从进气口提供内部压力； 从先导口提供内部压力； 外部压力源
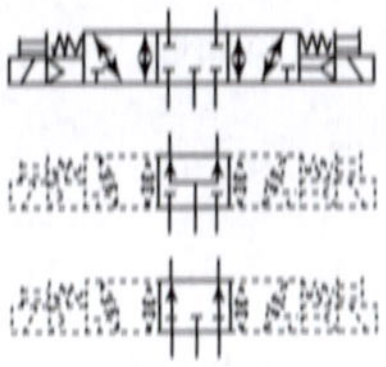	不同中位流路的三位五通气动方向控制阀，两侧电磁铁与内部先导控制和手动操纵控制。弹簧复位至中位	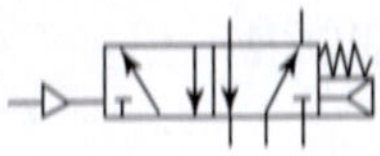	二位五通直动式气动方向控制阀，机械弹簧与气压复位
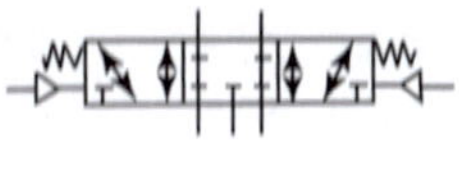	三位五通直动气动方向控制阀，弹簧对中，中位时两出口都排气		
压力控制阀			
	弹簧调节开启压力的直动式溢流阀	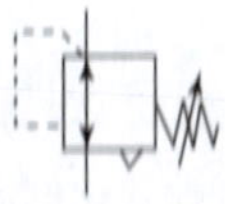	内部流向可逆调压阀
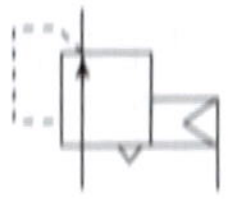	调压阀，远程先导可调，溢流，只能向前流动	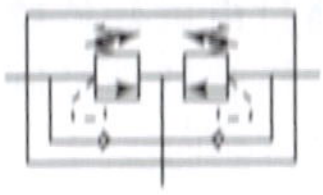	用来保护两条供给管道的防气蚀溢流阀
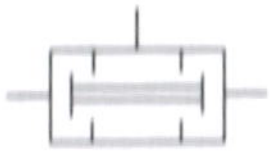	双压阀（"与"逻辑），并且仅当两进气口有压力时才会有信号输出，较弱的信号从出口输出		
流量控制阀			
	流量控制阀，流量可调	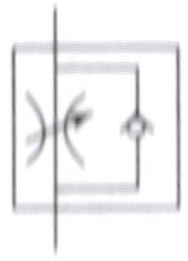	带单向阀的流量控制阀，流量可调

续表

二、气动图形符号（2009）			
流量控制阀			
图形	描述	图形	描述
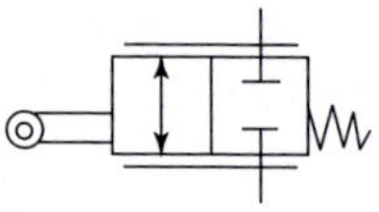	滚轮柱塞操纵的弹簧复位式流量控制阀		
单向阀和梭阀			
	单向阀，只能在一个方向自由流动		带有复位弹簧的单向阀，只能在一个方向流动，常闭
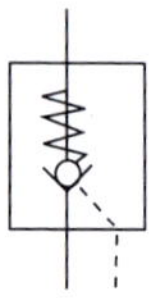	带有复位弹簧的先导式单向阀，先导压力允许在两个方向自由流动	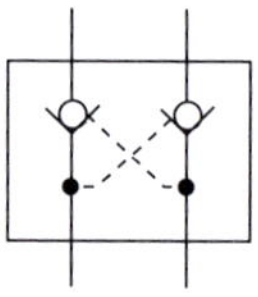	双单向阀，先导式
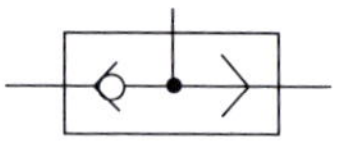	梭阀（"或"逻辑），压力高的入口自动与出口接通	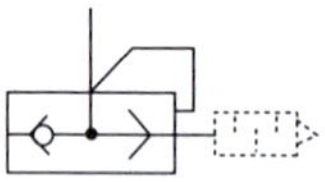	快速排气阀
比例方向控制阀			
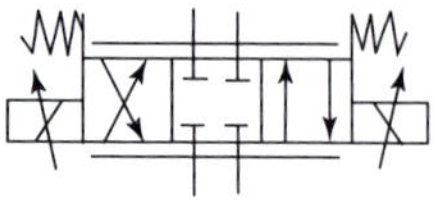	直动式比例方向控制阀		
比例压力控制阀			
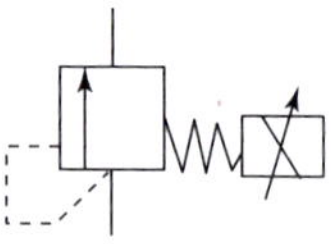	直控式比例溢流阀，通过电磁铁控制弹簧工作长度来控制液压电磁换向座阀	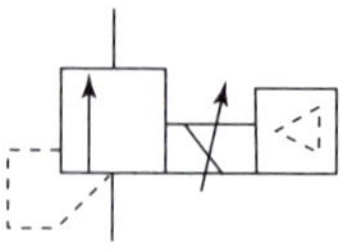	直控式比例溢流阀，电磁力直接作用在阀芯上，集成电子器件
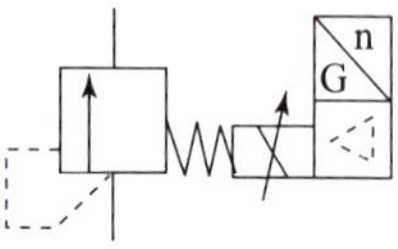	直控式比例溢流阀，带电磁铁位置闭环控制，集成电子器件		
比例流量控制阀			
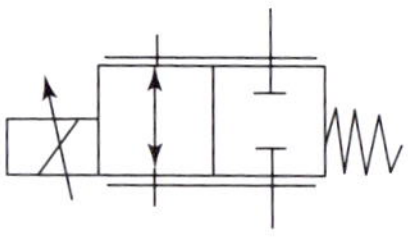	直控式比例流量控制阀	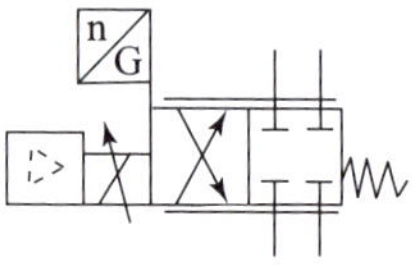	带电磁铁位置闭环控制和电子器件的直控式比例流量控制阀

续表

二、气动图形符号（2009）			
空气压缩机和马达			
图形	描述	图形	描述
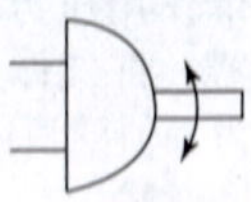	摆动气缸或摆动马达，限制摆动角度，双向摆动	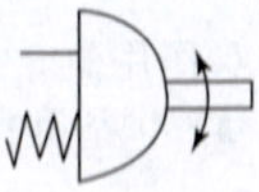	单作用的半摆动气缸或摆动马达
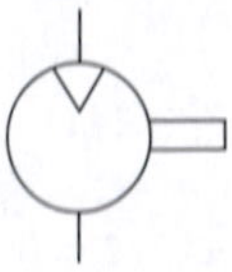	马达	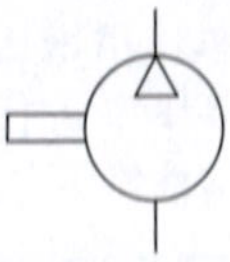	空气压缩机
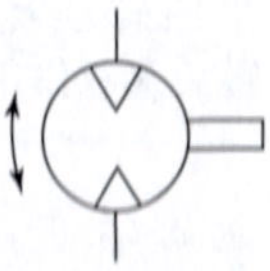	变方向定流量双向摆动马达	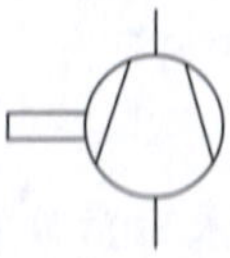	真空泵
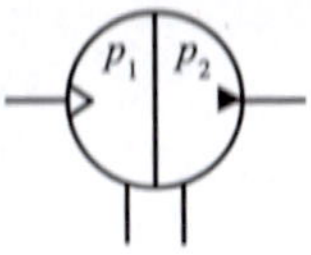	连续增压器，将气体压力 p_1 转换为较高的液体压力 p_2		
缸			
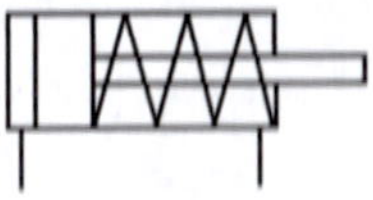	单作用单杆缸，靠弹簧力返回行程，弹簧腔室有连接口	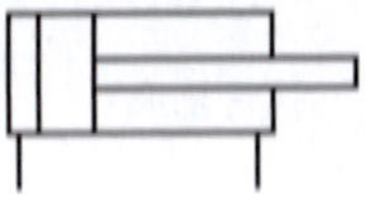	双作用单杆缸
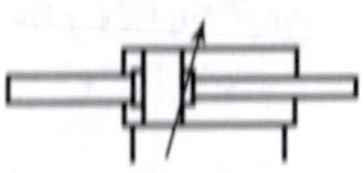	双作用双杆缸，活塞杆直径不同，双侧缓冲，右侧带调节	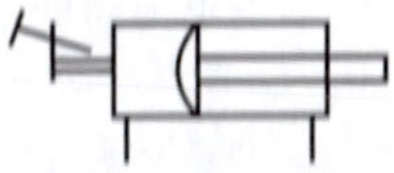	带行程限制器的双作用膜片缸
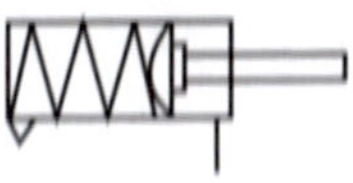	活塞杆终端带缓冲的膜片缸，不能连接的通气孔	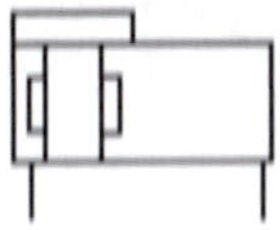	双作用带状无杆缸，活塞两端带终点位置缓冲
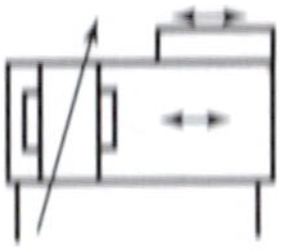	双作用缆索式无杆缸，活塞两端带可调节终点位置缓冲	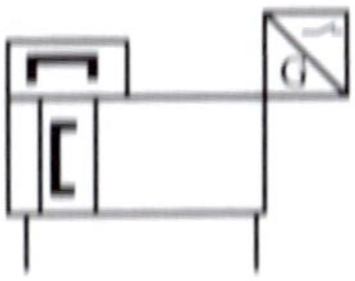	双作用磁性无杆缸，仅右手终端位置切换
	行程两端定位的双作用缸	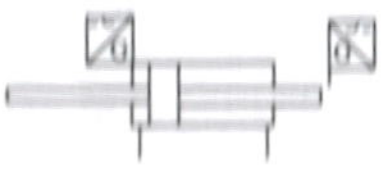	双杆双作用缸，左终点带内部限位开关，内部机械控制，右终点有外部限位开关，由活塞杆触发

附录1　流体传动系统及元件图形符号和回路图（部分）（2009）　185

续表

二、气动图形符号（2009）			
缸			
图形	描述	图形	描述
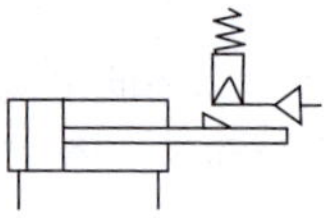	双作用缸，加压锁定与解锁活塞杆机构	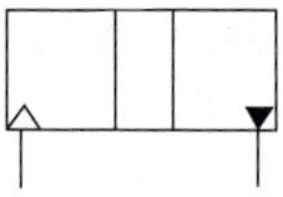	单作用压力介质转换器，将气体压力转换为等值的液体压力，反之亦然
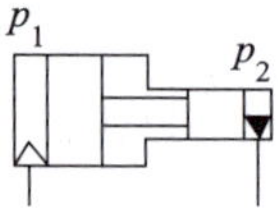	单作用增压器，将气体压力 p_1 转换为更高的液体压力 p_2	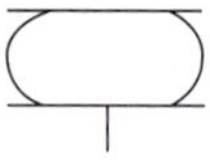	波纹管缸
	软管缸	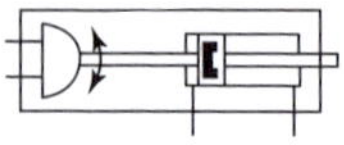	半回转线性驱动，永磁活塞双作用缸
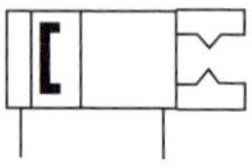	永磁活塞双作用夹具	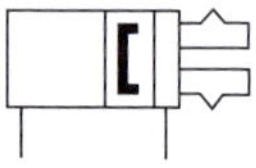	永磁活塞双作用夹具
	永磁活塞单作用夹具		
连接和管接头			
	软管总成		三通旋转接头
	不带单向阀的快换接头，断开状态		带单向阀的快换接头，断开状态
	带双单向阀的快换接头，断开状态		不带单向阀的快换接头，连接状态
	带单向阀的快换接头，连接状态		带双单向阀的快换接头，连接状态
电气装置			
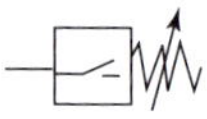	可调节的机械电子压力继电器	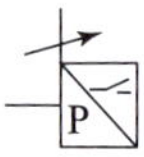	输出开关信号，可电子调节的压力转换器
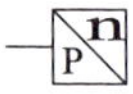	模拟信号输出压力传感器	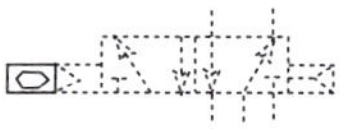	压电控制机构

续表

二、气动图形符号（2009）			
测量仪和指示器			
图形	描述	图形	描述
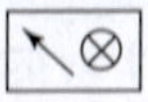	光学指示器	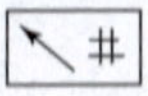	数字式指示器
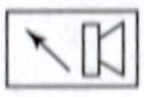	声音指示器		压力测量仪表（压力表）
	压差计	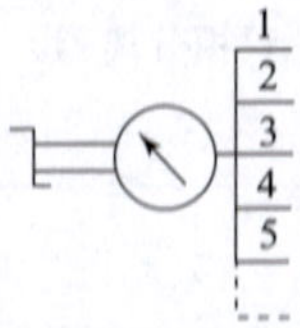	带选择功能的压力表
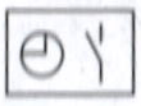	开关式定时器		计数器
过滤器和分离器			
	过滤器	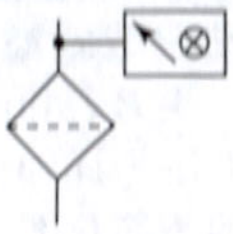	带光学阻塞指示器的过滤器
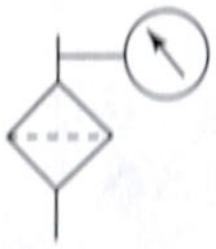	带压力表的过滤器	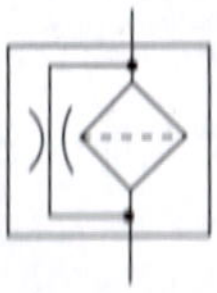	旁路节流过滤器
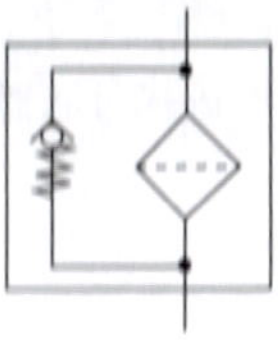	带旁路单向阀的过滤器	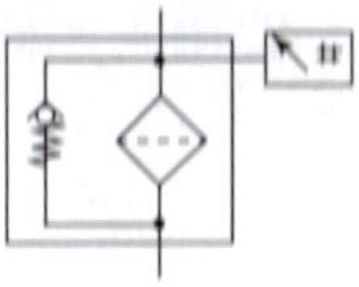	带旁路单向阀和数字显示器的过滤器
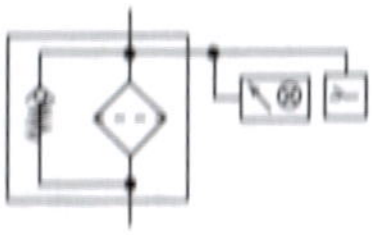	带旁路单向阀、光学阻塞指示器与电气触点的过滤器	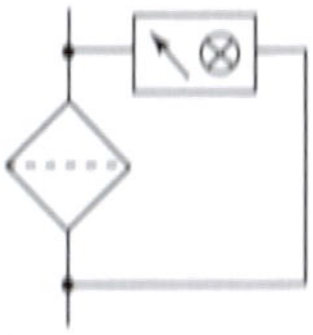	带光学压差指示器的过滤器
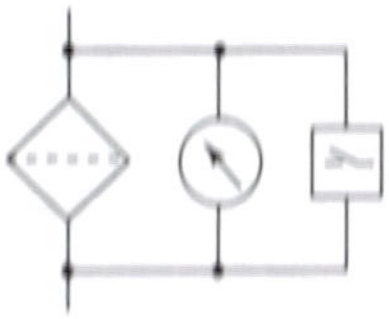	带压差指示器与电气触点的过滤器	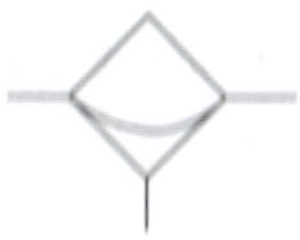	离心式分离器

二、气动图形符号（2009）

过滤器和分离器

图形	描述	图形	描述
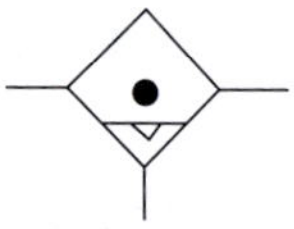	自动排水聚结式过滤器	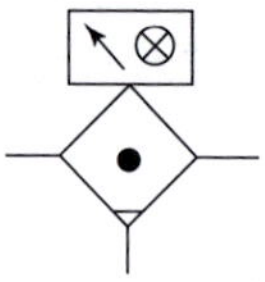	带手动排水和阻塞指示器的聚结式过滤器
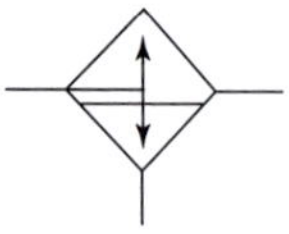	双相分离器	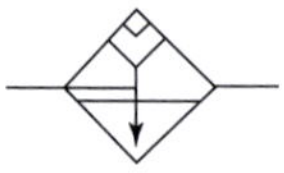	真空分离器
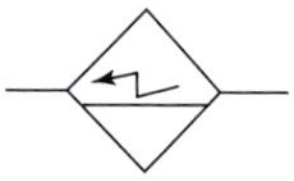	静电分离器	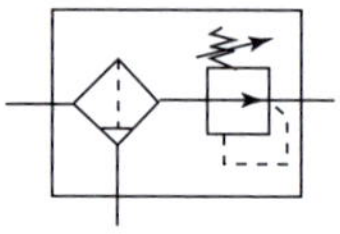	不带压力表的手动排水过滤器，手动调节，无溢流
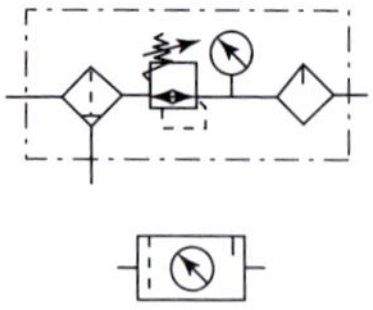	气源处理装置，包括手动排水过滤器、手动调节式溢流调压阀、压力表和油雾器。上图为详细示意图，下图为简化图	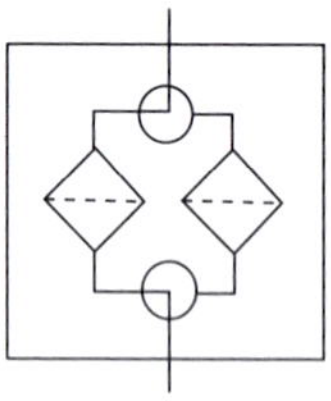	手动排水流体分离器
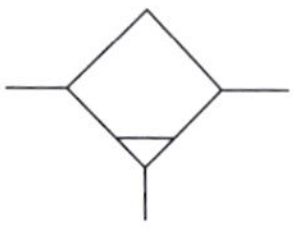	手动排水流体分离器	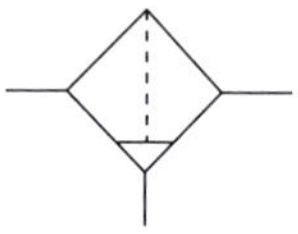	带手动排水分离器的过滤器
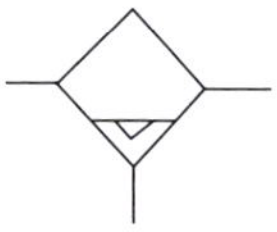	自动排水流体分离器	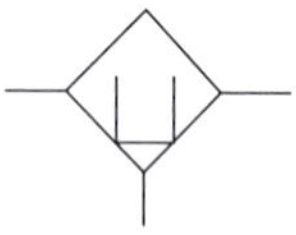	吸附式过滤器
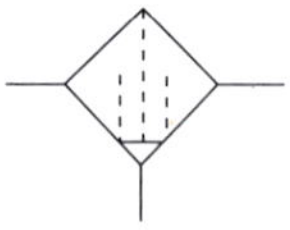	油雾分离器	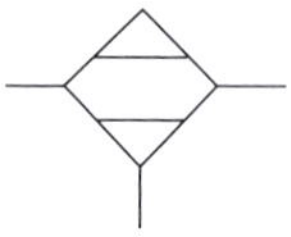	空气干燥器
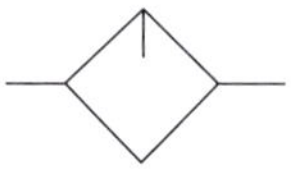	油雾器	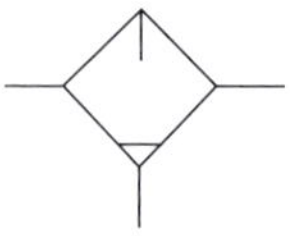	手动排水式油雾器
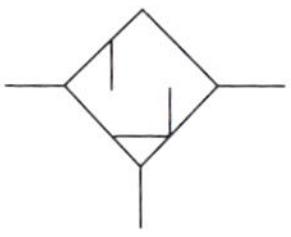	手动排水式重新分离器		

续表

二、气动图形符号（2009）

蓄能器（压力容器、气瓶）

图形	描述	图形	描述
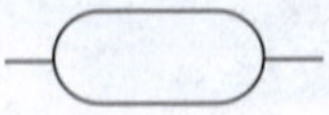	气罐		

真空发生器

图形	描述	图形	描述
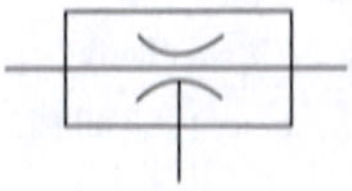	真空发生器	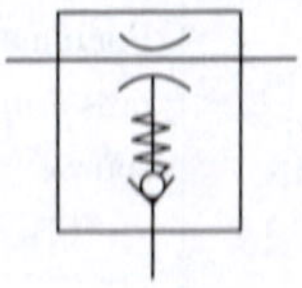	带集成单向阀的单级真空发生器
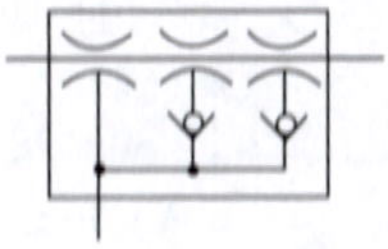	带集成单向阀的三级真空发生器	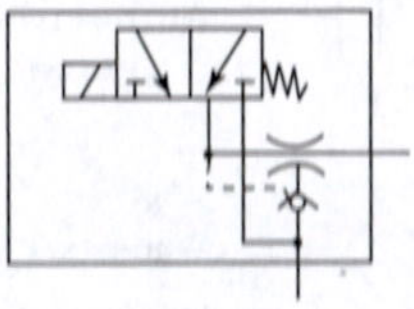	带放气阀的单级真空发生器

吸盘

图形	描述	图形	描述
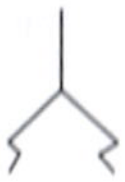	吸盘		带弹簧压紧式推杆和单向阀的吸盘

附录2　液压与气压部分专业英语图解

Power transmission 力的传递									
	Hydraulic pressure source 液压源		Pneumatic pressure source 气压源		Muffler 消音器		Tank 油箱		
	Hydraulic accumulator 液压蓄能器		Air reservoir 储气罐		Service unit (FRL) 气源（三联件）		Filter/screen 过滤器（气）		
	Lubricator 油雾器		Water separator 分水排水器		Reducing valve 减压阀		Air dryer 空气干燥器		
	Oil filter 滤油器		Cooler 冷却器		Heater 加热器		Working line 工作管路		
	Control line/pilot line leakage current line 控制管路		Drain line 泄油管路		Line junction 管路连接		Line crossing 管路交叉		
Pumps, Compressors, Motors 泵、压缩机、马达									
	Fixed displacement hydraulic pump, unidirectional 单向定量液压泵		Compressor, Unidirectional 单向空气压缩机		Variable displacement hydraulic motor, bidirectional 双向变量液压马达		Fixed displacement pneumatic motor, unidirectional 单向定量气马达		
	Variable displacement hydraulic pump, bidirectional 双向变量液压泵		Fixed displacement hydraulic motor, unidirectional 单向定量马达		Variable displacement pneumatic motor, bidirectional 双向变量气马达		Hydraulic oscillating drive 液压摆动缸		
	Pneumatic oscillating drive 气压摆动缸		Electric motor 电动马达						

续表

Single-acting cylinders 单作用缸				Double-acting cylinders 双作用缸	
	Single-acting cylinder, return stroke by integrated spring 单作用缸，内置弹簧复位		Single-acting cylinder, return stroke by undefined power source 单作用缸，外力复位	Double-acting cylinder with one-sided piston rod 双作用单活塞缸	Double-acting cylinder with one-side piston rod and adjustable end cushion 双作用单活塞缸，带缓冲

Valves 阀					
	Check valve, unloaded 单向阀		Pilot operated check valve 先导式单向阀	Pressure relief valves 溢流阀	Adjustable throttle valve 节流阀
	Check valve, spring loaded 弹簧式单向阀		One-way flow-control valve 单向节流阀	Sequence valve 顺序阀	Adjustable 2-way flow-control valve 调速阀
	Shuttle valve (OR function) 梭阀（或阀）		Dual-pressure valve (AND function) 双压阀（与阀）	2-way pressure regulator, direct-acting 直动式减压阀	Adjustable 3-way flow-control valve, relief opening to tank 旁通型调速阀，外溢口通油箱
	Quick exhaust valve 快速排气阀			Pressure switch 压力开关	

Directional control valves 方向控制阀　　cf. DIN ISO 1219-1 (1996-03) DIN ISO 5599 (2005-12)

2/directional control valves 二位方向控制阀	3/directional control valves 三位方向控制阀	4/directional control valves 四位方向控制阀	5/directional control valves 五位方向控制阀
2/2 DCV, normally closed 二位二通常闭	3/2 DCV, normally closed 二位三通常闭	4/2 directional control valve 二位四通方向控制阀	5/2 directional control valves 二位五通方向控制阀
2/2 DCV, normally open 二位二通常开	3/2 DCV, normally open 二位三通常开	4/3 DCV, NC in middle position. 二位四通中封（O型）	5/3 DCV, NC in middle position 三位五通中封（O型）

续表

Directional control valves 方向控制阀		cf. DIN ISO 1219-1（1996-03） DIN ISO 5599（2005-12）		
2/directional control valves 二位方向控制阀	3/directional control valves 三位方向控制阀		4/directional control valves 四位方向控制阀	5/directional control valves 五位方向控制阀
Flow paths 通路	3/3 DCV, NC in middle position 三位三通全闭中封		4/3 DCV, with float in middle position 三位四通中位浮动（Y型）	
One flow path 一通路	Actuation of directional control valves 方向阀的操纵			
	Manually actuation 人力操纵		Mechanical actuation 机械操纵	Pressure actuation 压力控制
Two closed ports 两闭口	General, no type of actuation indicated 普通，不指定操纵形式		Plunger 活塞	Direct 直控
Two flow paths 两通路	Push button 按钮		Spring 弹簧	hydraulic Indirect using pilot valve 先导加压控制 pneumatic
Two flow paths and one closed port 两通路一闭口	Lever 压杆		Roller plunger 滚轮	
Two interconnected flow paths 两向内接通路	Foot pedal 踏板		Roller lever, one direction of actuation 单向操纵滚轮	Electrical actuation 电控 By solenoid 电磁操纵 Combined actuation 混合操纵 By solenoid and pilot valve 电气操纵的气动先导控制
One flow path in bypass switch and two closed ports 旁路开关的一条通路和两个闭口	Pull button 拉钮			
	Push and pull button 按拉钮			

Circuit symbols（selection）回路符号（部分）		cf. DIN ISO 1219-1（2007-12）	
Proportional valves 比例阀			
Proportional directional valve 比例方向控制阀			
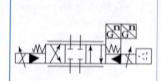	Electro-hydraulic pilot-controlled proportional directional valve, with position control of the main control and pilot stage, integrated electronics 先导式电液比例方向控制阀，带主级和先导级的闭环位置控制，集成电子器件		Electro-hydraulic pilot-controlled control servo valve, with position control of the main control and pilot stage, integrated electronics 先导式伺服阀，带主级和先导级的闭环位置控制，集成电子器件
	Electro-hydraulic pilot-controlled directional valve, pilot stage acts continuously in both directions, integrated electronics 先导式伺服阀，先导级带双线圈电气控制机构，双向连续控制，阀芯位置机械反馈到先导位置，集成电子器件		Electro-hydraulic controlled directional valve with priority position in the event of power failure and electrical feedback, integrated electronics 伺服阀，内置电反馈和集成电子器件，带预设动力故障位置
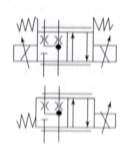	Proportional directional valve, direct actuator 比例方向控制阀，直接控制	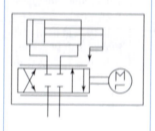	Electro-hydraulic linear drive, comprising a cylinder and a servo valve with step motor, mechanical feedback of the cylinder 电液线性执行器，带由步进电动机驱动的伺服阀和油缸位置机械反馈
Proportional pressure valves 压力比例阀			
	Proportional pressure-relief valves, direct actuator, solenoid acts on the valve cone via a spring 比例溢流阀，直控式，通过电磁铁控制弹簧工作长度来控制液压电磁铁换向座阀	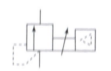	Proportional pressure-relief valve, direct actuator, solenoid acts on valve cone, integrated electronics 比例溢流阀，直控式，电磁力直接作用在阀芯上，集成电子器件

续表

Circuit symbols（selection）回路符号（部分）		cf. DIN ISO 1219-1 (2007-12)	
Proportional pressure valves 压力比例阀			
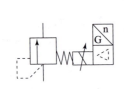	Proportional pressure-relief valve, direct actuator, with solenoid position control, integrated electronics 比例溢流阀，直控式，带电磁铁位置闭环控制，集成电子器件	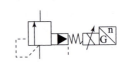	Proportional pressure-relief valve, pilot-controlled, with electrical position detector of the solenoid, with external control oil drain 比例溢流阀，先导控制，带电磁铁位置反馈，带油管控制
Proportional flow-control valves 流量比例控制阀			
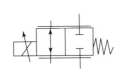	Proportional flow-control valves, direct actuator 比例流量控制阀，直控式	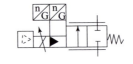	Proportional flow-control valve, pilot-controlled, with position control of main control and pilot stage, integrated electronics 比例流量控制阀，先导式，带主级和先导级的位置控制和电子放大器
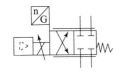	Proportional flow-control valve, direct actuator, with solenoid position control, integrated electronics 比例流量控制，直控式，带电磁铁闭环位置控制和集成式电子放大器		Flow-control valve, adjustable valve orifice to compensate viscosity va-riations adjustment via proportional solenoid 流量控制阀，用双线圈比例电磁铁控制，节流孔可变，特性不受黏度变化的影响

"十四五"职业教育国家规划教材

《液压与气压传动技术项目化教程》
(第2版)
任务工作页

主 编：车君华
　　　　李　莉

班级：＿＿＿＿＿＿＿＿

姓名：＿＿＿＿＿＿＿＿

模块一 液压传动组成及原理认知

任务 1.1 平面磨床液压传动组成认知

任务描述

题图 1-1 所示为平面磨床实物图,其工作原理是利用液压传动系统带动工作台进行往复运动。题图 1-2 所示为其液压传动系统原理图。

题图 1-1

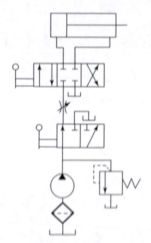

题图 1-2

仿真实训平面磨床
液压回路连接

(1) 用 FluidSIM 软件进行平面磨床工作台进给液压系统图的绘制与仿真;
(2) 完成引导问题中相应信息的查询与分析。

任务实施

1. 课前准备

课前完成线上学习任务:从网络课堂接受任务,通过查询互联网、图书资料、分析有关信息,然后分组进行平面磨床液压传动系统的分析。

2. 任务引导

(1) 回路分析。

在教师的带领下运用软件进行回路模拟仿真。观察平面磨床工作台仿真的液压传动系统,描述工作台在分别向左、向右做进给运动时,油路的变化,并分析液压系统工作原理。

（2）平面磨床工作台需要完成哪些运动？分析液压传动较机械传动的优点。

（3）小组讨论，列出平面磨床工作台液压回路分析中所用的器材名称、符号和数量。

序号	器材名称	符号	数量	作用

（4）分析液压传动系统的组成有哪些？

（5）依据题图 1-3 所示液压系统原理图，将液压传动系统图形符号按液压系统组成填入表格。

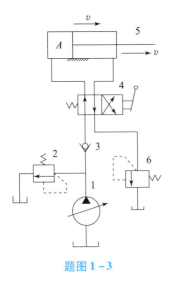

题图 1-3

器材序号	器材名称	属液压系统哪类组成

（6）请按下列液压元件名称，分别画出液压图形符号。

液压泵： 节流阀：
溢流阀： 油箱：
手控换向阀： 单活塞杆双作用液压缸：
滤油器： 单向阀：

(7) 列举几个液压传动系统在机械行业中的应用实例。

3. 请写出下列液压词汇对应的英语单词
液压： 气压：

4. 任务评价

序号	检查项目	自我评价	小组评价	教师评价	备注
1	遵守安全操作规范（10 分）				
2	态度端正，工作认真（10 分）				
3	能正确说出回路中各元器件的名称（10 分）				
4	能正确说出各控制元件的作用（20 分）				
5	搭建回路能实现所需功能（10 分）				
6	遵守纪律（10 分）				
7	做好 6S 管理工作（10 分）				
8	完成本工作任务单的全部内容（20 分）				
合计					
总分					

思考与练习

一、填空题

液压传动是以（　　）作为工作介质，在（　　）的回路里，利用液体的（　　）进行能量传递的传动方式。

二、单项选择题

1. 将发动机输入的机械能转换为液体的压力能的液压元件是（　　）。
   A. 液压泵　　　B. 液压马达　　　C. 液压缸　　　D. 控制阀
2. 液压泵将（　　）。
   A. 液压能转换成机械能　　　B. 电能转换为液压能
   C. 机械能转换成液压能

三、思考题

请简述液压传动的特点。

任务2　液压千斤顶组成及原理认知

任务描述

题图1-4与题图1-5所示的液压千斤顶是一种采用柱塞或液压缸作为刚性举升件的千斤顶。它构造简单、质量轻、便于携带、移动方便。其缺点是起重高度有限，起升速度慢。

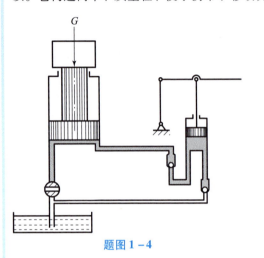
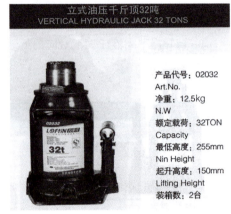

题图1-4　　　　　　　　　　　　　　题图1-5

试分析：液压传动系统中的压力传递原理、液压油、流量与流速的关系。

任务实施

1. 课前准备

课前完成线上学习任务：从网络课堂接受任务，通过查询互联网、图书资料、分析有关信息，然后观看千斤顶液压传动原理动画，分组进行压力传递原理的分析，系统压力与外负载的关系。

2. 任务引导

（1）回路分析：观察千斤顶液压传动原理动画，阐述液压系统静压传递工作原理。

（2）某车间磨床常用 L-HM46 牌号的液压油，请解释其含义。

（3）液压传动系统中的压力大小是由什么因素决定的？

(4) 汽车车胎充气时，需观察压力表，请说一说压力表的表压指的是绝对压力还是相对压力？如果汽车车胎充气的表压力 $p_e = 2.2$ bar　求：绝对压力 p_{abs}。

(5) 题图 1-6 所示为某液压千斤顶工作原理图，已知小活塞的面积 $A_1 = 2 \times 10^{-4}$ m², 大活塞的面积 $A_2 = 10 \times 10^{-4}$ m², 管路 4 的截面积 $A_3 = 0.5 \times 10^{-4}$ m², 小活塞在 $F_1 = 6 \times 10^3$ N 的作用下，在 2 s 时间内向下移动 $H_1 = 0.35$ m。

试求：①流入管路 3 中的流量 q_{v3}；
②大活塞的上升距离 H_2 以及上升速度 v_2；
③管路 3 内的油液的平均流速 v_3；
④油腔油液压力 p；
⑤大活塞能顶起的重物 G；
⑥此题应用了什么原理？

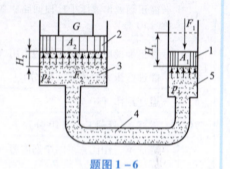

题图 1-6
1—小活塞；2—大活塞；3，4，5—管路

(6) 在液压传动系统中，流量和流速有什么关系？

(7) 液压传动系统中的压力损失包括哪几个部分？

3. 请写出下列液压词汇对应的英语单词
压力：　　　　　　　　　　　　　流量：

4. 任务评价

序号	检查项目	自我评价	小组评价	教师评价	备注
1	能分析回路中流量与速度的关系（20分）				
2	能描述帕斯卡原理（10分）				
3	能正确说出液压千斤顶回路中各元器件的名称（10分）				
4	能正确说出各控制元件的作用（10分）				
5	能进行压力的计算（10分）				
6	遵守纪律（10分）				
7	做好6S管理工作（10分）				
8	完成本工作任务单的全部内容（20分）				
合计					
总分					

思考与练习

一、填空题

1. 液体的黏性是由分子间的相互运动而产生的一种（　　）引起的，其大小可用黏度来度量。温度越高，液体的黏度越（　　）；液体所受的压力越大，其黏度越（　　）。

2. 绝对压力等于大气压力（　　），真空度等于大气压力（　　）。

3. 液压油的牌号是用（　　）表示的。

4. 根据液流连续性原理，同一管道中各个截面的平均流速与过流断面面积成反比，管子细的地方流速（　　），管子粗的地方流速（　　）。

5. 理想液体的伯努利方程的物理意义为：在管内做稳定流动的理想液体具有（　　）、（　　）和（　　）三种形式的能量，在任意截面上这三种能量都可以（　　），但总和为一定值。

6. 液压系统的压力大小取决于（　　）的大小，执行元件的运动速度取决于（　　）的大小。

二、单项选择题

1. 当温度升高时，油液的黏度（　　）。
   A. 下降　　　B. 增加　　　C. 没有变化

2. 在液体流动中，因某点处的压力低于空气分离压而产生大量气泡的现象，称为（　　）。
   A. 层流　　　B. 液压冲击　　　C. 气穴现象　　　D. 紊流

3. 当系统的流量增大时，油缸的运动速度就（　　）。
   A. 变快　　　B. 变慢　　　C. 没有变化

4. 当绝对压力小于大气压时，大气压力减绝对压力是（　　）。
   A. 相对压力　　　B. 真空度　　　C. 表压力

5. 国际标准ISO对油液的黏度等级（VG）进行划分，是按这种油液40℃时（　　）的平均值进行划分的。
   A. 动力黏度　　　B. 运动黏度　　　C. 赛氏黏度　　　D. 恩氏黏度

三、思考题

1. 液体的静压力的特性是什么?

2. 解释局部压力损失。

3. 在题图 1-7 中,液压缸的直径 $D=150$ mm,活塞直径 $d=100$ mm,负载 $F=5\times10^4$ N。不计液压油自重及活塞或缸体质量。求(a)、(b)两种情况下液压缸内的压力?

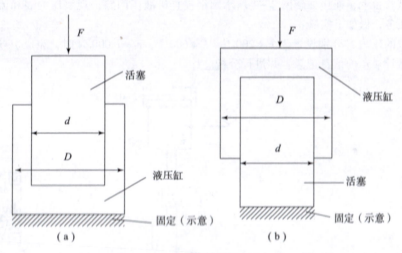

题图 1-7
(a) 缸体固定活塞运动;(b) 活塞固定缸体运动

模块二　液压动力元件的选用与维护

任务 2.1　圆钢校直机液压回路液压动力元件的选用

任务描述

在液压试验台上,连接如题图 2-1 所示圆钢校直机液压回路,观察压力表和流量计的变化过程,实施任务,做如下实验:

将外负载的压力 F 分别设置为 $F = 200\ \text{N}$、$F = 600\ \text{N}$、$F = 1\ 000\ \text{N}$ 时,完成引导问题中相应压力表及流量计显示的信息记录,并进行分析。

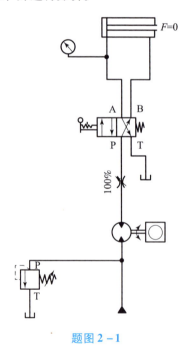

圆钢校直机液压回路搭建

题图 2-1

任务实施

1. 课前准备

课前完成线上学习:从网络课堂接受任务,通过查询互联网、图书资料、分析有关信息,然后分组进行圆钢校直机液压系统回路原理讨论、分析。

2. 任务引导

(1) 回路信息分析:小组讨论,列出液压回路中所用的器材名称、符号。

序号	符号	器材名称	数量	作用

(2) 运用 FluidSIM 软件进行回路模拟仿真，观察液压传动系统中随着负载的不同，压力及流量的变化，记录压力及流量表中相应的参数，并回答以下问题。

①设置外负载值，请按下表中的格式记录以下参数：

外负载的压力设置（F）	压力表计数		流量计计数	
$F_1 = 100$ N	$p_1 =$	单位：	$q_1 =$	单位：
$F_2 = 600$ N	$p_2 =$	单位：	$q_2 =$	单位：

②外负载值设置不变，请按下表中的格式记录以下参数：

节流阀开口度设置/%	流量计计数		泵的额定流量	
30	$q_1 =$	单位：	$q_{额定1} =$	单位：
80	$q_2 =$	单位：	$q_{额定2} =$	单位：

③液压泵的工作压力取决于什么？

④泵的工作压力与额定压力有何区别？

⑤什么是泵的排量？理论流量和实际流量有何关系？

⑥液压泵在工作过程中会产生哪些能量损失？

(3) 请将常用容积式液压泵职能符号画在下列各泵名字之后。
①单向定量液压泵：　　　　　　　　②单向变量液压泵：

③双向定量液压泵：　　　　　　　　④双向变量液压泵：

(4) 该圆钢校直机液压系统的液压泵在转速 $n = 950$ r/min 时，$q_i = 160$ L/min。在同样的转速和压力 $p = 29.5$ MPa 时，测得泵的实际流量为 $q = 150$ L/min，总效率 $\eta = 0.87$，求：
①泵的容积效率；

②泵在上述工况下所需要电动功率；

③泵在上述工况下的机械效率；

④驱动泵的转矩多大？

(5) 判断题。
①液压泵的实际流量是指泵实际工作压力下的输出流量。（　　）
②容积效率是指液压泵的理论流量与实际流量比值。（　　）
③液压泵的输出功率总是大于输入功率，两者之差即为功率损失。（　　）

(6) 如题图 2-2 所示，如果设计该液压系统，需要选取电动机，请分析该电动机功率选取的依据是什么？

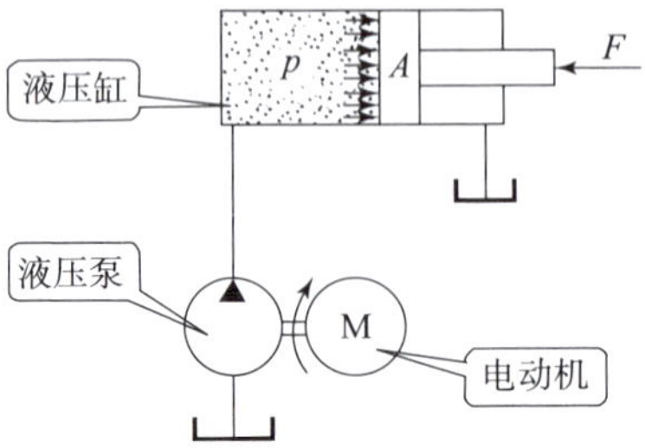

题图 2-2

(7) 如题图 2-2 所示液压系统简图，试分析如果选择一液压泵，应如何根据执行元件的最大工作压力和液压系统所需的最大流量来确定液压泵流量和压力两个参数。（定性分析即可：选择的液压泵的实际流量和压力与铭牌的关系）

(8) 请分析以下工况，并为空白处的设备选择液压泵。

应用场合	液压泵的选择
精度较高的机床（如磨床）	螺杆泵或双作用式叶片泵
负载大、功率大的机床（如龙门刨床、拉床等）	
机床辅助装置（如送料机构、夹紧机构等）	

3. 请写出下列液压词汇对应的英语单词
液压泵：　　　　　　额定压力：　　　　　　排量：

4. 任务评价

序号	检查项目	自我评价	小组评价	教师评价	备注
1	遵守安全操作规范（10 分）				
2	态度端正，工作认真，按步骤操作（10 分）				
3	能正确说出回路中各元器件的名称（10 分）				
4	能正确说出各控制元件的作用（10 分）				
5	搭建回路能实现所需功能（20 分）				
6	遵守纪律（10 分）				
7	做好 6S 管理工作（10 分）				
8	完成本工作任务单的全部内容（20 分）				
合计					
总分					

思考与练习

一、填空题

1. 齿轮泵存在径向力不平衡，减小它的措施为（　　　　）。
2. 单作用叶片泵的特点是改变（　　）就可以改变输油量，改变（　　）就可以改变输油方向。
3. 双作用叶片泵通常作（　　）量泵使用，单作用叶片泵通常作（　　）量泵使用。
4. 常用的液压泵有（　　）、（　　）和（　　）三大类。液压泵的总效率等于（　　）和（　　）的乘积。

二、判断题

1. 轴向柱塞泵既可以制成定量泵，也可以制成变量泵。（　　）
2. 双作用式叶片马达与相应的泵结构不完全相同。（　　）
3. 齿轮泵都是定量泵。（　　）
4. 液压泵的工作压力取决于液压泵的公称压力。（　　）
5. 液压泵在公称压力下的流量就是液压泵的理论流量。（　　）

三、单项选择题

1. 液压泵的理论流量（　　）实际流量。
   A. 大于　　　B. 小于　　　C. 相等
2. 公称压力为 6.3 MPa 的液压泵，其出口接油箱，则液压泵的工作压力为（　　）。
   A. 6.3 MPa　　B. 0　　C. 6.2 MPa
3. 液压泵输出油液的多少，主要取决于（　　）
   A. 额定压力　　B. 负载　　C. 密封工作腔容积大小变化　　D. 电机功率

四、思考题

1. 容积式液压泵的共同工作原理是什么？

2. 如果与液压泵吸油口相通的油箱是完全封闭的，不与大气相通，液压泵能否正常工作？

3. 某泵输出油压为 10 MPa，转速为 1 450 r/min，排量为 200 mL/r，泵的容积效率为 η_v = 0.95，总效率为 η = 0.9。求泵的输出液压功率及驱动该泵的电动机所需功率（不计泵的入口油压）。

模块三 液压执行元件的选用与维护

任务 3.1 刨床液压差动回路搭建

任务描述

用 FluidSIM 仿真软件搭建补充完成题图 3-1、题图 3-2 所示刨床的快进（差动）功能系统，实现刨床的快进，同时也补充完成液压系统工进进给和快进进给的搭接（图中已给出部分元器件），并做如下实验：

（1）对系统进行仿真，记录液压缸的进给速度。
（2）分析差动回路为什么会使液压缸的速度加快？

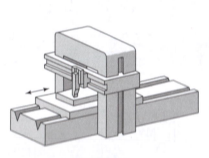

题图 3-1

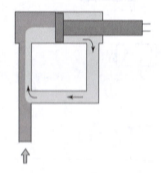

题图 3-2

差动回路

任务实施

1. 课前准备

课前完成线上学习任务：从网络课堂接受任务，通过查询互联网、图书资料、分析有关信息，然后观看刨床的传动原理动画，分组进行差动回路设计分析。

2. 任务引导

（1）回路信息分析：小组讨论，列出液压差动回路中计划所用的器材名称、符号。

序号	器材名称	符号	数量	作用

（2）分析一下刨床在何种工作条件下需要设置快进功能？

（3）实施任务，用 FluidSIM 仿真软件搭建回路，并将题图 3-3 的回路元件及连线补充完整。

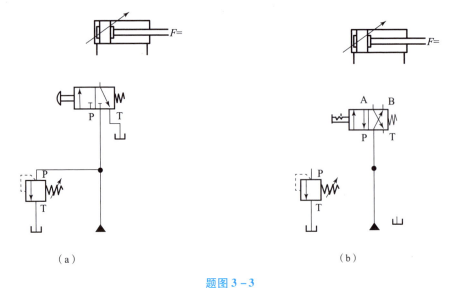

（a）　　　　　　　　　　　　　　（b）

题图 3-3

（a）快进（差动）回路；（b）工进回路

（4）实施任务，观察记录比较，并填写以下表格：

回路情况	活塞杆推出速度，单位：（　　）	结论分析
差动回路		
工进回路		

（5）如题图 3-2 所示的刨床差动回路原理图，若采用双活塞杆双作用液压缸，能搭接出差动回路吗？请解释至少一个理由。

（6）请在各液压元器件名称之下空格中填写其图形符号。

摆动缸	单向定量液压马达	单向变量液压马达	双向定量液压马达	双向变量液压马达

（7）判断题：
①液压缸负载的大小决定进入液压缸油液压力的大小。（   ）
②改变活塞的运动速度，可采用改变油压的方法来实现。（   ）

（8）单向选择题
①要求机床工作台往复运动速度相同时，应采用（   ）液压缸。
A. 双出杆　　　　　B. 差动　　　　　C. 柱塞　　　　　D. 单叶片摆动缸
②不能成为双向变量液压泵的是（   ）。
A. 双作用式叶片泵　B. 单作用式叶片泵　C. 轴向柱塞泵　D. 径向柱塞泵

（9）在液压缸的结构设计中是如何避免活塞和缸盖的相互碰撞的？如何进行相应调试的？

（10）试分析液压缸与液压马达相同点与不同点。

3. 已知题图 3-3（a）、（b）中单杆液压缸缸筒内径 $D = 100$ mm，活塞杆直径 $d = 50$ mm，工作压力 $p_1 = 2$ MPa，流量 $q_v = 10$ L/min，回油压力 $p_2 = 0.5$ MPa。试求两种工况液压回路时，液压缸活塞往返运动时的推力和运动速度。

4. 请写出下列液压词汇对应的英语单词：
液压缸：　　　　　　　　　　　　液压马达：

5. 任务评价

序号	检查项目	自我评价	小组评价	教师评价	备注
1	遵守安全操作规范（10分）				
2	态度端正，工作认真，完成差动回路功能（10分）				

续表

序号	检查项目	自我评价	小组评价	教师评价	备注
3	能正确说出回路中各元器件的名称（10分）				
4	能正确说出各控制元件的作用（10分）				
5	能进行液压缸的缓冲调试（10分）				
6	能进行双作用单活塞杆伸出与缩回时的推力计算（20分）				
7	遵守纪律（10分）				
8	做好6S管理工作（10分）				
9	完成本工作任务单的全部内容（10分）				
合计					
总分					

思考与练习

一、判断题

1. 液压缸差动连接时，能比其他连接方式产生更大的推力。（　　）
2. 作用于活塞上的推力越大，活塞运动速度越快。（　　）

二、单项选择题

1. 当工作行程较长时，采用（　　）缸较合适。
   A. 单活塞杆　　　B. 双活塞杆　　　C. 柱塞
2. 能形成差动连接的液压缸是（　　）。
   A. 单杆液压缸　　B. 双杆液压缸　　C. 柱塞式液压缸
3. 将液体的压力能转换为旋转运动机械能的液压执行元件是（　　）。
   A. 液压泵　　　　B. 液压马达　　　C. 液压缸　　　　D. 控制阀

三、思考题

试分析单杆活塞缸差动连接时无杆腔受力及活塞伸出速度。

模块四　液压辅助元件的使用

任务 4.1　蓄能器快速回路与普通回路搭建

任务描述

　　用 FluidSIM 仿真软件搭建补充完成题图 4-1 所示蓄能器快速运动回路，用于液压缸的间歇式工作。当液压缸不动时，换向阀 5 中位将液压泵与液压缸隔开，液压泵 1 的油液经单向阀 3 向蓄能器 4 充油。当需要液压缸动作时，蓄能器和泵一起给液压缸供油，实现快速动作，并做如下实验：

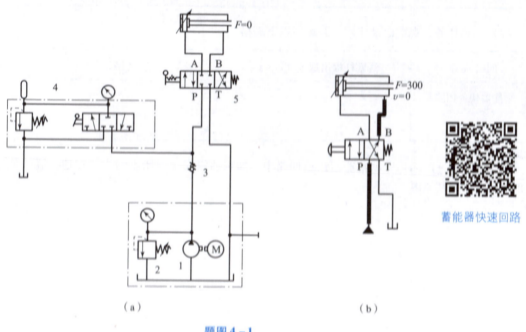

题图 4-1
(a) 快速回路；(b) 普通回路

（1）对系统进行仿真，按图进行仿真回路的搭接，并记录液压缸的进给速度。
（2）分析该回路为什么会使液压缸的速度加快？

任务实施

1. 课前准备

课前完成线上学习任务：从网络课堂接受任务，通过查询互联网、图书资料、分析有关信息，然后分析油箱、蓄能器的工作原理及应用。

2. 任务引导

（1）回路信息分析：小组讨论，列出蓄能器的快速回路中所用的器材名称、符号。

序号	器材名称	符号	数量	作用

（2）实施任务，观察记录比较，并填写以下表格：

回路情况	活塞杆推出速度/(m·s^{-1})	结论分析
蓄能器快速回路		
普通回路		

3. 如题图 4-1（a）所示蓄能器快速回路中，如果油箱完全封闭不与大气相通，液压泵是否能工作？解释其原因。

4. 过滤器的工作原理是怎样的？它在液压系统中是如何安装的？

5. 请写出下列液压词汇对应的英语单词：

油箱：　　　　　　　　蓄能器：　　　　　　　　滤油器：

6. 任务评价

序号	检查项目	自我评价	小组评价	教师评价	备注
1	遵守安全操作规范（10 分）				
2	态度端正，工作认真，完成回路搭建（10 分）				
3	能正确说出回路中各元器件的名称（10 分）				
4	能正确说出各控制元件的作用（10 分）				
5	能进行实验数据的记录、分析（10 分）				
6	能分析蓄能器快速回路的工作原理（10 分）				
7	遵守纪律（10 分）				
8	做好 6S 管理工作（10 分）				
9	完成本工作任务单的全部内容（20 分）				
合计					
总分					

思考与练习

依据结构的不同，蓄能器可分为哪几类？其主要作用有哪些？

模块五　液压控制基本回路设计

任务5.1　油漆烘干炉门换向锁紧回路设计

任务描述

如题图 5-1 所示油漆烘干炉，需设计一个手动液压系统，实现炉门的启闭，并能在任一位置停留。具体要求如下：

（1）用 FluidSIM 仿真软件搭建题图 5-1 所示换向回路系统，用 O 型中位机能的三位四通手控换向阀；

液压锁回路
仿真设计（新）

题图 5-1

（2）手动控制回路可实现炉门的启闭，实现上述功能，讲述油路工作情况与换向回路的工作原理；

（3）为保证整个系统有良好的密封性，请将该回路改进设计成液压锁锁紧回路，并讲述原理。

任务实施

1. 课前准备

课前完成线上学习任务：从网络课堂接受任务，通过查询互联网、图书资料、分析有关信息，然后分组进行换向回路特点的分析。

2. 任务引导

（1）回路信息分析：小组讨论，列出液压回路设计中所用的器材名称、符号及作用。

序号	图形符号及代号标识	器材名称	数量	作用

（2）在教师的带领下运用软件进行回路模拟仿真。观察液压传动系统液压缸的工作变化状况，完成以下问题：

①实施任务，用 FluidSIM 仿真软件搭建回路，并将题图 5-2 所示的回路元件及连线补充完整。

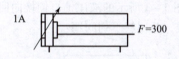

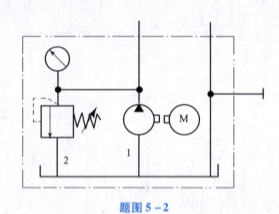

题图 5-2

② 写出题图 5-2 所示油漆烘干炉换向回路系统中,实现活塞杆伸出与缩回时,压力油的传动路线。

当活塞杆伸出时:

当活塞杆缩回时:

③ 请分析回路中 O 型中位机能的作用?当处于中位时,液压系统能否实现卸荷?

④ 如果手控换向阀换用二位四通电控换向阀,请在下方画出它的图形符号。

(3)请将上述液压系统改为题图 5-3 所示的液压锁自锁换向回路,改用 H 型中位机能的三位四通换向阀。请补充缺失的回路线,并回答下列问题:

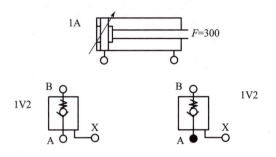

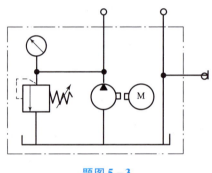

题图 5-3

①请将新设计的液压系统连线原理图画于题图 5-3 上。

②题图 5-3 中用了液控单向阀液压元件,请分析该阀的工作原理,与普通单向阀比较的工作原理区别。

③请阐述液压锁的工作原理。

④题图 5-3 换用 H 型中位机能的三位四通换向阀后,换向阀处于中位时,图示液压系统能否实现卸荷?

（4）请按要求填写下表。

阀的名称	阀的图形符号	中位机能类型	中位机能性能特点分析
	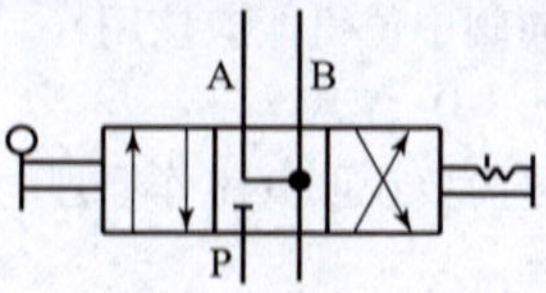		
	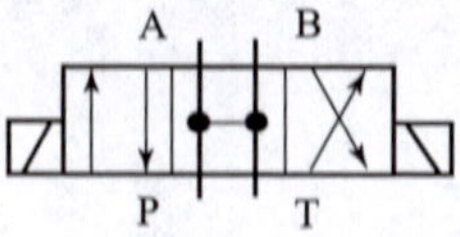		
	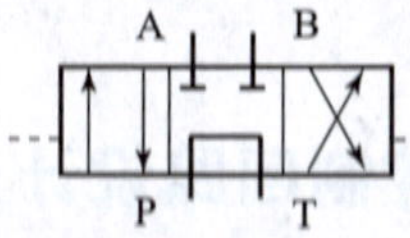		

3. 请写出下列液压词汇对应的英语单词：
   阀：　　　　　　　液压锁：　　　　　　　单向阀：
4. 任务评价

序号	检查项目	自我评价	小组评价	教师评价	备注
1	遵守安全操作规范（10分）				
2	态度端正，工作认真（10分）				
3	能正确说出回路中各元器件的名称（10分）				
4	能正确说出各控制元件的作用（10分）				
5	搭建回路能实现所需功能（10分）				
6	能解释液压锁的工作原理（20分）				
7	做好6S管理工作（10分）				
8	完成本工作任务单的全部内容（20分）				
合计					
总分					

思考与练习

一、填空题

1. 液压控制阀按其用途可分为（　　）、（　　）和（　　）三大类，分别调节、控制液压系统中液流的（　　）、（　　）和（　　）。
2. 常利用三位四通阀的O型中位机能具有（　　）功能。

二、判断题

M型中位机能的换向阀可实现中位卸荷。（　　）

三、单项选择题

1. 常用的电磁换向阀用于控制油液的（　　　）。
   A. 流量　　　　B. 压力　　　　C. 方向
2. 要求液压缸在中位卸荷，换向平稳，三位换向阀中位机能应该用（　　　）。
   A. K 型　　　　B. O 型　　　　C. H 型　　　　D. Y 型
3. 画出液控单向阀的图形符号；并根据图形符号简要说明其工作原理。

4. 何谓换向阀的"位"和"通"？请举例说明。

任务 5.2　液压起重机控制回路设计

任务描述

题图 5-4 所示为小型车载液压起重机。重物的吊起和放下通过一个双作用液压缸的活塞伸出和缩回来实现。为保证能平稳的吊起和放下重物，液压起重机的换向阀选用 M 型中位，使得重物吊放可以在任何位置停止，并让泵卸压，实现节能。液压缸活塞伸出放下重物时，重物对于液压缸来说是一个负值负载。为保证起重机放下重物的平稳性，可以利用顺序阀搭建平衡回路，实现上述具体要求。

（1）请根据需求进行液压回路的搭建；
（2）实现功能，并讲述油路工作情况、换向回路的工作原理。

液压起重机
控制回路

题图 5-4

任务实施

1. 课前准备

课前完成线上学习任务：从网络课堂接受任务，通过查询互联网、图书资料、分析有关信息，然后观看溢流阀、减压阀、顺序阀工作原理动画，分组进行液压传递原理的分析及回路设计。

2. 任务引导

（1）回路信息分析：小组讨论，列出液压回路中计划所用的器材名称、符号。

序号	器材名称	符号	数量	作用

（2）实施任务，用 FluidSIM 仿真软件搭建回路，将外负载压力设置为 300 N，并完成以下实验数据：

① 请将仿真搭建的液压系统连线原理图补画于题图 5-5 上。

② 请说明液压缸活塞伸出时的速度如何进行调节。

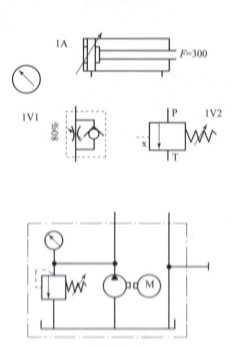

题图 5-5

③仿真调试题图 5-5 所示回路,并设置相应的压力参数,读出表压并进行填写、分析。

顺序阀的设定压力/bar	表压/bar	分析、结论
30		
50		

(3) 溢流阀的常见用途有哪些?

(4) 请画出减压阀、顺序阀、压力继电器的图形符号。

(5) 如题图 5-6 所示回路,溢流阀的调整压力为 5 MPa,减压阀的调整压力为 1.5 MPa,活塞运动时负载压力为 1 MPa,其他损失不计,试分析:
①活塞在运动期间 A、B 点的压力值。
②活塞碰到死挡块后 A、B 点的压力值。
③活塞空载运动时 A、B 两点压力各为多少?

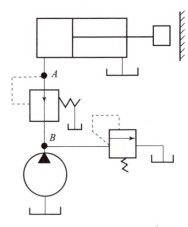

题图 5-6

(6) 如题图 5-7 所示液压系统,负载 $F=0$,减压阀的调整压力为 p_j,溢流阀的调整压力为 p_y,$p_y > p_j$。油缸无杆腔有效面积为 A,试分析泵的工作压力由什么值来确定。

(7) 如题图 5-8 所示,由双作用单活塞杆、减压阀、溢流阀及液压源组成的液压减压夹紧回路,溢流阀的压力为 4.5 MPa,减压阀的压力为 3.5 MPa 时:
①当夹紧力达到 1 200 N,活塞杆无杆腔的面积为 15 cm^2 时,求 A、B 点的压力;
②当 $F=4 200$ N 时 A、B 点的压力;
③当将工件夹紧后,活塞达到终点时,A、B 点的压力是多少?
④请说明液压系统图中,减压阀的作用?

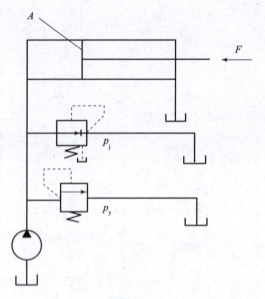

题图 5-7

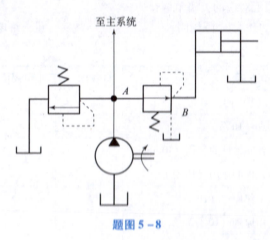

题图 5-8

（8）如题图 5-9 所示由蓄能器与压力继电器组成的保压回路，请阐述一下压力继电器应用于该回路中所起的作用。

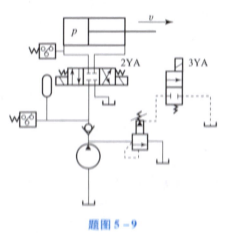

题图 5-9

3. 认真学习压力控制阀，将空白处填完整：

阀名称	溢流阀	减压阀	顺序阀
图形符号			
出油口通	油箱		
阀口属（常开/常闭）			常闭
在系统中所起的作用			

4. 请写出下列液压词汇对应的英语单词：

溢流阀： 减压阀： 压力继电器：

5. 任务评价

序号	检查项目	自我评价	小组评价	教师评价	备注
1	遵守安全操作规范（10 分）				
2	态度端正，工作认真（10 分）				
3	能正确说出回路中各元器件的名称（10 分）				
4	能正确说出各控制元件的作用（10 分）				
5	能解释平衡回路的工作原理（10 分）				
6	能解释溢流阀的工作原理（10 分）				
7	能认知回路中减压阀的工作原理（10 分）				
8	遵守纪律（10 分）				
9	做好 6S 管理工作（10 分）				
10	完成本工作任务单的全部内容（10 分）				
合计					
总分					

思考与练习

一、思考题

1. 液压系统启动前，需将溢流阀阀口打开后启动，称为软启动。分析一下这样做的原因？

2. 题图 5-10 所示为顺序动作回路，两液压缸有效面积及负载均相同，但在工作中发生不能按规定的 A 先动、B 后动顺序动作，试分析其原因，并提出改进的方法。

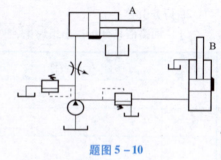

题图 5-10

任务 5.3　热处理回火炉液压速度控制回路搭建

任务描述

如题图 5-11 所示炉门的启闭是由油缸驱动的，炉门速度可调。现要求炉门在任何位置都可较精确锁住。

（1）用 FluidSIM 软件搭建由双作用单活塞杆液压缸、Y 型中位机能二位四通手控换向阀、液控单向节流阀等搭建具有液压锁功能的控制回路。

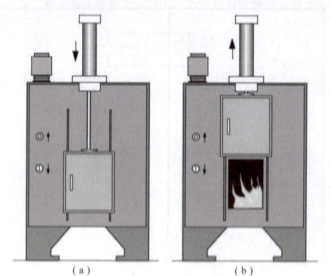

热处理回火炉
速度控制回路

题图 5-11

（2）速度回路具有回油路节流调速回路的优点，具有缓冲功能。
（3）解释其油路工作状况，并分析其工作原理。

任务实施

1. 课前准备

课前完成线上学习任务：从网络课堂接受任务，通过查询互联网、图书资料、分析有关信息，然后观看单向节流阀、调速阀等液压原件工作原理动画，分组进行液压力传递原理的分析。

2. 任务引导

(1) 回路信息分析：小组讨论，列出液压回路中所用的器材名称、符号。

序号	器材名称	符号	数量	作用

(2) 实施任务

①用 FluidSIM 仿真软件搭建完成题图 5-12 所示调速液压锁回路。

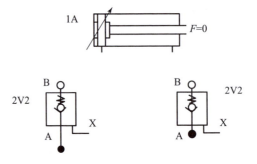

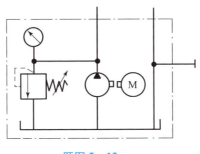

题图 5-12

②分析调速液压锁回路的进油路与回油路路线。

进油路线为：液压泵 1

回油路线为：油缸有杆腔→

③按要求完成出油路节流调节回路的速度调试，并记录以下实验数据：

调整设置	进油路上单向节流阀的开合度	出油路上单向节流阀的开合度	速度记录 /(m·s^{-1})	分析、判断（接线是否符合要求）
活塞杆伸出需调速时				
活塞杆缩回需调速时				

（3）节流调速回路的种类有哪些？其应用场合分别是什么？

（4）该液压系统用 Y 型中位机能的三位四通换向阀，能实现液压泵的卸荷吗？分析一下原因。

（5）请画出节流阀、调速阀的图形符号，并比较调速特性。

（6）如题图 5-13 所示的液压系统原理图中采用的是哪种速度换接回路？一般用在何种工况条件下？

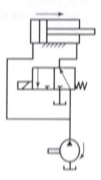

题图 5-13

3. 请写出下列液压词汇对应的英语单词：
节流阀：　　　　　　　　　　调速阀：

4. 任务评价

序号	检查项目	自我评价	小组评价	教师评价	备注
1	遵守安全操作规范（10 分）				
2	态度端正，工作认真（10 分）				
3	能正确说出回路中各元器件的名称（10 分）				
4	能正确说出各控制元件的作用（10 分）				
5	能进行进、出油路的速度调试（10 分）				
6	能分析进出油路调速回路的调速特性（10 分）				
7	遵守纪律（10 分）				
8	做好 6S 管理工作（10 分）				
9	完成本工作任务单的全部内容（20 分）				
合计					
总分					

思考与练习

一、单向选择题

1. 节流阀是控制油液的（　　）。
   A. 流量　　　　　　　　B. 方向　　　　　　　　C. 速度
2. 在用节流阀的旁油路节流调速回路中，其液压缸速度（　　）。
   A. 随负载增大而增加　　B. 随负载减小而增加　　C. 不受负载的影响
3. 在节流调速回路中，哪种调速回路的效率高？（　　）
   A. 进油节流调速回路　　B. 回油节流调速回路
   C. 旁路节流调速回路　　D. 进油 – 回油节流调速回路

二、分析与思考题

1. 影响节流阀流量稳定性的因素是什么？

2. 如题图 5 – 14 所示系统能实现"快进→1 工进→2 工进→快退→停止"的工作循环。试画出电磁铁动作顺序表，并分析系统的特点？

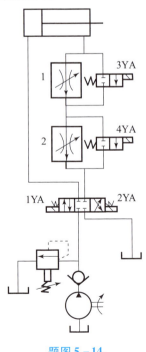

题图 5 – 14

PPT 成果展示

请总结题图 5-12 液压锁回路的搭建过程,针对元件选用、元件功能分析、回路实现的自锁功能、回油路节流调速功能、换向功能、回路保养建议等方面内容制作 PPT,并小组展示。

任务 5.4 液压折弯装置的多缸顺序控制回路设计

任务描述

现有一折弯机的液压系统需要构建,需实现以下具体功能:

(1) 液压缸 1A1 压紧板材,达到设定 200 bar(20 MPa)压力时,2A1 缸开始工作,将工件折弯后退回,1A1 缸再缩回,如题图 5-15 所示。

(2) 液压缸 2A1 要求有速度大小调整控制。同时,安装于弯曲缸 2A1 液压支路管道上的减压阀将支路压力降低至 100 bar(MPa)。

(3) 系统中设置监控压力表以便进行压力值的读取。

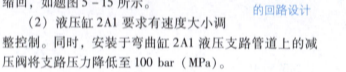
折弯装置的回路设计

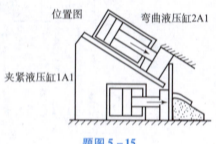
题图 5-15

任务要求:用 FluidSIM 软件搭建由两个单活塞杆液压缸、二位四通手控换向阀、顺序阀、调速阀、减压阀组成具有减压、顺序、速度换接功能的折弯装置回路仿真原理图,并解释其工作原理。

任务实施

1. 课前准备

课前完成线上学习任务:从网络课堂接受任务,通过查询互联网、图书资料、分析有关信息,然后分析多缸工作控制回路的工作原理,分组讨论,完成折弯装置的回路设计。

2. 任务引导

(1) 回路信息分析:小组讨论,列出液压回路中计划所用的器材名称、符号,以及其作用。

序号	器材名称	符号	数量	作用

(2) 实施任务

①如题图 5-16 所示,已给出部分液压元器件,请按折弯装置功能要求补充元件,用 FluidSIM 仿真软件搭建回路,实现减压、顺序、调速等控制功能。

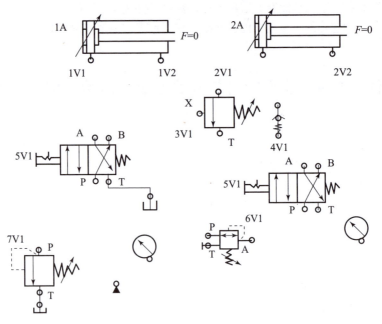

题图 5-16

②用 FluidSIM 仿真软件搭建回路,在教师指导下按要求完成出油路节流调节回路的速度调整,并记录以下实验数据:

压力调整设置	2A1 折弯缸所在的液压支路	1A1 夹紧液压主路	分析 2A1 折弯液压缸在什么条件下会伸出,执行折弯动作
减压阀调定到 10 bar	压力表计数:	压力表计数:	
顺序阀调定到 20 bar			

③题图 5-16 所示设计回路中,你采用了何种调速回路?请说明一下你选择的原因。

④题图 5-16 所示的设计回路中,应用了减压回路,请说明其工作原理。

(2) 举例说明如何实现两个液压执行机构的顺序动作?

3. 在题图 5-17 所示的回路中,已知活塞运动时的负载 $F = 1.2$ kN,活塞面积为 15×10^{-4} m²,

溢流阀调整值为 5 MPa，两个减压阀的调整值分别为 $p_{J1}=3.5$ MPa 和 $p_{J2}=2$ MPa，油液流过减压阀及管路时的损失忽略不计，试确定活塞运动时 A、B、C 三点的压力。

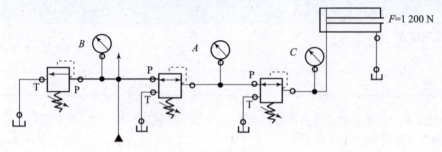

题图 5-17

4. 根据题图 5-18 所示，填写下列工作循环的电磁铁动态表，并完成"快进→中速进给→慢速进给→快退→停止"五个动作循环的油路路线分析。

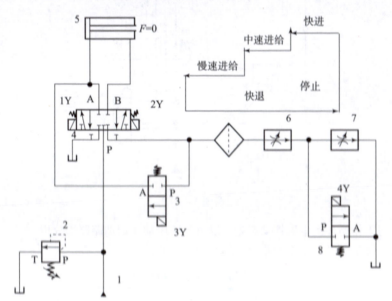

题图 5-18

工作循环与电磁铁动态表

工作循环	电磁铁动态			
	1Y	2Y	3Y	4Y
快进				
中速进给				

工作循环	电磁铁动态			
	1Y	2Y	3Y	4Y
慢速进给				
快退				
停止				

5. 如题图 5-19 所示的液压系统能实现："A 夹紧→B 快进→B 工进→B 快退→B 停止→A 松夹→泵卸荷"等顺序动作的工件循环。

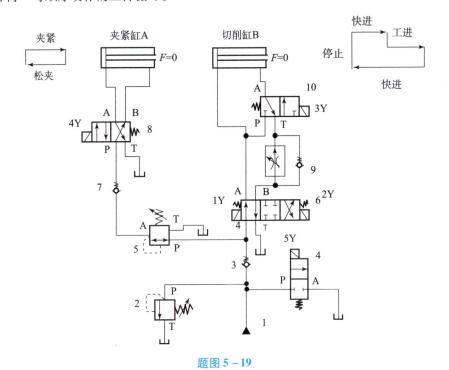

题图 5-19

（1）试填写工作循环的电磁铁动态表，以及各顺序动作的油路路线分析。

（2）说明系统是由哪些基本回路组成的？

工作循环与电磁铁动态表

动作电磁铁	电磁铁动态				
	1Y	2Y	3Y	4Y	5Y
A 夹紧					
B 快进					
B 工进					
B 快退					
B 停止					

续表

动作电磁铁	电磁铁动态				
	1Y	2Y	3Y	4Y	5Y
A 松夹					
1 卸荷					
A 夹紧：油路路线					
B 快进：油路路线					
B 工进：油路路线					
B 快退：油路路线					
A 松夹：油路路线					
1 卸荷：油路路线					

6. 任务评价

序号	检查项目	自我评价	小组评价	教师评价	备注
1	遵守安全操作规范（10分）				
2	态度端正，工作认真（10分）				
3	能正确说出回路中各元器件的名称（10分）				
4	能正确说出各控制元件的作用（10分）				
5	能进行进、出油路的速度调试（10分）				
6	能分析进、出口调速回路的应用（10分）				
7	遵守纪律（10分）				
8	做好6S管理工作（10分）				
9	完成本工作任务单的全部内容（20分）				
合计					
总分					

思考与练习

1. 画出直动式溢流阀的图形符号；并说明溢流阀有哪几种用法？

2. 题图5-20所示为专用铣床液压系统，要求机床工作台一次可安装两支工件，并能同时加工。工件的上料、卸料由手工完成，工件的夹紧及工作台由液压系统完成。机床的加工循环为"手工上料→工件自动夹紧→工作台快进→铣削进给→工作台快退→夹具松开→手工卸料"。分析系统回答下列问题：

（1）填写电磁铁动作顺序表。

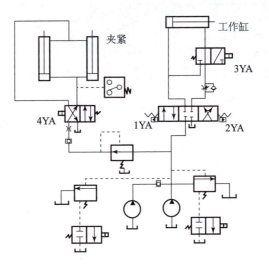

题图 5-20

动作电磁铁	手工上料	自动夹紧	快进	铣削进给	快退	夹具松开	手工卸料
1YA							
2YA							
3YA							
4YA							
压力继电器							

（2）系统由哪些基本回路组成？

（3）哪些工况由双泵供油，哪些工况由单泵供油？

PPT 成果展示

请总结题图 5-16 折弯机液压系统的搭建过程，针对元件选用、元件功能分析、回路实现的顺序动作功能、减压功能、换向功能、回路保养建议等方面内容制作 PPT，并小组展示。

模块六　典型液压传动系统分析

任务6.1　MJ-50型数控车床液压系统原理分析

任务描述

数控车床是装有程序控制系统的车床的简称，利用它进行车削加工，自动化程度高，加工质量高。

MJ-50型数控车床上由液压系统实现的动作有：卡盘的夹紧与松开、刀架的夹紧与松开、刀架的正转与反转及尾座套筒的伸出与缩回。液压系统中各电磁阀的控制电磁铁的动作由控制系统的PC控制实现，电磁铁动作顺序如下：

电磁铁动作顺序表

动作			1YA	2YA	3YA	4YA	5YA	6YA	7YA	8YA
卡盘正卡	高压	夹紧	+	-	-					
		松开	-	+	-					
	低压	夹紧	+	-	+					
		松开	-	+	+					
卡盘反卡	高压	夹紧	-	+	-					
		松开	+	-	-					
	低压	夹紧	-	+	+					
		松开	+	-	+					
刀架	正转								-	+
	反转								+	-
	松开					+				
	夹紧					-				
尾座	套筒伸出						-	+		
	套筒退回						+	-		

任务实施

数控车床的液压系统采用单向变量泵，系统压力调至4 MPa，压力由压力计15显示。泵输

出的压力油经过单向阀进入系统,分析其工作原理如下:

1. 完成针对工作原理的分析,并写出相应的油路路径。

1)卡盘的夹紧与松开

当卡盘处于正卡(或称外卡)且在高压夹紧状态下时,夹紧力的大小由减压阀 8 来调整,夹紧压力由压力计 14 来显示。当 1YA 通电时,活塞杆右移,卡盘松开。

当卡盘处于正卡且在低压夹紧状态时,夹紧力的大小由减压阀 9 来调整。这时,3YA 通电,阀 4 右位工作。阀 3 的工作情况与高压夹紧时相同。卡盘反卡(或称内卡)时的工作情况与正卡相似,不再赘述。

2)回转刀架的回转

回转刀架换刀时,首先是刀架松开,然后刀架转位到指定的位置,最后刀架复位夹紧,当 4YA 通电时,阀 6 右位工作,刀架松开。当(　　　)通电时,液压马达带动刀架正转,转速由(　　　)控制。若 7YA 通电,则液压马达带动刀架反转,转速由(　　　)控制。当 4YA 断电时,阀 6 (　　　)工作,液压缸使刀架夹紧。

3)尾座套筒的伸出与缩回

当 6YA 通电时,阀 7 左位工作,(　　　)到尾座套筒液压缸的左腔,液压缸右腔油液经单向调速阀 13、阀 7 回油箱,缸筒带动尾座套筒伸出,伸出时的预紧力大小通过压力计 16 显示。反之,当 5YA 通电时,(　　　)阀 7 (　　　),系统压力油经(　　　)到液压缸右腔,液压缸左腔的油液经阀 7 流回油箱,套筒缩回。

2. MJ-50 型数控车床的液压系统由调压回路、换向回路、调速回路、减压回路和顺序回路等基本回路所组成。分析并总结该液压系统具有的特点。

3. 任务评价

序号	检查项目	自我评价	小组评价	教师评价	备注
1	遵守安全操作规范(10 分)				
2	态度端正,小组内工作积极、主动(10 分)				
3	能正确说出回路中各元器件的名称(10 分)				
4	能正确说出各控制元件的作用(10 分)				
5	能进行各分支回路的油路路径原理(10 分)				
6	能分析该回路的特点(10 分)				
7	遵守纪律(10 分)				
8	做好 6S 管理工作(10 分)				
9	完成本工作任务单的全部内容(20 分)				
合计					
总分					

思考与练习

1. 如题图 6-1 所示，MJ-50 型数控车床液压系统卡盘液压缸的压力表显示的压力不足（各元件都未失效），请分析产生故障的 3 条原因，并提出排除故障的方法（提示：从系统调整角度考虑）。

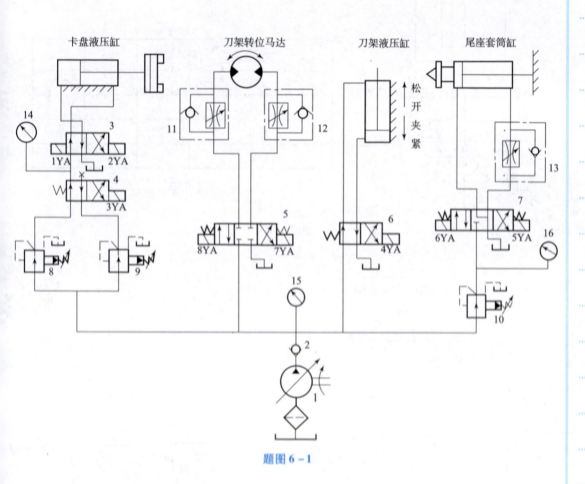

题图 6-1

2. 如题图 6-2 所示的液压系统，可以实现快进→工进→快退→停止的工作循环要求。
 (1) 说出图中标有序号的液压元件的名称。
 (2) 写出电磁铁动作顺序表。

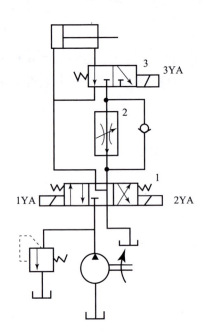

电磁铁 动作	1YA	2YA	3YA
快进			
工进			
快退			
停止			

题图 6-2

模块七　气动元件的识别与选用

任务 7.1　气动平口钳控制回路搭建

任务描述

气动平口钳是一种常用的夹紧装置，用以自动夹紧工件，所以工件的尺寸和夹紧力可根据需要进行调整，如题图 7-1 所示。

气动平口钳回路
仿真设计

题图 7-1

功能要求：当工件放入平口钳内，按下按钮，夹紧气缸伸出夹紧工件，加工完成后，松开按钮，工件可取出。可通过调整气缸压力来调整夹紧力。

根据功能要求实施任务：

（1）用 FluidSIM 仿真软件搭建图示气动平口钳原理图。要求用单作用气缸和双作用缸完成相应的功能。

（2）选定需要的元器件，在操作台上合理布局，连接出正确的控制系统，检验气缸的动作是否符合送料装置的动作要求。

（3）分析该气动平口钳的工作原理。

（4）完成引导问题中相应信息的查询与分析。

任务实施

1. 课前准备

课前完成线上学习任务：从网络课堂接受任务，通过查询互联网、图书资料、分析有关信息，然后分组进行平口钳传动系统的分析与设计。

2. 任务引导

（1）回路信息分析：小组讨论，列出气压回路中所用的器材名称、图形符号。

序号	器材名称	图形符号	数量	作用

(2) 大气压力下的空气被压缩机压缩到原体积的 1/6。假设压缩过程温度不变，压缩后的气体在压力表上示数是多大（bar）？

(3) 如题图 7-2 所示，若气动平口钳选用一个双作用气缸驱动，该气缸活塞直径为 80 mm，活塞杆直径为 25 mm，工作压力 $p_e = 6$ bar，行程为 $h = 500$ mm，请计算一下活塞杆伸出时的输出力和缩回时的输出力各是多少？

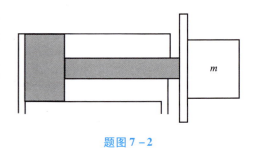

题图 7-2

(4) 在教师的带领下运用软件进行气动平口钳的回路模拟仿真设计，完成题图 7-3 与题图 7-4 所示两种控制回路的设计，并分析一下你设计的气动回路的工作原理。

工作原理：

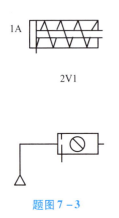

题图 7-3

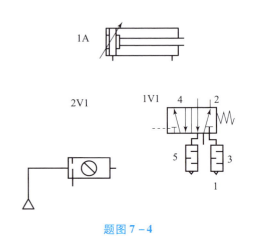

题图 7-4

（5）请将常用气动元件的图形符号画在下列各元件名字之后。
①油雾器：   ②过滤器：
③气动三大件：   ④摆动气缸：
⑤气马达：
（6）气动三大件在该气动平口钳的气动控制系统中起什么作用？

（7）气动平口钳控制回路中采用了二位三通旋钮阀，若改为二位二通旋钮阀是否可行？为什么？

（8）空气压缩机安全技术操作方法有哪些？请至少举出2条。

（9）气缸从结构到参数都已标准化、系列化。标准气缸的主要参数是什么？

（10）气缸设置终端缓冲的目的是什么？

3. 任务评价

序号	检查项目	自我评价	小组评价	教师评价	备注
1	遵守安全操作规范（10分）				
2	搭建回路能实现所需功能（10分）				
3	能正确说出回路中各元器件的名称（10分）				
4	能正确说出各控制元件的作用（10分）				
5	能解决系统调试出现的问题（10分）				

续表

序号	检查项目	自我评价	小组评价	教师评价	备注
6	能分析此回路的特点（10 分）				
7	遵守纪律，小组内工作积极（10 分）				
8	做好 6S 管理工作（10 分）				
9	完成本工作任务单的全部内容（20 分）				
合计					
总分					

任务 7.2　回转臂工装真空回路的搭建

任务描述

用 FluidSIM 仿真软件搭建题图 7-5 所示回转臂工装的真空回路系统，实验完成回路中摆动缸吸附工件→移动到工位→松开工件的动作，同时完成如下调试实验：

（1）对系统进行仿真，设置真空调压开关数值。

（2）分析回转工装真空回路，完成该工装操作步骤说明。

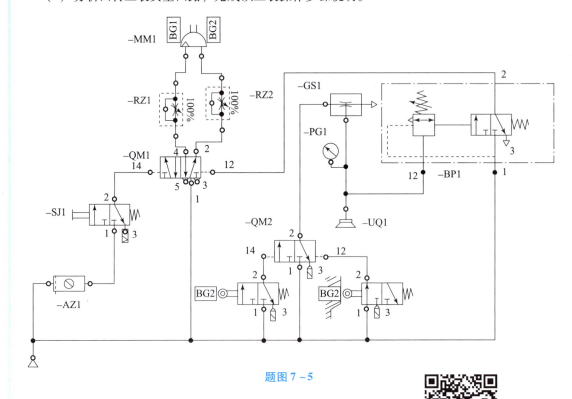

题图 7-5

回转臂工装真空回路搭建

任务实施

1. 课前准备

课前完成线上学习任务：从网络课堂接受任务，通过查询互联网、图书资料、分析有关信息，然后观看真空发生器、真空吸盘、真空控制阀工作原理动画。

2. 任务引导

（1）回路信息分析：小组讨论，列出液压回路中计划所用的器材名称、符号。

序号	符号	器材名称	数量	作用

（2）实施任务，用 FluidSIM 仿真软件搭建回路，按回转工装功能要求的动作顺序，将回路相应的动作步骤原理补充完整。

工装步骤	工装动作顺序	回路如何实现动作功能
1	按下 –SJ1	–QM1 左位，摆动缸转动至 –BG2 右位位置
2	吸盘吸附工件	
3	回转臂摆动到加工工位 –BG1	
4	吸盘松开工件	

（3）按下方调试步骤仿真调试回路，设置相应的真空控制阀压力参数，读出真空压力表表值，并分析真空控制阀的功能。

设定真空压力控制阀的压力值	真空压力表值 /bar	分析真空控制阀的动作及功能实现原理
–0.3 bar		
–0.5 bar		

（4）请分析回转工装的功能，解释为什么要在真空压力表值达到真空控制阀的设定值时，摆动缸才回转动作？

3. 上述真空发生器产生负压（真空度）$p_v = -0.5$ bar，问吸盘可产生多大的理论水平吸附力？吸盘面积 $A=40\ cm^2$，工件材料是表面光滑的玻璃。

4. 请为该回转工装编写安装及操作说明书（至少2~3条）。

5. 任务评价

序号	检查项目	自我评价	小组评价	教师评价	备注
1	遵守安全操作规范（10分）				
2	态度端正，工作认真（10分）				
3	能正确说出回路中各元器件的名称（10分）				
4	能正确说出各控制元件的作用（10分）				
5	能解释真空回路的工作原理（10分）				
6	能解释真空控制阀的工作原理（10分）				
7	能认知回路中真空发生器的工作原理（10分）				
8	遵守纪律（10分）				
9	做好6S管理工作（10分）				
10	完成本工作任务单的全部内容（10分）				
合计					
总分					

思考与练习

一、思考题

1. 真空压力开关设置为负值，请分析这样做的原因？

2. 为什么要尽量避免吸附力垂直于工件吸附平面？

一、填空题

气动执行元件是将压缩空气的（　　　）转化成（　　　）的元件。

二、判断题

1. 由于湿空气会使管道元件生锈，导致系统失灵，故应减少压缩空气的水分。（　　　）
2. 通常压力表所指示的压力是绝对压力。（　　　）

三、单项选择题

气动三大件的正确安装顺序是（　　　）。

A. 冷却器—空气过滤器—油雾器　　　　B. 空气过滤器—油雾器—减压阀

C. 空气过滤器—减压阀—油雾器　　　　D. 空气过滤器—冷却器—减压阀

模块八 气动控制基本回路设计

任务 8.1 塑料板材成型机构回路设计

任务描述

(1) 现有一套采用气控的塑料板材成型设备,如题图 8-1 所示,利用一个气缸对塑料板材进行成型加工。气缸活塞杆在按下按钮 1S1 或踏下踏板 1S2 下均可伸出,带动曲柄连杆机构对塑料板进行压制,达到设定压力后气缸活塞杆缩回。

塑料板材成型
气动回路设计

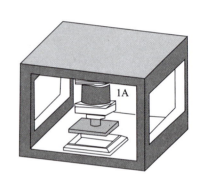
题图 8-1

(2) 请设计手和脚均可操作的压力控制回路,以达到方便操作的目的。

任务实施

1. 课前准备

课前完成线上学习任务:从网络课堂接受任务,通过查询互联网、图书资料、分析有关信息,掌握换向、延时、减压阀等的原理,并设计相应的压力控制回路。

2. 任务引导

(1) 回路信息分析:小组讨论,列出气压回路中所用的器材名称、图形符号及作用。

序号	器材名称	图形符号	数量	作用

(2) 在教师的带领下运用软件进行气控的塑料板材成型设备的回路模拟仿真设计,完成题

图 8-2 所示回路原理图设计搭建，并分析一下你设计的气动回路的工作原理。为保证该塑料板材成型设备的操作既可手控又可脚踏控制，可采用梭阀进行两种方式的操作控制，请在回路中加入该阀。

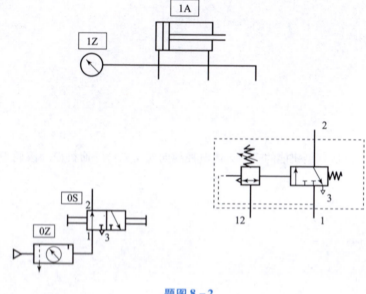

题图 8-2

工作原理：

（3）如题图 8-2 所示塑料板材成型设备压力控制回路是如何进行压力顺序动作的？

（4）如题图 8-2 所示的塑料板材成型设备压力控制回路，如需要进行排气节流调速控制，请改进上述回路，并在下方画出局部调速回路图。

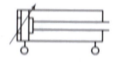

（5）请将常用气动元件的图形符号画在下列各元件名字之后，并阐述其工作原理。
①梭阀（或阀）图形符号：

工作原理：

②双压阀图形符号：
工作原理：

(6) 请画出中位是 O 型机能的三位五通电控换向阀与二位三通机控（滚轮控制）行程阀的职能符号。

3. 任务评价

序号	检查项目	自我评价	小组评价	教师评价	备注
1	遵守安全操作规范（10 分）				
2	态度端正，工作认真（10 分）				
3	能正确说出回路中各元器件的名称（10 分）				
4	能正确说出各控制元件的作用（10 分）				
5	搭建回路能实现所需功能（10 分）				
6	能解决系统调试中出现的问题（10 分）				
7	遵守纪律，小组内工作积极（10 分）				
8	做好 6S 管理工作（10 分）				
9	完成本工作任务单的全部内容（20 分）				
合计					
总分					

思考与练习

1. 如题图 8-3 所示的回路，其功能等同于哪一个阀的功能？

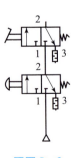

题图 8-3

2. 请画出快速排气阀的职能符号。

任务 8.2　气动塑料粘接机控制回路设计

任务描述

（1）如题图 8-4 所示，利用作用气缸将两个涂有黏合剂的元件压到一起。按下按钮时，夹紧气缸伸出。当到达完全伸出位置后，气缸保持一段设定值 $T=6\text{ s}$ 的时间，然后迅速缩回到初始位置。要求气缸的缩回速度可调，当气缸完全缩回后，才可以开始一个新的工作循环。

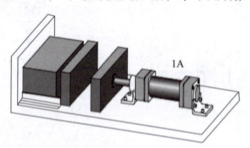

气动延时粘接机
延时回路设计

题图 8-4　塑料板材粘接装置示意图

（2）请设计延时控制回路，要求采用排气节流调速回路，以达到方便操作的目的。

任务实施

1. 课前准备

课前完成线上学习任务：从网络课堂接受任务，通过查询互联网、图书资料、分析有关信息，掌握换向、延时、单向节流阀的原理，并分析设计相应的速度延时控制回路。

2. 任务引导

（1）回路信息分析：小组讨论，列出气压回路中所用的器材名称、图形符号。

序号	器材名称	图形符号	数量	作用

（2）在教师的带领下运用 FluidSIM 软件进行气控的塑料板材粘接机构的回路模拟仿真设计，完成题图 8-5 所示回路图的搭建，并分析一下你设计的气动回路的工作原理。

工作原理：

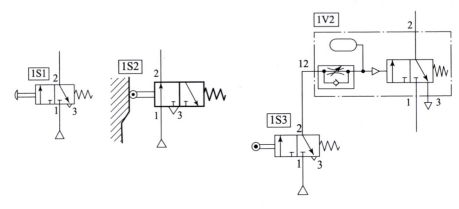

题图 8-5

(3) 如题图 8-5 所示，塑料板材粘接机构速度延时控制回路是如何进行行程自动换向顺序动作控制的？

(4) 二位三通手控换阀 1S1 在系统回路中起什么功用？

(5) 1V2 阀在整个回路中是如何起作用的？

(6) 如题图 8-2 所示塑料板材粘接机构的控制回路需要进行进气节流调速控制，请改进上述回路，并在下方画出局部调速回路图。

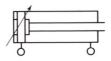

（7）为保证安全，防止气缸对缸底的冲击，如何对该回路进行调试？

3. 任务评价

序号	检查项目	自我评价	小组评价	教师评价	备注
1	活塞杆延时6 s缩回，缩回时间控制在2 s内（10分）				
2	活塞杆伸出2 s（10分）				
3	活塞伸出时的缓冲调试（10分）				
4	活塞缩回时的缓冲调试（10分）				
5	能正确说出回路中各元器件的名称（10分）				
6	搭建回路能实现所需功能（10分）				
7	能解决系统调试中出现的问题（10分）				
8	能正确拆卸元器件，零件放置合理、规范（10分）				
9	做好6S管理工作（10分）				
10	完成本工作任务单的全部内容（10分）				
合计					
总分					

思考与练习

1. 如题图8-6所示行程阀初始位置标示，请解释其含义。

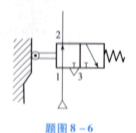

题图8-6

2. 回路图中的3/2行程阀是常开还是常闭？

PPT 成果展示

请总结题图8-5塑料板粘接机构气动系统的搭建过程，针对元件选用、元件功能分析、回路实现的顺序动作功能、延时功能、换向功能、回路保养建议等方面内容制作PPT，并小组展示。

模块九 电气液控制系统的安调与控制回路分析

任务 9.1 小齿轮加工自动化生产线加工分析

任务描述

题图 9-1 所示为小齿轮生产线流程简图,其工作流程为:工作时,将已预车削的毛坯件(工件)通过套筒压入带端面的驱动顶尖的固定套中,达到夹紧压力后工件和铣刀旋转起来。铣削开始,加工一个小齿轮。铣刀经钢球丝杠产生进给运动,铣完后套筒退回,回转臂旋转 +90°,然后向下走。抓手 1 抓铣好的小齿轮,抓手 2 抓起料包中的一个坯件。然后回转臂向上走,旋转 -180°,再次向下走。回转臂通过这一系列动作将小齿轮送入料包,将坯件送入固定套。两个抓手打开,回转臂向上走,接着旋转 +90°,退回到中间位置。套筒夹住新坯件,铣削过程从头开始。其回路图如题图 9-2 所示。

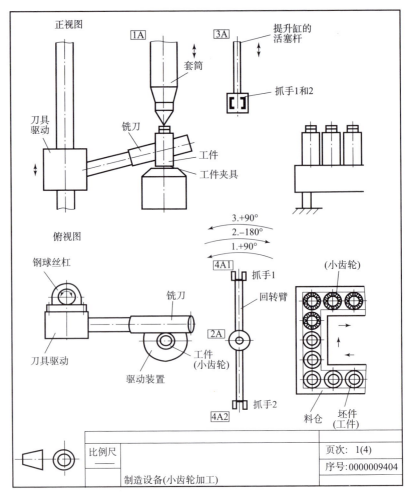

题图 9-1

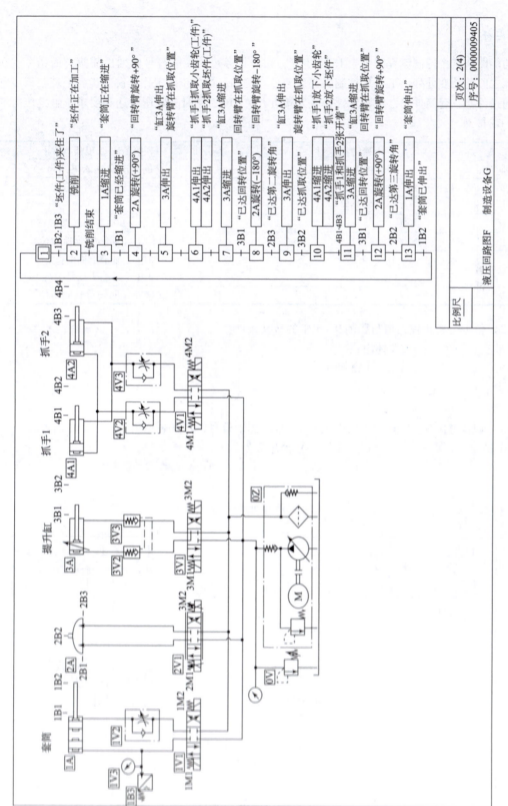

题图 9-2

任务实施

功能图将整个控制流程细分为 13 个步骤，在步骤旁边的控制符号内列出需执行的指令。在各步骤之间的转变处列出下一步控制的必要条件。例如：第 2 步的工作是铣削齿轮毛坯，该步骤开始的条件是：套筒伸出，夹紧工件，触发接近开关 1B2；同时夹紧压力达到要求，触发压力继电器 1B3 接通。

工件步骤	步骤转换条件	执行工作步骤
1 步	2B2 接近开关触发	套筒伸出（夹紧工件）
2 步	接近开关 1B2 触发，压力继电器 1B3 接通	铣削加工（坯件加工）
3 步	铣削结束	
4 步		2A 缸旋转 +900（回转臂旋转）
5 步		3A 缸伸出（回转臂到抓取位）
7 步		4A1 伸出（抓手 1 抓取齿轮） 4A2 伸出（抓手 2 抓到毛坯）
8 步		3A 缸缩进（回转臂到回转位）

（2）依据分析步骤，填写题图 9－3 中的转换条件：

5 步：（ 　　　 ）3A 伸出；

6 步：（ 　　　 ）4A1，4A2 伸出；

7 步：（ 　　　 ）3A 缩进；

8 步：（ 　　　 ）3A 缩进。

（3）识读题图 9－4 液压回路图中液压元件的图形符号，将其名称填写在以下空白处：

2A 是：（ 　　　　　　 ）液压元件。

其功能是：（ 　　　　　　　　　　 ）

2V1 是：（ 　　　　　　　　 ）液压元件。

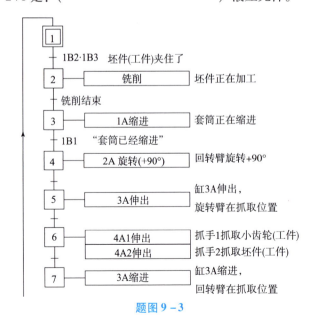

题图 9－3

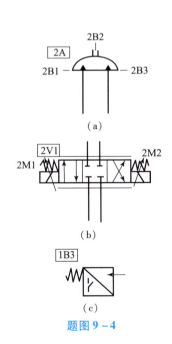

题图 9－4

其功能是：(   )。

1B3 是：(   ) 液压元件。
其功能是：(   )

(4) 分析小齿轮加工生产线的液压原理图，分析并回答以下问题：

①题图 9-5 中，设备抓手的液压缸的速度调节是何种调速回路实现的？其调速回路的调速特性是什么？

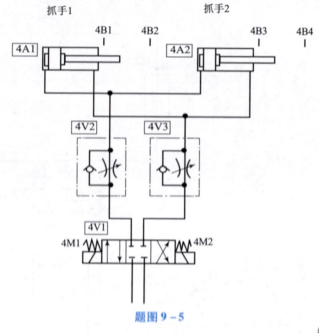

题图 9-5

②题图 9-5 中，4V1 的中位属何种中位机能；它的作用是什么？

③题图 9-6 中，提升缸采用了何种装置来实现升降的自锁？其优点是什么？

④题图 9-6 中，3V1 是三位四通电磁换向阀，它的中位机能属何种？处于该种中位机能时，泵能不能卸荷？

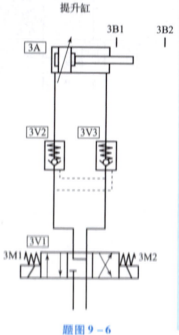

题图 9-6

思考与练习

1. 如题图 9-7 所示轧辊驱动装置液压系统原理图，实现薄膜经轧辊机座压制到要求的厚度，然后卷绕到卷盘上。请完成以下对液压原理图的分析：（1）轧辊的旋转驱动由哪个液压元件完成？（2）0V2 是什么阀，在回路中起什么作用？（3）过滤器属于哪种安装位置？1V1 处中位时，液压泵能实现卸荷吗？

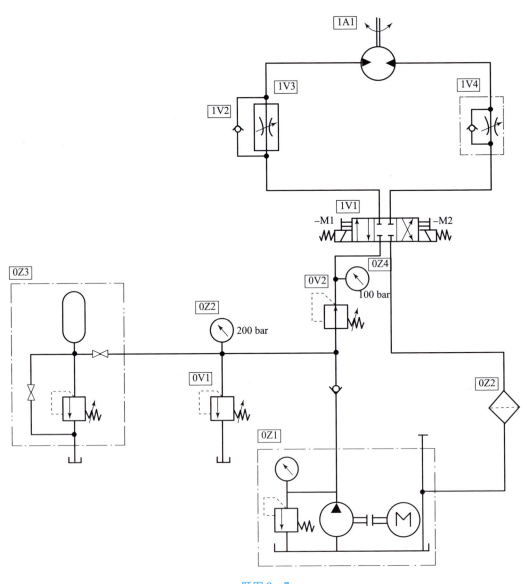

题图 9-7

任务 9.2　双气缸送料装置控制回路设计与分析

任务描述

车间进行工业生产线自动化送料应用装置改造，现需要依据客户对功能要求，设计如题图 9-8 所示的送料装置示意图中气动原理图及电气控制原理图，并安装调试，具体要求如下：

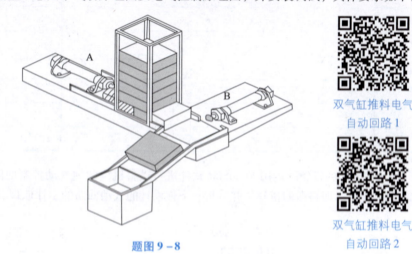

题图 9-8

工业应用装置中的送料机构：用 A、B 两个气缸将工件从料仓中传递到滑槽。按下按钮，气缸 A 伸出，将工件从料仓推出，等待气缸 B 将其推入输送滑槽。工件传递到位后，A 缸缩回，接着 B 缸缩回。

两个气缸的运动速度可以调节，同时需要检测伸出或缩回是否已经到位工业应用装置中的送料机构：用 A、B 两个气缸将工件从料仓中传递到滑槽。按下按钮，气缸 A 伸出，将工件从料仓推出，等待气缸 B 将其推入输送滑槽。工件传递到位后，A 缸缩回，接着 B 缸缩回。

依据功能要求实施任务：

（1）选定需要的元器件，在操作台上合理布局，连接出正确的控制系统，检验气缸的动作是否符合推料机械的动作要求。

（2）分析该推料机构的工作原理。

（3）采用纯气路控制设计该推料机构回路。

（4）采用双侧电控制换向阀，设计继电控制回路，完成同样的动作。

任务实施

1. 课前准备

课前完成线上学习任务：从网络课堂接受任务，通过查询互联网、图书资料、分析有关信息，然后分组搜集行程阀换接回路设计的相关知识，分析回路所需用的气动元件及功能图。

分析该推料机械的功能图，将整个控制流程细分为 4 个步骤：步骤一：主开关 S1 置于 EIN（接通）位置，主开关 S3 置于 EIN（接通）位置，按压 SK 气缸 1A 伸出；步骤二：限位开关 S2 被气缸 1A 触发，气缸 2A 伸出；步骤三：限位开关 S4 被气缸 2A 触发，气缸 1A 缩回；步骤四：限位开关 S1 被气缸 1A 触发；气缸 2A 缩回，限位 S3 被 2A 缸触发完成一个循环。

以上步骤可分析为：1A + __ S2 __ 2A + __ S4 __ 1A − __ S1 __ 2A − __ 1S3。

2. 任务引导

（1）回路信息分析：小组讨论，列出气压回路所用的器材名称、图形符号。

序号	器材名称	图形符号	数量	作用

（2）在教师的带领下运用 FluidSIM 软件进行送料机构的纯气动控制回路模拟仿真设计，完成题图 9−9 所示回路图的搭建，并分析一下你设计的气动回路的工作原理。

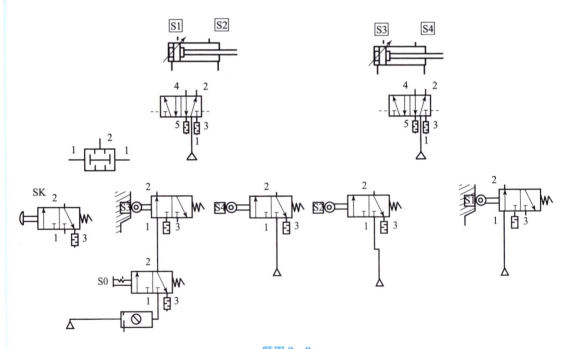

题图 9−9

工作原理：

3. 以上送料机构的控制也可使用二位五通电磁换向阀以及中间继电器来完成，请完成以下问题。

(1) 分析气动元件符号，并完成以下填空：

如题图 9 – 10 所示，双侧电二位五通换向阀左右侧各有一个电磁阀，当不同的电磁阀工作时，换向阀产生不同的换向作用。例如，当左侧电磁阀（　　　）得电时，换向阀阀芯向（　　　）移动，气流经过（　　　）口出气，当右侧电磁阀（　　　）得电时，换向阀阀芯向（　　　）移动，气流经过（　　　）口出气。

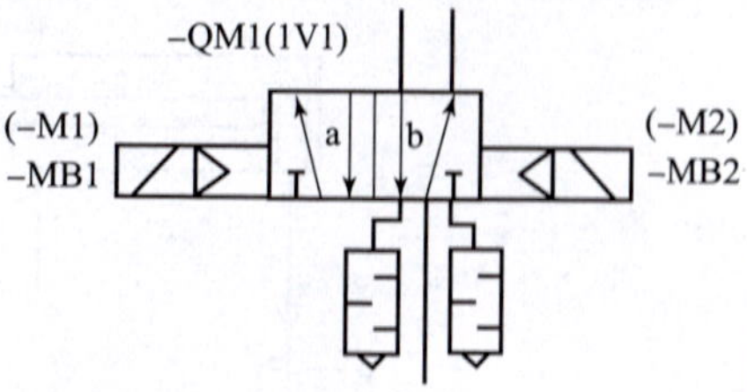

(2) 分析电气元件符号，并完成以下填空：

如题图 9 – 11 所示，接近开关左上角有一箭头，箭头的含义代表（　　　），对于常开型的三针接近开关而言，有箭头标出表示它所在的电路工作时，接近开关处于触发（即闭合）状态，而不是表示它是常闭型接近开关。

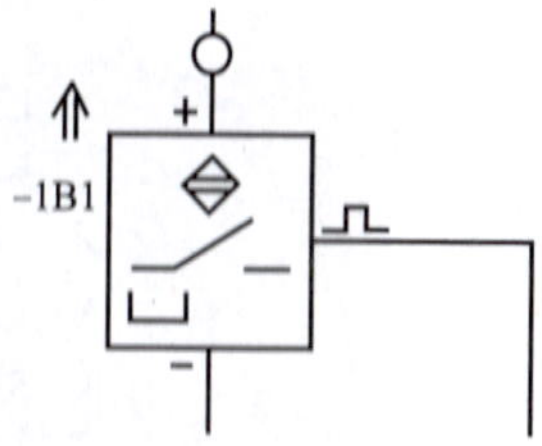

三针接近开关可以分为 NPN 型和 PNP 型等。三针接近开关有三根连接线，通常为棕色、蓝色和黑色。一般情况下（　　　）色为正极（+），（　　　）色为负极（-），（　　　）色为输出级（⊓⌐）。三根线接错时，接近开关不工作且易损毁接近开关，因此需特别注意。

题图 9 – 10

题图 9 – 11

4. 在教师的带领下运用软件进行电气控的送料机构回路模拟仿真设计（题图 9 – 12），请将完善后的回路原理图画在下面空白处（请采用排气节流调速回路），分析并填空完成以下问题：

气路图：

气路图清楚地说明了控制逻辑。气路图描述了下列的逻辑顺序：

(1) 二位三通换向阀 0V 打开时，整个气路系统才会有气流通过。气流经过二位三通换向阀进入两个双侧电二位五通换向阀。

(2) 双侧电二位五通换向阀 1V1 左边的电磁阀线圈（　　　）工作时，换向阀动作，气流经过左侧口进入节流阀。气流经过节流阀 1V2 进入气缸 1A，使气缸（　　　）。

(3) 调节节流阀（　　　）可以起到调节气缸伸出速度的作用。

(4) 当气缸伸出到接近开关 1B2 的检测范围内时，1B2（　　　）。

(5) 双侧电二位五通换向阀 2V1 左侧的电磁阀（　　　）工作时，换向阀动作，气流经过左侧口进入气缸，使气缸 2A（　　　）。

(6) 当气缸伸出到接近开关 2B2 的检测范围内时，2B2（　　　）。

(7) 双侧电二位五通换向阀 1V1 右边的电磁阀线圈（　　　）工作时，换向阀动作，气流经过右侧口进入气缸，使气缸（　　　）。再控制双侧电二位五通换向阀 2V1 换向到右位，2A 缸缩回。

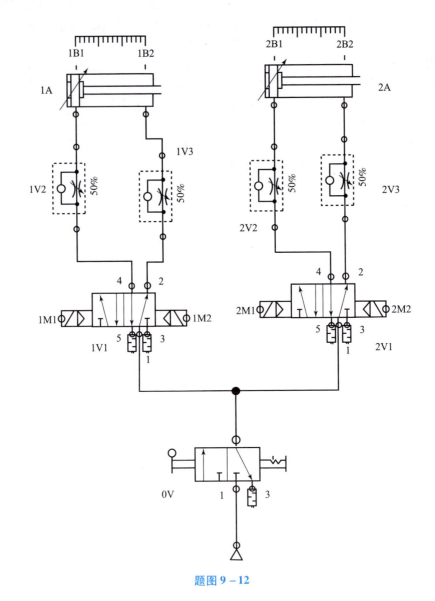

题图 9 – 12

5. 请针对纯气控的换向回路,改造成双侧电控制,分析以下相应的电气控制原理图,如题图 9 – 13 所示。

电路图清楚地说明了控制逻辑。电路图描述了下列的逻辑顺序:

(1) 按下按钮 S0 和 S1 时,中间继电器(　　　)的线圈得电,它的 NO 触点得电闭合。

(2) 当接近开关 2B1 处于触发位置时,2B1(　　　)、中间继电器(　　　)的线圈得电,它的 NO 触点得电闭合。如果此时 K2 的 NO 触点得电闭合,电磁阀(　　　)的线圈得电。

(3) 当接近开关 1B2 处于触发位置时,1B2(　　　)、中间继电器(　　　)的线圈得电,它的 NO 触点得电闭合。

(4) 当接近开关 2B2 处于触发位置时,2B2(　　　),如果此时 K4 的 NO 触点得电闭合,中间继电器(　　　)的线圈得电,它的 NO 触点得电闭合,电磁阀(　　　)的线圈得电。

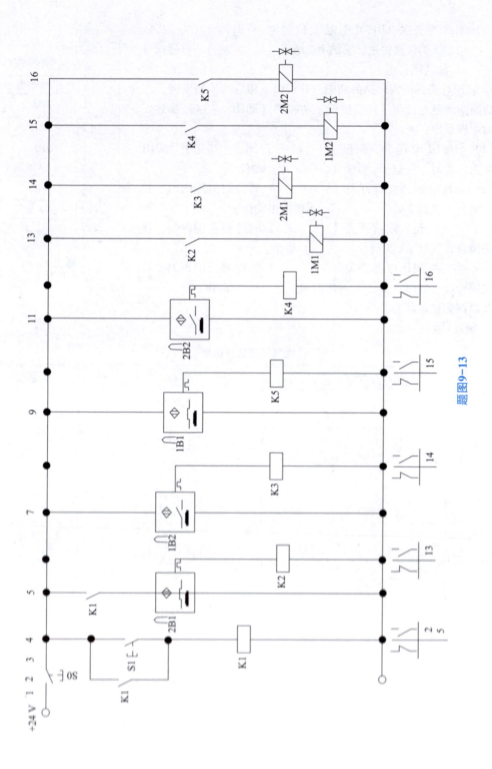

题图9-13

(5) 当接近开关 1B1 处于触发位置时，1B1（   ）、
（   ）K5 的线圈得电，它的 NO 触点（   ），电磁阀 -
（   ）的线圈得电。

6. 请针对送料机构回路的功能，分析以下相应的控制原理。

功能图清楚地说明了控制逻辑。功能图（题图 9 - 14）描述了下列的逻辑顺序：

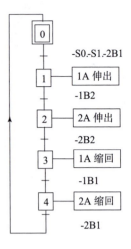

题图 9 - 14

(1) 当按钮 S0 闭合、按钮（   ）闭合、接近开关 2B1 处于触发位置时，气缸 1A 实现（   ）动作。

(2) 当气缸到达接近开关（   ）的检测范围内时，接近开关闭合，气缸 2A（   ）实现伸出动作。

(3) 当气缸到达接近开关（   ）的检测范围内时，接近开关闭合，气缸 1A 实现（   ）动作。

(4) 当气缸到达接近开关（   ）的检测范围内时，接近开关闭合，气缸（   ）实现（   ）动作。

开始回到初始状态。

7. 制订计划

电气动元器件选型

序号	元器件名称（型号）	图形符号	数量
1			
2			
3			
4			
5			
6			
7			
8			

续表

序号	元器件名称（型号）	图形符号	数量
9		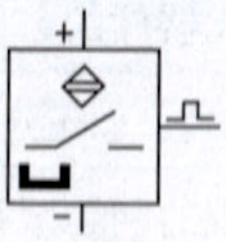	
10		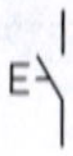	
11			
12		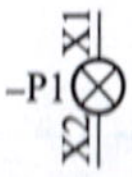 -P1 X2⊗X1	
13	其他必备的材料：电源、导线、气管、电气动工具等		若干

8. 实施

请按电路图、气动图、功能图等进行电气动控制系统的安装与调试。

①请如实记录每一步的操作步骤和内容。

②记录整个安装调试过程中存在的问题，以便后期改进提高。

③如果要将该气动控制回路交付客户使用，请给客户写一下如何进行活塞杆伸出、缩回时的速度调试（至少2条）。

9. 任务评价

序号	检查项目	自我评价	小组评价	教师评价	备注
1	活塞杆缩回2 s（10分）				
2	活塞杆伸出2 s（10分）				
3	活塞伸出时的缓冲调试（10分）				
4	活塞缩回时的缓冲调试（10分）				

续表

序号	检查项目	自我评价	小组评价	教师评价	备注
5	能正确说出回路中各元器件的名称（10分）				
6	搭建回路能实现所需功能（10分）				
7	能解决系统调试中出现的问题（10分）				
8	能正确拆卸元器件，零件放置合理、规范（10分）				
9	做好6S管理工作（10分）				
10	完成本工作任务单的全部内容（10分）				
合计					
总分					

思考与练习

如题图9-15所示气缸插销的分送机构简图，动作过程通过气缸的往复运动送料。要求：气缸的前向冲程时间为0.6 s，回程时间为0.4 s，气缸停止在前端位置停留的时间为2 s。请完成以下任务：（1）画出功能图；（2）设计出气动回路；（3）画出电气回路；（4）在气动实训平台上正确连接，实现动作。

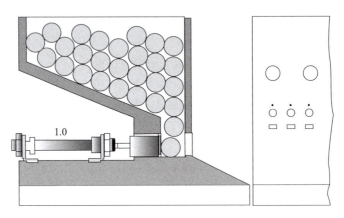

题图 9-15

PPT 成果展示

请总结题图9-15气缸插销的分送机构气动回路图、电气回路图设计过程，针对元件选用、元件功能分析、回路实现的顺序动作功能、延时功能、换向功能、回路保养建议等方面内容，制作产品功能简介、使用说明书、操作步骤等方面的推荐宣传PPT，并小组展示。